U0382448

生态人类学丛书　曾少聪　主编

沙漠干旱地区的人类文化适应研究

依丽米古丽·阿不力孜　著

中国社会科学出版社

图书在版编目（CIP）数据

沙漠干旱地区的人类文化适应研究/依丽米古丽·阿不力孜著.—北京：
中国社会科学出版社，2015.7
ISBN 978-7-5161-6674-1

Ⅰ.①沙… Ⅱ.①依… Ⅲ.①沙漠—干旱区—关系—人类生存—
研究—中国 Ⅳ.①X24 ②P941.71

中国版本图书馆 CIP 数据核字(2015)第 166949 号

出 版 人	赵剑英
责任编辑	姜阿平
责任校对	邓晓春
责任印制	张雪娇

出　　版	中国社会科学出版社
社　　址	北京鼓楼西大街甲 158 号
邮　　编	100720
网　　址	http://www.csspw.cn
发 行 部	010-84083685
门 市 部	010-84029450
经　　销	新华书店及其他书店

印刷装订	三河市君旺印务有限公司
版　　次	2015 年 7 月第 1 版
印　　次	2015 年 7 月第 1 次印刷

开　　本	710×1000　1/16
印　　张	19.5
插　　页	2
字　　数	330 千字
定　　价	56.00 元

作者简介

依丽米古丽·阿不力孜,女,维吾尔族,1981 年生,新疆阿图什人,先后就学于克州师范学校、新疆教育学院、新疆大学、中央民族大学和美国印第安纳大学。2012 年毕业于中央民族大学,获法学博士学位。现为新疆大学马克思主义学院教师,新疆大学马克思主义理论博士后流动站研究人员,新疆大学新疆民俗文化研究中心兼职研究人员。主要从事生态人类学、民俗学研究,发表学术论文 20 余篇,出版学术专著 1 部,主持和参与课题 10 项,现主持 2013 年度教育部人文社会科学基金项目《新疆南疆沙漠腹地绿洲的生态人类学研究》和 2015 年度国家社会科学基金项目《塔克拉玛干沙漠腹地绿洲环境退化的社会文化原因研究》。

总　序

　　"生态人类学"（ecological anthropology）产生于 20 世纪 60 年代，是当今人类学比较活跃的一个分支学科，主要研究人类与环境之间的关系。它既关注人类的社会文化与环境之间的关系，也关注人类的生物属性与环境之间的关系。这里所说的环境，包括自然环境和人类的社会文化环境。从文化的角度解读环境或以环境的视角解读文化，探讨人、文化与环境的关系，以及环境与社会发展相关的问题，赋予了这一学科独特的视野和广阔的空间。

　　当今时代，人类正面临着生态环境危机的严峻问题。环境危机包括资源枯竭、丧失生物多样性和生态系统功能的退化等问题。例如，热带雨林是最古老和最具生物多样性的生态系统，热带雨林遭到破坏将急速地减少生物的多样性。人类采伐森林促使二氧化碳进入大气层后得不到有效的吸收，直接导致温室效应增加和全球气候变暖。而全球气候变暖又引发海平面上升，洪涝、干旱等自然灾害频繁发生。人类在开发和利用化石燃料时，有意或无意地污染了水、土地、森林和渔场，致使这些可再生资源遭到破坏，或者减少到无法迅速恢复到足以满足人类需求的水平。随着全球化进程的加速，资源消耗和环境恶化的速度和规模都在加速，并波及世界各地。这说明生态环境危机已经成为一种全球性现象，主要是受到人类不当的资源利用方式、发展政策和发展路径的影响。

　　我国生态环境形势也十分严峻。水土流失和土地沙漠化威胁着国家的安全，我国大部分天然草场不同程度地退化，有限的耕地资源受到环境污染和地力下降的双重威胁，宝贵的生物资源正在锐减，沙尘暴频繁地袭击我国北方一些地区，雾霾天气直逼京城。日益严重的生态环境问题不仅使人与自然之间变得不和谐，而且也使人与人之间变得不和谐，近年来因环境污染而引发的纠纷和冲突事件时有发生。所有这些都在不断地培育中国人民的环境保护意识，促使政府和民众更加重视生态保护。"建设生态文明，是关系人民福祉、关乎民族未来的长远大计。面对资源约束趋紧、环境污染严重、生态系统退化的严峻形势，必须树立尊重自然、顺应自然、保护自然的生态文明理念，把生态文明建设放在突出地位，融入经济建设、政治建设、文化建设、社会建设各方面和全过程，努力建设美丽中国，实现中华民族永续发展。"① 我国在开发和利用自然资源发展经济的时候，必须注重生态环境保护和可持续发展，最大限度地降低发展的自然代价。这就要求我们必须把节约资源、保护环境放到首要位置、使经济建设与资源、环境相协调，实现良性循环。

　　生态人类学着力探讨人类发展对自然环境产生的影响，以及生态环境因素又如何反过来作用于人类社会，为构建人与自然的和谐关系，作出了巨大的贡献。在我国大力推进生态文明建设的时候，必须加强生态人类学的学科建设。尽管我国生态人类学研究起步稍晚，但生态环境与文化的多样性为这一学科的发展提供了得天独厚的资源。实际上，来自生态人类学的一些研究成果已经为区域和国家经济社会的可持续发展作出了重要贡献。我国是一个统一的多民族国家，各民族的文化保留了大批珍贵的人与自然和谐相处的资料，积累了丰富的处理人与自然关系的经验和教训。这些经验值得挖掘、继承和发扬，这些教训值得铭记、反思和总结。我国各民族传统文化中都有"追求人与自然和谐"的生态理念，这些闪烁着智慧光芒的精神瑰宝，使我们能够更清楚地看到西方人比较不容易发现的生态哲理和自然哲理，促使我们反思经济社会发展中带来的环境污染问题，在科学发展观的指导下探索可持续发展的路径。

　　以往我国生态人类学的研究大多集中在西北地区、西南地区和中南地区，主要探讨高原、草原、山地和绿洲的生态环境与文化之间的关系。然而，中国不仅是一个大陆国家，而且也是一个海洋国家，300多万平方千

---

① 胡锦涛：《在中国共产党第十八次全国代表大会上的报告》，新华社，2012年11月17日。

米的海洋国土面积，也是中华民族重要的生存空间。中华民族不仅创造了农耕文明和游牧文明，也创造了海洋文明等。我国的西部大开发与东出海洋是实现经济腾飞、民族复兴的两翼，在国家发展战略中占有重要的位置。因此，我们也要加强海洋环境与海洋文化的研究。

　　2003 年至 2004 年，我作为访问学者在美国斯坦福大学人类学系进行为期一年多的学术访问，人类学系开设有生态人类学课程，我选修了这门课，因此对生态人类学这门学科产生了浓厚的兴趣。2008 年，我在厦门大学人文学院倡议增设生态人类学研究方向，以拓展人类学的研究领域。我的建议得到人文学院领导的认同和支持，并上报厦门大学研究生院。2009 年，我开始在厦门大学人类学与民族学系招收生态人类学研究方向的博士生和硕士生，并为该系的本科生和研究生开设《生态人类学》课程。我深知生态人类学研究是一项艰难的工作，需要积聚力量，长期冷静思考，不断探索。因此，我设想结合博士生的培养来进行研究，指导他们各选择一个专题，用 3—4 年时间，一步一个脚印地做下去。我的设想和思路得到博士生们的响应和认同，师生几经切磋，于是有几个博士生选择生态人类学的方向做博士论文。到 2012 年 6 月，已有三篇博士论文通过答辩。

　　由于有了几年的学术积累，我考虑出版《生态人类学丛书》，这一想法得到学术界前辈、同人、博士生和中国社会科学出版社有关领导的鼓励和支持，因此今年拟先出版五本。纳入今年出版的各书，一本是我主编的生态人类学研究论文集，汇集了我国生态人类学领域的专家学者撰写的论文，另外四本是在博士学位论文基础上修改而成的专著。其中三本是我在厦门大学人类学与民族学系指导的博士生撰写的博士论文，研究内容分别涉及青藏高原、荆江流域、东南海岸带的生态环境与文化。还有一本是中央民族大学民族学系博士生撰写的关于沙漠绿洲的生态环境与文化的博士论文，当时我为作为答辩委员，参加了她的博士论文答辩。这四本博士论文刚好涉及我国的高原、江河、海洋和绿洲几个大的环境板块。博士论文的作者大多风华正茂，受过系统的专业训练，善于吸收国内外学界的新成果、新经验，有的已有多年的积累，又经过多年潜心研究。虽然他们的研究水平难求一致，但是均有创新的亮点，为我国生态人类学学科建设作了一些基础性的学术积累。

由于生态人类学是一门比较新的学科，我国有关生态人类学的研究是近几十年的事情，关于这方面的研究，虽然取得了可喜的成绩，已有一批研究成果面世。但是就我国生态环境的多样性和文化多样性而言，因人力和物力的限制，还有许多领域尚未涉及或深入研究，需要学界同人和新人积极参与、继承、开拓和超越。相信经过几代学人的努力，生态人类学研究将在我国学界大放光彩。

曾少聪

2013 年 3 月 18 日

目　录

绪　论

第一节　研究缘起和意义

一　研究缘起

"我国是一个多民族、多种生态环境和多元文化的国家。"[①] 我国地域辽阔,生态环境多样,各民族在适应和改造他们所处的不同生态环境的过程中,创造了各具特色的文化。中国文化的多样性还在各少数民族地区文化中表现得比较突出。

新疆是中国诸多民族聚居地区之一,具有其独特的多元民族文化。从历史来看,新疆古称"西域",成为世界文化历史上著名的丝绸之路的重要枢纽,其丝绸之路上的优势地理位置促进了该区本土文化与中原文化、古印度文化、波斯文化、阿拉伯文化、古希腊文化、古罗马文化、北方游牧文化等不同文化的接触和相容。在不同文化、不同民族、不同种族的汇聚和融合过程中,该地区形成了典型的多元文化形态。从地理环境来看,新疆自然生态环境的多样性也促使新疆多元文化的形成。新疆地处欧亚大陆的腹地,属距离海洋最远的干旱半干旱地区。其地理特征是由阿尔泰山、天山和昆仑山三山夹着准噶尔和塔里木两大盆地,即众人皆知的"三山夹两盆"地形。自东向西横贯中央的天山,将新疆分为自然环境明显差异的两大区域,即北疆和南疆。北疆气候较寒冷,降水量较多,有大片的天然草场,因此在以准噶尔盆地为中心的北疆地区出现了与该地区自然生态环境相适应的盆地草原游牧文化;南

---

① 宋蜀华:《人类学研究与中国民族生态环境和传统文化的关系》,《中央民族大学学报》1996 年第 4 期。

疆降水稀少，气候温暖，日照充足，无霜期长，有许多适合于发展农业的绿洲，因此以塔克拉玛干沙漠为中心的塔里木盆地地区形成了绿洲农耕文化。这样，新疆特殊的自然生态环境和历史传统的共同作用塑造了新疆文化的多样性特征。而维吾尔族是最能够体现新疆文化的多元性和地域性的民族之一。

　　大多数维吾尔族集中生活在南疆。具体来说，南疆的地貌犹如一个巨大的椭圆形盆子。塔里木盆地位于其中间，在该盆地中心就是塔克拉玛干大沙漠，而围绕着塔克拉玛干沙漠则形成了犹如串珠般大大小小的绿洲。此外，几条内陆河深入塔克拉玛干沙漠深处而形成了世界罕见的沙漠腹地自然绿洲。这些绿洲成为维吾尔族生产和生活的主要场所。维吾尔族人在漫长的历史发展过程中，在适应沙漠干旱地区环境的过程中，创造了独特的绿洲文化。维吾尔族文化不仅不同于新疆的其他民族的文化，而且还不同于世界其他干旱地区人类社会群体文化。另外，由于塔克拉玛干沙漠边缘和腹地各绿洲地理环境和自然条件的差异，从而产生了具有明显的地域性差异的维吾尔族文化。此外，与沙漠并存的新疆绿洲生态系统环境上的封闭性和地域上的分散性特征，决定了塔里木盆地各绿洲的维吾尔族有其相对独立和封闭的社会生活环境。这种特殊的自然环境和社会环境在长期的历史发展过程中形成了维吾尔文化内部的文化多样性特征。

　　本书将要探讨的塔克拉玛干沙漠腹地的达里雅博依绿洲维吾尔族人在适应特旱区的环境过程中创造了其独特的绿洲文化，达里雅博依人是能体现人类对干旱地区的文化适应的多样性以及维吾尔族文化多样性的群体之一。

　　选择达里雅博依绿洲维吾尔族人作为研究对象是基于以下两点原因：

　　第一，该题目的选择与笔者对塔克拉玛干沙漠腹地达里雅博依绿洲维吾尔族人多年关注过程中产生的浓厚兴趣有着直接的联系。2002年，笔者首次查阅《达里雅博依：古老文化孤岛的发现及其衰落》① 一文时，对塔克拉玛干沙漠深处这些房门上既无门闩、又不使用门锁的维吾尔族人有了初步的认识。五年后，在攻读硕士期间，笔者又细读了一部与克里雅河

　　① 艾赛提·苏莱曼：《达里雅博依：古老文化孤岛的发现及其衰落》，载《艾赛提·苏莱曼论文集》（维文），新疆人民出版社2002年版，第141—155页。

下游的达里雅博依人有关的题为《塔里木心中的火》①的专著，并对与沙漠边缘绿洲上的维吾尔族人有很大不同的那些在塔克拉玛干沙漠深处以畜牧业维持生存、住在萨特玛②、一天吃三顿库麦其③的维吾尔族人的独特民俗文化产生了很大的兴趣。又过了三年，笔者重读了《塔里木心中的火》这一专著。这次笔者对身处于该地区的这一人群的生活方式产生了浓厚的兴趣。正是这种好奇心驱使笔者开始去思考：地处塔克拉玛干沙漠深处的达里雅博依绿洲维吾尔族人的文化为什么如此独特？他们到底是从哪里来的？达里雅博依人和于田县农区的维吾尔族有什么联系？达里雅博依绿洲与其周围的喀拉墩、圆沙古城、丹丹乌里克等古城遗址有什么联系？于是，在2010年5月至8月期间笔者带着这些问题将此书反复地读了三四遍，此外又看了相关的几篇文章。在此过程中，笔者对达里雅博依人独特的生活方式有了进一步的了解，并对他们的社会文化形成的环境因素和历史渊源等问题进行了初步的分析。最终计划进行有关达里雅博依维吾尔族文化的研究。

第二，2010年8月，笔者在新疆于田县达里雅博依乡进行了为期15天的田野调查。常言道，"百闻不如一见"，通过此次调查，笔者对身处塔克拉玛干沙漠腹地的达里雅博依人有了全新的认识，同时初步确定了博士学位论文题目。这种亲身体验后重获的兴趣让笔者开始重新思考：除了肉食之外，几乎所有的生活必需品须从外地购买。他们一般每日三餐就吃库麦其，一个月都吃不上一顿饭菜，常年遭受沙漠环境的危害和种种自然灾难，在如此恶劣的环境中他们为何还能拥有那么乐观的人生态度？他们到底怎么适应如此恶劣的自然环境和艰苦的生活条件？那里的人为什么还能说"如果一个来自县城的粮食贩子卖给我一袋面粉，他在我家住到吃完那袋面粉或者甚至十袋面粉，我们也不讨厌"？为什么那里还有被称为"世界上最闲的警察"？笔者在调查过程中，对他们的综合情况有了较为深入的了解，并发现了无论是达里雅博依人的物质文化还是精神文化的各个方面都富有独特性。这些问题，尤其是达里雅博依维吾尔族人的独特文化与特殊环境的关系、生存环境的演变与文化变迁等一系列问题成了笔者

---

①　吾买尔江·伊明：《塔里木心中的火》（维文），新疆人民出版社2006年版。

②　萨特玛：是指墙体和屋顶都是用芦苇、胡杨树枝或红柳条捆扎而成的棚屋。

③　库麦其：一种埋进烫沙中烤制的馕饼，是维吾尔族的传统食物之一。

关注的焦点。另外，由于属于同一个民族，调查中语言和生活习惯上没有较大的困难，研究起来也较方便。这就更增加了笔者做这个研究的信心。

本研究是以新疆于田县达里雅博依乡维吾尔族人作为个案，探讨干旱地区的人类文化适应，其有以下三个目的：

首先，通过对塔克拉玛干深处达里雅博依绿洲维吾尔族人及其文化进行人类学研究，向学术界和读者介绍达里雅博依人的独特文化。20世纪80年代初，达里雅博依人的"被发现"引起了国内外"达里雅博依旅游热""达里雅博依探险热"和"达里雅博依研究热"。此后，国内外学者在包括达里雅博依在内的克里雅河下游地区进行各种考察研究，但他们的研究主要集中于地理学、考古学、生态学等方面，文化研究很少，而且在此类研究中研究者的视野普遍投向描述文化的某一方面，没有全面地解释达里雅博依人的文化。正如我国民族学家宋蜀华和白振声强调的那样，"要全面地理解人类的文化，就离不开扮演这些文化的舞台——生态环境"①。尤其是理解像达里雅博依人这样地理环境非常特殊、长期处于相对封闭状态的小群体的文化，用生态人类学的角度进行研究，不仅具有较好的解释力，而且与事实是最相符的。因为在封闭的生存环境中，人与环境的关系更为直接、更为密切。达里雅博依绿洲处于塔克拉玛干沙漠深处，不适宜农业生产，人们主要依靠畜牧业为生。不仅缺水，而且水质含盐量高，可利用的生活物质资源极其匮乏。虽然有一些动物资源，但因宗教信仰，不能吃该类野生动物。除了肉、水和柴火之外，几乎所有的生活用品均从外地运来，人们的生活非常艰辛。另外自然环境极端恶劣，他们整年受到沙漠地区共有的极度的干旱、炎热、缺水、高温、风沙、沙漠化等环境压力和灾难的危害。笔者认为，达里雅博依人的独特文化是他们对其所处的特殊的自然和社会环境适应的产物，达里雅博依人文化研究的核心是理解他们如何适应如此恶劣的沙漠生态环境和封闭性的社会生活环境。因此，从生态人类学的角度探讨达里雅博依人的社会文化，才能较好地理解他们所创造的沙漠绿洲文化及其特点。此外，随着自然环境的日益恶化和其他社会原因，达里雅博依人的文化面临着危机。因此，对未能得到充分研究而面临危机的这一特殊群体文化的形成、发展和演变过程进行较为全面的民

---

① 宋蜀华、白振声：《民族学理论与方法》，中央民族大学出版社1998年版，第330页。

族志描述和一定的理论研究具有一定的学术意义。

其次，通过达里雅博依人对塔克拉玛干沙漠的文化生态适应的个案研究，对干旱地区的人与环境、文化生存与生态环境关系进行理论分析。本研究把达里雅博依人的文化放在特定的环境里展开研究，即把注意力放在与环境有关的文化特质上，主要去分析他们物质和精神文化各方面上所表现的生态适应因素。同时从干旱地区沙漠绿洲文化与环境关系问题上得出结论。

最后，通过以人类文化与生态环境关系为重点的这一研究，让人们深刻地意识到保持人与环境之间和谐关系的重要性。本书首先主要探讨达里雅博依人对历史上所在环境的适应过程中形成的传统文化，然后展开解释他们所处生存环境的演变与文化的变迁，最后讨论达里雅博依人面临的生态危机与其文化的生存问题。

二　研究意义
（一）学术意义

第一，从研究对象而言，这是一项对维吾尔族文化进行的文化人类学研究。本研究在促进新疆维吾尔族文化研究方面起到一定的积极作用。另外，作为一个维吾尔族地方群体的个案研究，该研究还有助于学术界理解维吾尔族文化的多样性，同时，本研究也可以成为我国民族学少数民族研究个案。从研究范围来讲，这是新疆干旱地区的一个社会科学研究。作为一个特殊的地理单元，塔克拉玛干沙漠地区从自然科学的角度得到了学术界较好的关注，但是从社会科学的角度尚未能够得到充分的重视。虽然国际学术界对世界沙漠地区文化已进行了不少的研究并取得了很多的成果，但是对不同沙漠地区的研究仍存在一定空白。彼得·M.菲特等人编著的《沙漠人：从考古学的视角》一书中说道："世界沙漠地区研究最大的空白之处是中东和中亚沙漠地区研究。"[①] 因此，本研究在一定的程度上可以填补沙漠地区研究和绿洲生态人类学研究的部分空白。

第二，从研究视角来讲，这是对干旱地区人类文化适应进行的一项生

① Peter Marius Veth, M. A. Smith, Peter Hiscock, *Desert Peoples: Archaeological Perspectives*, Malden, MA: Blackwell Pub., 2005, p.8.

态人类学研究。本书主要运用生态人类学的相关理论和方法，通过探讨达里雅博依人这一干旱地区的群体文化的形成、特征及其演变过程，并从此个案中总结出干旱地区的沙漠绿洲文化与环境的关系。该研究对文化人类学不同人类群体的文化与环境关系的认识会有一定的意义。

第三，从研究的具体方法来讲，这是关于此调查点进行的以实地调查为主的研究项目。调查以参与观察、深度访谈、影像记录等具体方法为主。因此，该研究的现实意义还具体表现在通过田野调查所获得的第一手资料的实用参考价值上。

（二）现实意义

第一，沙漠是世界上自然条件恶劣的生态系统之一，维持生存所需要的自然资源缺少，自然环境压力大，生态环境易遭到破坏。在恶劣的环境中人类维持生存也可以认为是一个奇迹。笔者相信，我们从生活在塔克拉玛干沙漠腹地的达里雅博依人与自然环境和睦相处的种种努力、对恶劣环境的适应策略和生态环境观念中或可获取与环境共生的部分智慧和经验。这也是很多人类学家已承认的一点："了解文化与环境关系的能动性有助于为更多的人创造出更好的环境。最重要的也许是，对文化和环境的研究可以帮助我们更好地了解、尊重和接受全世界各族人民之间的相似点和不同点。"[1] 本书将帮助人们从环境的视角对维吾尔族文化有较全面的认识和了解，增强新疆各民族团结合作，维护社会稳定发展。

第二，本书的重要现实意义在于通过达里雅博依人对沙漠干旱地区的文化生态适应的个案研究来解释人与环境之间的和谐关系的重要性。近年来，克里雅河下游一带大规模的沙漠化、环境退化，给达里雅博依人及其文化的存在带来了危机。据一百多年来国内外考古学研究资料来看，达里雅博依境内在喀拉墩、圆沙古城一带所盛行的古克里雅绿洲文化的衰落是由环境恶化所导致的。同样，古楼兰文化的衰落亦是如此。就生态环境具有十分脆弱性特点的我国新疆干旱地区而言，如何协调社会发展和生态环境的关系，已成为西部大开发和可持续发展战略中非常重要的问题。美国当代人类学家埃米利奥·F.莫兰强调："我们最后的阐释是从人类生态学

_____

① ［美］欧·奥尔特曼、马·切默斯：《文化与环境》，骆林生、王静译，东方出版社1991年版，第480—481页。

研究的角度出发，试图为未来发展规划决策者提供信息和指导。"① 若本研究能使人们意识到正确看待达里雅博依人这一群体及其可持续发展以及干旱地区的人口、资源、发展与环境和谐关系的重要性，那么本书也就显示出一点现实意义。

第二节　达里雅博依绿洲及达里雅博
依人的相关研究

1896 年，瑞典探险家斯文·赫定从于阗县城②出发，沿着克里雅河横穿塔克拉玛干大沙漠抵达沙雅县，途中首次发现了今天被称为"达里雅博依"的这一村落附近的喀拉墩古城。斯文·赫定根据此次探险考察而撰写的著作《亚洲腹地旅行记》中，首次以"通古斯巴斯特"（Tonkus basste）③ 这一地名来描述 19 世纪的达里雅博依绿洲及其居民的生活情况。这可能是关于达里雅博依人最早的文字记载。此后，1901年英国探险家斯坦因在喀拉墩古城做了考古调查。1929 年我国考古学家黄文弼首次对喀拉墩古城进行了短期调查。可以说，这就是国内外学术界对包括达里雅博依绿洲在内的克里雅河下游古老文明地带的早期的调查研究。

新中国成立后，政府和学术界对塔克拉玛干沙漠考察工作给予了极大的关注和支持。学术界对包括达里雅博依在内的克里雅河下游塔克拉玛干沙漠地区进行了有关调查研究。从国内外学界已经进行的研究成果来看，对克里雅河下游地区达里雅博依绿洲及其文化的研究取得了一定的成果。笔者所查阅到的相关研究成果主要有 7 部专著、5 篇学位论文、近 100 篇期刊论文、2 篇科技报告、3 张地图和 1 部民族志电影，其研究内容主要集中在克里雅河下游地区的考古研究、生态问题、克里雅河下游塔克拉玛干沙漠综合研究、达里雅博依的动植物研究、达里雅博依人的遗传研究以及达里雅博依人民俗文化研究等不同自然与社会科

---

① Emilio F. Moran, *The Ecosystem Concept in Anthropology*, Boulder, Colo. : Westview Press for the American Association for the Advancement of Science, 1984, p. 145.

② 1959 年，经国务院批准，"于阗"简化为"于田"。

③ ［瑞典］斯文·赫定：《亚洲腹地旅行记》，李述礼译，上海书店出版社 1984 年版，第201 页。

学的研究。

一 有关考古学和文化人类学方面的研究

与人类学研究的其他领域相比，有关达里雅博依地区考古学研究成果最为突出。主要表现在 1993 年以来，新疆文物考古所和法国科学研究中心 315 所的中法克里雅河联合考察队在克里雅河下游地区先后进行的多次考古调查，其研究成果主要包括 2001 年在巴黎出版的专著《克里雅：一条河流的记忆——塔克拉玛干沙漠绿洲的考古与古代文明》①以及 1993 年以来在国内相关学术期刊上发表的《新疆克里雅河流域考古调查概述》（《考古学报》1998 年第 12 期）、《1993 年以来新疆克里雅河流域考古述略》（《西域研究》1997 年第 3 期）和《圆沙故城之谜——中法两国专家对圆沙故城的考古发现》（《帕米尔》2006 年第 4 期）等。这些研究成果介绍了克里雅河下游喀拉墩古城、圆沙古城遗址的考古发现和收获以及对达里雅博依乡附近的这些沙漠古城中发现的古代沙漠居民遗址、灌溉渠道、古墓群和其他出土文物进行的考古分析，鉴定了圆沙古城和喀拉墩的考古年代。这些研究中对克里雅河流域古文化的年代和克里雅河流域文化的经济类型的评价对我们了解人类适应塔克拉玛干沙漠的历史情况是非常重要的。

从该地区文化人类学研究情况来讲，研究成果较少。主要有维吾尔族学者买买提图尔苏·拜都拉的博士学位论文，并在此基础上撰写的专著《塔克拉玛干沙漠中的一个维吾尔族村——达里雅博依》②以及买提托合提·居来提的硕士学位论文《新疆于田克里雅人社会习俗变迁研究——以达里雅博依乡为例》（2011）。前者首次从社会人类学的角度，在对达里雅博依维吾尔族的婚姻、丧葬和亲属关系进行研究的同时，还探讨了达里雅博依人的文化变迁问题。后者主要是对达里雅博依人社会习俗的变迁及其原因进行了分析。买提托合提·居来提在《于田县达里雅博依人与胡杨》（《和田师范专科学校学报》2012 年第 1 期）一文中，专门介绍了

---

① Corinne Debaine-Francfort, Abduressul Idriss, *Keriya, mémoires d'un fleuve: archéologie et civilisation des oasis de Taklamakan.* Suilly-la-Tour: Findakly; Paris: Electricité de France, 2001.

② Mettursun Beydulla, *Taklamakan Çölünde Bir Uygur Köyü: Deryabuyi,* Ankara: Televizyon Tanitim Tasarim Yayincilik Ltd. , 2005.

达里雅博依人的胡杨文化。此外，颜秀萍的《新疆于田县达里雅博依乡婚姻家庭现状调查》(《新疆社会科学》2008 年第 5 期)一文重点探讨了达里雅博依人的婚姻家庭和亲属关系。王小霞在《新疆沙漠腹地游牧维吾尔族族群研究》(《民族论坛》2012 年第 5 期)一文中，探讨了达里雅博依人的受教育状况、宗教信仰、节日和婚俗等。

二　有关达里雅博依人民俗文化的研究

在相关研究中，关于达里雅博依维吾尔族风俗习惯的研究较多，主要集中于国内学者的研究。其中维吾尔族学者阿不都热夏提·木沙江、吾买尔江·伊明和买提赛迪·买提卡斯木的研究具有代表性。阿不都热夏提·木沙江的研究主要侧重于达里雅博依人的民俗文化及其演变状况。作者在其《塔克拉玛干腹地的自然绿洲——达里雅博依乡》①　一文中，通过自己 1986 年以来的多次调查，描述了达里雅博依人的历史、民俗文化及其变迁、生态环境状况等问题。买提赛迪·买提卡斯木在《达里雅博依人的风俗习惯》②　一文中，系统地介绍了达里雅博依人的物质生产和生活习俗、社会习俗和精神生活习俗等。他们收集的这些民俗志资料对达里雅博依人文化研究有一定的参考价值。买提赛迪·买提卡斯木在《塔里木文化孤岛》(2011)　一书中，总结了自己 1990 年以来关于达里雅博依人的研究成果，并提出了达里雅博依人的历史来源的新的观点："今达里雅博依人是在塔里木盆地中世世代代生活下来的维吾尔族人的后代。"③　此外，吾买尔江·伊明在《塔里木心中的火》④　一书中，将克里雅河下游一带的历史考古和生态环境特点相结合，较为全面、系统地描述了达里雅博依人的历史、经济生产和生活、婚姻家庭、文化变迁以及当地人面临的环境问题等方面的状况。该专著对达里雅博依文化研究有较高的参考

---

①　阿不都热夏提·木沙江：《塔克拉玛干腹地的自然绿洲——达里雅博依乡》，载阿布都拉·苏莱曼编《天下只有一个和田：文物故迹、绿洲与生态》(维文)，新疆人民出版社 2003 年版，第 335—372 页。

②　买提赛迪·买提卡斯木：《达里雅博依人的风俗习惯》，《美拉斯》2010 年第 2、3、4期。

③　买提赛迪·买提卡斯木：《塔里木文化孤岛》(维文)，新疆人民出版社 2011 年版，第142 页。

④　吾买尔江·伊明：《塔里木心中的火》(维文)，新疆人民出版社 2006 年版。

价值。

达里雅博依人以其独特的文化受到了国内有些学者的关注。罗沛和马宏著《沙漠绿洲克里雅人》（新疆人民出版社 2006 年版）描述了包括达里雅博依人在内的克里雅维吾尔族的宗教信仰、节日文化、民间艺术、服饰文化等。尚昌平著的《沿河而居》（山东画报出版社 2006 年版）在实地调查基础上，描述了今天的达里雅博依人的生活状况。

有关达里雅博依人的民俗文化还有以游记为主的文章，其数量较多。1988 年至 2010 年共有 50 余篇期刊文章。这些文章内容涉及达里雅博依人的历史来源、牧业生产、饮食、服饰、居住、艺术、婚礼、丧葬、宗教信仰以及达里雅博依乡建立后发生的变化等诸多方面的描述。虽然这些文章的学术讨论不多，但是能够为我们了解 20 世纪 80 年代后的达里雅博依乡维吾尔族人的生活情况和文化变迁提供一些重要的信息。此外，1997 年，维吾尔族作家阿布都热合曼·卡哈尔以在达里雅博依乡进行的社会调查为基础，撰写了小说《远方的人》①，描述了达里雅博依人 20 世纪 90 年代及其以前的生活状况。我们从该书中可以了解到有关达里雅博依人的历史来源、传统文化、性格心理等诸多方面的信息。

三　有关达里雅博依人生态环境的研究

作为典型的沙漠腹地天然绿洲，达里雅博依绿洲受到了自然科学界的高度重视。自然科学的相关研究主要表现为国际和国内学术界生态学、生物学、地理学等学科的研究。在生态环境方面学术界最重要的研究成果有国际和国家级三次综合科学调查。第一次是 1986 年中德联合考察队对于田县克里雅河流域进行的探险考察并编写了《1986 年昆仑山及塔克拉玛干探险考察报告》②。报告内容涉及克里雅河流域和塔克拉玛干沙漠的地形、气候、自然资源的利用和环境变化等综合性情况。该科技报告中也有反映 20 世纪 80 年代达里雅博依人生活状况和风俗习惯的宝贵的图片及与达里雅博依直接有关的《塔克拉玛干沙漠克里雅河下游三角洲天然景观

---

① 阿布都热合曼·卡哈尔：《远方的人》（维文），新疆人民出版社 1997 年版。
② Dietor Jäkel, Zhu Zhengda, *Reports on the 1986 Sino-German Kunlunshan Taklimakan Expedition: Kartenbeilage*, Berlin: Gesellschaft für Erdkunde zu Berlin, China: Xi'an Cartographic, 1989.

图》和《新疆维吾尔自治区克里雅河流域景观图》等三张地图。第二次是 1988 年中国科学院组织的克里雅河及塔克拉玛干科学探险考察队以沙漠腹地绿洲达里雅博依作为重要的研究对象，对克里雅河下游地区和沙漠腹地自然环境的综合情况进行的深入考察。考察队在《克里雅河及塔克拉玛干科学探险考察报告》① 中提出了有关达里雅博依绿洲的形成、地貌、水资源、植物和自然环境演变的研究成果。第三次是 1987 年秋季至 1991 年冬季中国科学院塔克拉玛干沙漠综合科学考察队在和田河流域和克里雅河流域进行的科学调查，并形成研究成果《神奇的塔克拉玛干：塔克拉玛干沙漠综合科学考察》② 这一专著。此次考察涉及克里雅河下游的塔克拉玛干沙漠地区的地理、地质、生物、自然资源、气候方面的综合性生态环境情况。这些综合调查研究成果和统计数据资料，便于本研究获取关于达里雅博依绿洲自然环境和环境变化的信息。

此外，倪频融在《达里雅博依绿洲的历史、现状及其演变前景》（《干旱区研究》1993 年第 4 期）一文中较系统地探讨了达里雅博依生态环境演变、达里雅博依人面临的环境危机及解决环境问题的途径等。海鹰的《达里雅博依绿洲的生态问题及其维护对策》（《新疆师范大学学报》1994 年第 4 期）和颜秀评、刘正江的《关于新疆于田县达里雅博依乡生态环境的调查研究》（《新疆大学学报》2008 年第 4 期）等论文，在阐述达里雅博依绿洲面临的生态环境问题的同时，进一步分析环境恶化的原因以及提出保护达里雅博依绿洲的环境对策。此外，马鸣等的《克里雅河下游及圆沙古城脊椎动物考察记录》（《干旱区地理》2005 年第 5 期）、胡文康等的《克里雅河下游荒漠河岸植被的历史、现状和前景》（《干旱区地理》1990 年第 1 期）等论文，分别探讨了达里雅博依绿洲的动植物资源的种类及其过去和现状的对比以及绿洲生态环境的演变等。

① 新疆克里雅河及塔克拉玛干科学探险考察队：《克里雅河及塔克拉玛干科学探险考察报告》，中国科学技术出版社 1991 年版。

② Team of Integrated Scientific Investigation of the Taklimakan Desert, Chinese Academy of Sciences, *Wondrous Taklimakan: Integrated Scientific Investigation of the Taklimakan Desert*, Beijing, New York: Science Press, 1993.

四　有关医学和生命科学方面的研究

在相关的医学研究中,《新疆于田县达里雅博依乡翼状胬肉患病率调查》①《塔克拉玛干"沙漠人"心电图明尼苏达编码分析》② 等学位论文探讨了达里雅博依人中某些常见的疾病与环境因素的关系。此外,吉林大学生命科学学院考古 DNA 实验室对达里雅博依人及相关民族的 DNA 比较研究,在《塔克拉玛干沙漠腹地隔离人群线粒体 DNA 序列多态性分析》(《遗传学报》2003 年第 3 期)一文中,提出了达里雅博依人与维吾尔族人之间有很近的亲缘关系。此研究用 DNA 技术为学术界提供了关于达里雅博依人的来源问题的重要科学证据。

综上所述,从目前所掌握的资料看,有关生态环境方面的自然学科研究偏多,社会学科研究较少。从对达里雅博依人文化研究的研究方法来讲,可以肯定的一点是,这方面的大多数研究是在扎实的实地调查基础上进行的,但具体研究方法以描述和陈述为主,理论分析不够,尤其是现状描述多,动态的历史分析少。因此,达里雅博依人文化的研究内容和方法等方面需要进行进一步完善和深化。

第三节　相关理论观点

一　文化适应研究

"适应"(adaptation)是生物普遍存在的,与生物有关的一切科学和学术领域如生物学、生态学、遗传学、心理学、人类学等都使用的一个术语。这一概念原来是一个生物学概念,生物学意义上的适应是指有机体面对所有的环境胁迫成分所采取的降低生理压力的改变。英国生物学家达尔文首次用"自然选择,即最适者生存"③ 这一理论解释了生物适应环境的进化论思想。

"适应"也是研究人及其文化与环境关系的生态人类学的重要概念,

---

① 武烜:《新疆于田县达里雅博依乡翼状胬肉患病率调查》,硕士学位论文,新疆医科大学,2008 年。

② 玉素甫江·阿不拉:《塔克拉玛干"沙漠人"心电图明尼苏达编码分析》,硕士学位论文,新疆医科大学,2007 年。

③ [英]达尔文:《物种起源》,周建人等译,商务印书馆1997 年版,第 94 页。

生态人类学中的各种理论和流派都探讨了人类文化适应的问题。20 世纪
50 年代，美国著名人类学家斯图尔德（台湾学界多译为"史徒华"）将
"适应"概念引入人类学的研究，说明了人是如何适应环境变迁而不断向
前发展的。他的文化生态适应观点主要包括（1）"文化生态的适应才是
文化变迁的动力"①。他在《文化变迁的理论》一书中提出"在过去的数
千年内，在不同环境之中的各文化都有剧烈的变迁，而这些变迁基本上可
归因于技术与生产处置的变化引起的新适应"②。（2）"文化类型应被视
为诸核心特质的集合，这些特质因环境的适应而形成"③。斯图尔德认为，
在一种文化中，有一部分特征受环境因素的直接影响大于另一些特征所受
的影响。他把这种文化中易受环境因素影响的部分，即与生计活动和经济
安排最密切相关的各项特征的总和，称为"文化核心"。在他看来，文化
特征以及由其组成的文化类型是在适应当地环境的过程中逐步形成的。如
生活在不同环境的布须曼人、澳大利亚土著人、塔斯马尼亚人、火地岛人
等是父系队群代表的同一个类型，因为这些文化在生态适应与整合层次上
都是相同的。（3）文化差异是社会与环境相互影响的特殊适应过程引起
的。人类文化多样性，其实就是人类适应多样化的自然环境的结果。"环
境可能差异到一个地步以至于文化适应不得不有所差异。"④ "文化区是指
出在环境相同的一个地区之内行为的一致性。它假定文化区与自然区是大
致吻合的，因为文化代表对特殊环境的适应"⑤。从中可见，文化生态学
认为"文化即适应"，主张从人类生存的整个自然环境和社会环境作用的
各种因素交互作用研究人类文化的产生、发展和变迁。着眼于在特定的环
境中，人类是如何创造特定的文化；在相同的环境和不同的环境中，人类
采取了何种相同或不同的方式来适应。这种观点有助于对人类某些文化现
象的理解。斯图尔德的重要贡献是认识到文化与环境之间辩证的相互作
用。当然，文化生态学也有不足之处：其考察主要集中于技术，从而忽略
了意识形态与环境之间的相互作用。

---

① ［美］史徒华：《文化变迁的理论》，张恭启译，台北：远流出版事业股份有限公司 1989
年版，第 42 页。

② 同上书，第 46 页。

③ 同上书，第 52 页。

④ 同上书，第 47 页。

⑤ 同上书，第 42 页。

20世纪60年代，文化适应研究更加引起了西方生态人类学界的关注，大西洋两岸的学者开展了与人类生态适应研究有关的国际性科研项目。如1962年展开的IBP/HA（International Biological Programmme/Human Adaptability）。该课题项目研究了苔原、沙漠、热带雨林和高原生态环境下的人类适应。早期的这些人类适应研究侧重于对自然环境的适应，尤其是对气温和纬度的适应，"对社会环境的适应尚未能成为20世纪60、70年代人类适应研究的重点"①。

系统生态学也注重了生态适应研究。拉帕波特在其所著《生态学、意义和宗教》一书中论道："我所用的'适应'这一术语是指，生命系统面对短期环境变更或者环境发生长期的不可逆转的变化时，通过改变自身结构来保持动态平衡的过程。适应是一个过程或者是进程的范畴，是所有的生物共有的。我们可以从简单的动物至华丽的帝国都能观察到它。"②拉帕波特将适应概念引入生态系统途径。他对新几内亚的策姆巴加人（Tsembaga）的研究涉及了宰猪仪式在他们所处生态系统适应中的作用，揭示出策姆巴加人的宰猪仪式"有助于维持环境，限制威胁地区人口生存的征战频率，调节人工开垦土地的比例，便利贸易，将当地剩余的家猪分配给整个地区的人口，并在他们最需要的时候保证健康所必需的高质量的蛋白质"③。

唐纳德·L. 哈迪斯特所著《生态人类学》（1977）系统地阐述了适应的层次。他认为适应是以行为、生理和遗传的方式和环境建立互利关系的过程。适应过程发生在三个"层次"上，即行为、生理和遗传层次。环境突变所引起的适应出现在行为适应中。行为是有机体能够做出的最快反应，它基于学习，而不是基因的遗传，因此也是最灵活的。有两种行为是适应性的。特有行为包括个体应对环境问题的独特方式。文化行为是模式化的、共享的、传统的，并且是人类最独有的特征。为简单起见，适应可被视为是由三种文化行为的变化产生的。这三种行为包括技术、制度和

① Stanley J. Ulijaszek, *Human Adaptability: Past, Present and Future*, New York: Oxford University Press, 1997, p. 282.

② Roy A. Rappaport, *Ecology, Meaning and Religion*, Ann Arbor: University of Michigan Press, 1979, pp. 145 - 147.

③ Roy A. Rappaport, *Pigs for the Ancestors: Ritual in the Ecology of a New Guinea People*, New Haven and London: Yale University Press, 1968, p. 224.

意识形态方面。技术是人们用来获取食物、获得保护和进行再生产的工具，它包括最初用来挖掘用的木棒到核电站的一切。制度文化是社会形态和链接个体与群体的网络，它包括亲属关系、社会等级与阶层、自发组织的社团和政治，等等。意识形态包括价值观、规范、知识、哲学和宗教信仰、情感、道德原则、世界观等①。唐纳德还强调了"适应是一个动态的过程，因为无论是生物还是其环境不是不变的。新问题不断地出现并为此提供解决方案，新的关系不断地建立"②。Y. A. 科恩也指出了"文化是一种特殊形式的适应过程……没有永久性的适应，因为栖息地会有变化的"③。

杨庭硕在《生态人类学导论》一书中，探讨了文化适应的双向性：文化适应中需要应对的对象划分为自然环境和社会环境两大范畴，按照文化适应的这两个不同的对象，将文化适应的内涵也相应地划分为物质性适应和社会性适应。

很多人类学家认为适应是当代生态人类学的核心概念，他们在研究中非常关注文化适应问题。美国当代生态人类学家埃米利奥·F. 莫兰的《人类的适应性：生态人类学导论》④ 是对生态人类学视野中的适应进行系统阐述的一部著作。该书不但综述了生态人类学文化适应研究的基本理论和方法，而且还涉及了人类对各种生态环境适应的个案研究，如北极区人类适应、高海拔地区人类适应、干旱地区人类适应、草原地区人类适应和潮湿的热带地区人类适应等。此研究不仅具有适应研究理论和方法的坚实支撑，而且以包括干旱地区和沙漠地区人类适应在内的人类适应个案为基础，从而为本书提供了非常重要的学科理论和研究经验。丹尼尔·G. 摹贝茨与弗雷德·普拉格著《人类适应策略》⑤ 一书分析了人类历史上所出现的采集狩猎、初级农业、游牧业、农业、工业

---

① Donald L. Hardesty, *Ecological Anthropology*, Toronto：John Willey & Sons, 1977, pp. 23 – 24.

② Donald L. Hardesty, *Ecological Anthropolog*, Toronto：John Willey & Sons, 1977. p. 46.

③ Yehudi A. Cohen, *Man in Adaptation*：*The Cultural Present*, Chicago：Aldine Publishing Company, 1968, pp. 41 – 42.

④ Emilio F. Moran, *Human Adaptability*：*An Introduction to Ecological Anthropology*, Boulder, Colorado：Westview Press, 2000.

⑤ Daniel G. Bates, Fred Plog, *Human Adaptive Strategies*, New York：McGraw-Hill, 1991.

等不同生计方式背景下的人类适应。斯坦利·J. 乌里加扎克主编的
《人类的适应性：过去、现在和未来》探讨了人类生态适应研究理论以
及非洲游牧民和农民、安第斯居民、新几内亚人和北极地区居民生态适
应问题。

从个案研究成果来看，文化适应研究的地区范围主要涉及不同生态环
境中的人类文化适应。其中有关干旱地区文化适应的研究成果不少，尤其
是非洲沙漠地区人类适应研究成果较多。20 世纪 60—90 年代，理查德·
B. 李对卡拉哈里沙漠布须曼人（San）进行了长期的系统的研究。他在
《卡拉哈里狩猎采集者》（1976）和《桑人：狩猎采集社会中的男性、女
性和劳动》（1979）等著作中，从生态适应的角度探讨了桑人的生计方
式、营养适应、社会组织结构、生态观念等问题，他尤其关注桑人与他们
所处沙漠生态系统之间的能量关系。费雷德里克·H. 瓦格纳（Frederic
H. Wagner）在《游牧畜牧业：对干旱环境的生态适应》①中探讨了非洲
干旱和半干旱国家的游牧民族文化适应，即对气候限制的游牧方式适应，
草原对人口和牲畜的负荷力、放牧方式和草原负荷力的关系，游牧业面临
的问题及其解决方法。奥兰博（B. J. Olembo）主编的《非洲热带地区的
人类适应》②也与非洲干旱地区文化适应有关。理查德·A. 古尔德等著
《庞图加帕石屋与澳大利亚沙漠文化》③ 与克拉克·S. 努尔顿、美国科学
促进协会主编的《印第安和美国西班牙人对干旱和半干旱环境的调整》④，
探讨了澳大利亚和北美洲干旱地区的人类适应问题。人类学界文化适应研
究成果中因纽特人对苔原环境适应的研究占一定的比例。詹姆斯·W. 万
斯通（James W. Vanstone）著《阿萨帕斯肯人的适应：亚北极森林猎人

---

① Frederic H. Wagner, *Nomadic Pastoralism: Ecological Adjustment to the Realities of Dry Environment*, 1980.

② Edited by B. J. Olembo, *Human Adaptation in Tropical Africa*, Nairobi: East African Publishing House, 1968.

③ Richard A. Gould, *Pantutjarpa Rockshelter and the Australian Desert Culture*, New York: American Museum of Natural History, 1977.

④ Clark S. Knowlton, American Association for the Advancement of Science, *Indian and Spanish American Adjustments to Arid and Semiarid Environments*, Lubbock: Texas Technological College, 1964.

和渔民》① 主要探讨了加拿大以北的阿萨巴斯肯人对北极环境的文化适应。

二　文化变迁理论

文化变迁是文化人类学最关注的研究主题之一，在人类学学科发展史中，几乎每个学派都有关于社会文化变迁的理论及观点。文化变迁是指由于群体社会内部的发展或由于不同群体之间的接触而引起的一个群体文化的改变。在文化人类学中，在讨论文化变迁时，一般的看法都认为，文化变迁的原因是多样性的。如"文化传播因素说""地理因素说""心理因素说"和"生物因素说"等。文化圈学派把外来文化的传播看作是文化变迁的动因，着重于物质文化的变迁，把各民族相同的物质文化归结为一种原始的形成，归结为文化传播的结果。德国的拉采尔与美国的伯克勒认为以地理环境的变迁为文化变迁的根本动因。此外，佛特（E. Z. Vogt）说："一、一个社会所处的生态环境的改变，会影响到文化的变迁；二、两个不同文化模式的相互接触交往，会彼此影响；三、在一个社会中，发生任何变化上的改变，这些都会导致文化变迁。"② 哈维兰认为，文化变化的原因是多种多样的，其中一个普遍的原因就是环境发生变化，文化也必须随之发生变化；另一个原因是文化内部的人观察文化特点的方式发生个别改变，这会导致社会文化的规范和文化的价值观的方式发生个别改变；变迁的第三个根源是与其他群体的接触，引进新的概念以及做事的新方式，最后造成传统价值观和传统行为方式的改变③。导致文化变迁的创新、发现、传播和生态环境的演变等诸多因素在不同的社会群体文化变迁过程中发挥的作用会有所不同。

三　生态民俗学的相关理论

民俗是文化的一部分，也是文化研究的主要内容之一。因此民俗学研究在某种程度上对文化人类学的研究也有参考价值，对以环境与文化关系

---

① James W. Vanstone, *Athapaskan Adaptation: Hunters and Fishermen of Subarctic Forests*, Chicago: Aldine Publishing Company, 1974.

② 石奕龙、郭志超主编：《文化理论与族群研究》，黄山书社 2004 年版，第56—57页。

③ ［美］威廉·A. 哈维兰：《当代人类学》，王铭铭译，上海人民出版社 1987 年版，第58页。

分析为主的生态人类学研究来说尤其如此。江帆在《生态民俗学》中系统地介绍了生态民俗学的基本理论。江帆从生态环境的角度，界定了民俗并提出了民俗文化构成的生态基础：任何一种文化的创造过程，都是有其特定的生态环境背景做支撑的，或者说，人类文明的起源首先都是以易于人类生存的自然环境为依托的。民俗作为人类为了适应生存环境而创造的一种文化，从其生成的原点即本原来看，更具有生态性的特点①。她认为民俗是人类对生态环境适应的产物，生态环境是民俗建构的重要基础。关于民俗生成的生态性原本，她又认为"在生存适应过程中，人们首先从所处的自然环境出发，创造出与生产、生活相关的经济民俗，结合经济民俗的实践，又逐渐形成了与之配套的社会民俗、信仰民俗及游艺民俗。无论经济民俗，还是由此衍生的社会民俗、信仰民俗及游艺民俗都是人类面对生存环境作出的文化选择。这些文化选择，既受到自然生态环境的影响和制约，也是人们创造性适应生态环境的结果"②。江帆指出人类群体对所处的生态环境的切身体悟以及与生态环境的适应是民俗生成的生态性本原。江帆还强调了民俗的地域性，即民俗文化区："在迄今为止人类所创造的各种文化因素中，生产方式或生活习俗的地域差异是此中最为明显可察并令人感受至深的。人类的生产、生活习俗都是产生、发展于一定的空间范围，都是在一定的空间区位上体现的，因此必然会带有一定趣味的地理环境因素的印记。"③

吸收和总结生态人类学环境与文化关系的理论方法，参考人类学家生态人类学个案研究成果，结合本研究调查点的具体情况，可以提出以下理论假设。

假设一：文化是一种特殊的适应过程，达里雅博依人的沙漠绿洲文化是适应其所在沙漠干旱地区特有环境的产物。

假设二：达里雅博依人沙漠绿洲文化的特征是因特殊生态适应而形成的。

假设三：环境变迁是导致达里雅博依人文化变迁的主要动因之一。

假设四：在生态环境极为脆弱的沙漠干旱地区，生态环境一旦发生剧

---

① 江帆：《生态民俗学》，黑龙江人民出版社 2003 年版，第 42 页。
② 同上书，第 58 页。
③ 同上书，第 46 页。

烈的恶相变化，人与环境的平衡关系遭到破坏，传统的适应策略消失其有
效性，传统文化将面临危机。

第四节　研究方法与田野调查

本研究以人类学的实地调查法为主，结合历史文献法和比较研究法。

一　田野调查法

田野调查是人类学、民族学最基本的研究方法。这也是本研究使用
的最主要的研究方法，由于文献资料极为匮乏，本研究的资料主要来自
田野调查。通过实地调查来考察达里雅博依人对沙漠干旱区生态环境适
应而形成的传统文化、达里雅博依人对其社会环境和自然环境变迁的文
化调适等问题。本研究实地调查的调查地点和时间以及其具体方法
如下。

调查地点：本研究调查点是新疆于田县达里雅博依乡，位于于田县
城以北塔克拉玛干沙漠深处。此外，新疆民丰县安迪尔乡亚通古斯村作
为次调查点。亚通古斯村地处塔克拉玛干沙漠腹地，该村人的生存环境
与达里雅博依人的十分相似。通过两个不同群体对相似的沙漠环境的文
化适应进行适当的比较，可为文化与环境关系的理论分析提供较为可靠
的实例，并从中了解人类对干旱地区适应的多样性和干旱地区文化的地
域性。

调查阶段和时间：本研究的田野调查过程分为三个阶段。（1）预调
查阶段：2010 年 8 月为第一次进入达里雅博依乡进行了为期 15 天的调
查。在此过程中，笔者主要对达里雅博依乡的基本情况进行了调查，了解
当地的自然地理环境、社会生活环境与物质生活情况。（2）正式调查阶
段：2011 年 9 月至 12 月，笔者对达里雅博依乡再次进行为期两个半月的
较为深入的调查。在此过程中，笔者在前期调查经验的基础上，对达里雅
博依人的生计方式、生活方式、风俗习惯、达里雅博依人生存环境的演变
状况、传统文化的变迁、当地人所面临的环境危机等有较为深入的了解。
在此阶段，笔者还对民丰县安迪尔乡亚通古斯村的基本情况有了一定的了
解。（3）补充调查阶段：2011 年 12 月至 2012 年 3 月为第三次调查阶段。
在此阶段，笔者在撰写论文过程当中对前期调查未能获得的调查内容还进

行电话访谈。

实地调查具体方法：实地调查中所用的具体操作法有参与观察、深度访谈、文物文献搜集法。此外，笔者在调查中运用拍照、摄影、录音等多种形式记录了相关情况。

参与观察法是本课题实地调查最主要的研究方法，也是"重中之重"。在前两次田野当中，尤其是在第二次调查中，笔者主要采用参与观察法，深入达里雅博依人的社会生活之中。尤其是为了理解当前环境下的达里雅博依人文化适应，与他们共同生活，亲身体验他们生活的各个方面。

深度访谈法。从多角度出发，为了全面了解达里雅博依人及其文化以及他们生存环境的状况，在三次调查中均较多采用深度访谈法，访谈内容涉及达里雅博依乡居民的来源，达里雅博依人的生产方式、物质生活、风俗习惯，以及乡政府建立后发生的变化和环境变化等。在调查过程中，对以下几种人展开访谈，第一，调查点村民；第二，于田县和达里雅博依乡的有关部门；第三，相关学者。本研究调查当中被采访家庭户数为 64 户、被采访村民为 113 人、被采访学者为 4 人、被采访单位 7个。因不涉及敏感问题，为了调查研究的真实性，征得同意的受访者一律使用实名。

图 0-1　在达里雅博依乡调查

表 0 - 1　　　　　　　　在达里雅博依乡田野调查访谈情况

调查阶段＼访谈对象	户数	村民	学者	单位
第一次调查	21	32	1	1
第二次调查	43	51	3	6
第三次调查		30		
合计	64	113	4	7

二　文献研究法

文献法是本研究的重要研究方法之一。正如研究回顾部分所述，学术界有关达里雅博依人的完整的历史文献资料和系统的研究成果仍然很缺乏，给对达里雅博依人的历史来源、历史沿革、过去的生产和生活状况等问题的研究带来了很大的困难。即使如此，笔者还是在近一年的资料搜集过程中搜集到了与该调查点相关的一定数量的文献资料，这些资料主要包括地方志资料、国内外学者的探险记录、游记、历史研究资料等。虽然与本研究直接相关的文献资料不多，但是这些资料不同程度上暗含着有关达里雅博依人及其文化历史、生态环境演变历史的一些信息，对掌握达里雅博依人的历史来源、历史沿革、文化变迁、环境演变等问题有一定的帮助。

三　比较研究法

本书合理运用生态人类学的历时性（Diachronic）和共时性的（Synchronic）研究展开比较研究。本研究的历时性研究的时间范围为 1900 年至今。有关达里雅博依人的文字记载极其缺少并且其最早记载不超过 1896 年。现在在达里雅博依乡生活的居民属 1900 年后出生的后代，其中年龄最大的是 103 岁。因此，从现实出发，本研究涉及的时间范围确定为 1900 年至今。由于 20 世纪 80 年代达里雅博依人的生存环境发生了巨大的变化，因此，以 20 世纪 80 年代作为界限，对达里雅博依人 20 世纪 80 年代前的文化适应和 20 世纪 80 年代后的文化适应进行纵向比较。此外，本研究在共时性的背景下对干旱地区环境中的其他社会群体的文化适应进行适当的横向比较，如塔克拉玛干沙漠中的亚通古斯村维吾尔族人和罗布人、非洲卡拉哈里沙漠中的布须曼人、阿拉伯沙漠中的贝都因人等。通过这些比较试图解释干旱地区人类文化适应的多样性和干旱区文化的地域性特点。

第五节　相关概念的界定与相关注释

一　相关概念的界定

由于本书着重探讨沙漠干旱地区的人类文化适应，沙漠绿洲文化与环境的关系，文化、环境、沙漠（干旱地区）等概念自然就成为本书的主要和核心概念。

（一）文化（culture）

文化是一个非常广泛的概念，人类学、社会学、哲学等不同学科试图从各自的角度来界定文化的内涵。1952 年出版的 A. 克罗伯和 C. 克拉克洪著《文化：关于概念和定义的批判性回顾》收集了 150 种关于文化的定义[1]。据法国社会心理学家 A. 莫尔的统计，到 20 世纪 70 年代，世界文献中的文化定义已达到 250 多种[2]。到目前为止，有关"文化"的各种不同的定义已比以上的数字还多。从人类学这一学科发展历史看来，国外人类学历史上各学派代表人物给文化下了各自的定义。如英国人类学和进化论学派的创始人之一泰勒在其代表著作《原始社会》（1871）中把文化定义为"文化或文明，是包括全部的知识、信仰、艺术、道德、法律、风俗以及作为社会成员的人所掌握和接受的任何其他的才能和习惯的复合体"[3]。此后，文化功能学派的代表人物马林诺夫斯基给文化下定义说："文化是包括一套工具及一套习俗——人体的或心灵的习惯，他们都是直接的或间接的满足人类的需要。"[4] 人类学家赫斯科维茨认为文化是人类环境的人造部分[5]。生态人类学对文化的看法不同于其他学派，不少人类学家从文化与环境的关系出发界定文化。生态人类学的开创者斯图尔德用适应概念定义文化为"文化代表对特殊环境的适应"[6]。Y. A. 科恩提出了

① 参见［美］欧·奥尔特曼、马·切默斯《文化与环境》，骆林生、王静译，东方出版社 1991 年版，第 4 页。

② 林耀华主编：《民族学通论》，中央民族大学出版社 1997 年版，第 380 页。

③ ［英］爱德华·泰勒：《原始文化》，连树声译，广西师范大学出版社 2005 年版，第 1 页。

④ ［英］马林诺夫斯基：《文化论》，费孝通译，中国民间文学出版社 1987 年版，第 14 页。

⑤ 参见张雅欣：《异文化的撞击——日本电视纪录片的地域性与国际性》，《现代传播——北京广播学院学报》1996 年第 6 期。

⑥ Julian H. Steward, *Theory of Cultural Change*, Champaign：The University of Illinois Press，1955，p. 35.

"文化是人类适应的最重要的工具，是一种特殊形式的适应过程"①。此外，哈维兰认为"文化是人类用以解决人类意识到的生存问题的手段"②。从人与环境的关系角度，《简明文化人类学词典》中的文化定义为"文化是人类创造出来适应环境，遵循客观规律改造环境的工具"。③

国内学术界对文化的定义大体上可分广义和狭义。广义的文化是指人类在历史实践过程当中所创造的物质财富和精神财富的总和；狭义的文化是指社会的意识形态，以及与之相适应的制度和组织机构。中国民族学界认为文化是人们在体力劳动和脑力劳动过程中创造的一切财富，包括物质文化和精神文化，以及人们所具有的各种生产技能、社会经验、知识、风俗习惯等④。中国民族学界对文化的定义与文化广义的解释基本上相同，甚至更具体一些。

本书所采用的文化概念是生态人类学认为的"文化是特定环境条件下适应和改造环境的产物"⑤ 这一定义。在此定义基础上笔者认为文化是为解决生存问题人类所采用的对其所处环境的适应策略的总和。"生存""环境"和"适应"是该定义的重要内容。

（二）环境（environment）

环境是指事物周围所在的条件。它是具有多方面含义的术语，对不同的学科来说，环境的内容也不同。在生理学上，环境是指影响生物机体生存和发展的所有外部条件的总体。一般来讲，环境可分为：（1）自然环境；（2）人造环境。自然环境指未经过人的加工改造而天然存在的环境，包括地理特征、环境条件以及动植物区系等；人造环境是指改变自然环境而形成的环境或人为创造环境。作为特殊的生命体，人的生存环境既包括所有生物生存所必需的以空气、水、土壤、阳光、生物圈为内容的自然生态环境，又包括人类自己创造的并特有的一种特殊环境——社会环境，如观念、

① Yehudi A. Cohen, *Man in Adaptation: The Cultural Present.* Chicago: Aldine Publishing Company, 1968, p. 42.

② ［美］威廉·A. 哈维兰：《文化人类学》（第十版），瞿铁鹏、张钰译，上海社会科学院出版社 2005 年版，第 456 页。

③ 陈国强：《简明文化人类学词典》，浙江人民出版社 1990 年版，第 70 页。

④ 林耀华主编：《民族学通论》，中央民族大学出版社 1997 年版，第 384 页。

⑤ 宋蜀华：《人类学研究与中国民族生态环境和传统文化的关系》，《中央民族大学学报》1996 年第 4 期。

制度、行为准则等。因此，人类学上环境概念的含义广泛，是指人类赖以生存和发展的所有自然条件和社会条件的总和。人类生存环境可分为自然生态环境和社会文化环境。自然生态环境（natural environment）是指对人类的生存和发展产生影响的各种自然条件的总体。目前有人类活动的自然生态系统主要有草原、高山、荒漠、森林、极地等。社会环境（social environment），亦是社会文化环境，是指由人与人、人与社会之间的各种社会关系所形成的环境，包括人际关系、经济体制、文化传统、政治制度等，属人造环境范畴。我国民族学家林耀华对民族学中环境的含义解释为，"我们心目中的环境，已不仅指一个地区的自然地理条件，即不仅指它的地形、气候、水文等条件，而且包括了植被情况，动植物的种群及其结构，人类居住及其活动的情况，文化的接触与交流，以及上述诸因素之间的互动现象"①。本研究——人类对沙漠干旱地区环境的文化适应不仅包括对自然环境及自然环境变迁的适应，还涉及对社会环境和社会环境变迁的适应。

（三）沙漠/干旱地区（desert/arid area）

干旱区是指属于干旱气候的地区，其主要地理特征是：气候干旱、太阳能丰富、温差大、降水极少、蒸发旺盛；植被稀疏、种类贫乏；内陆水系，河流稀少无河；风力强盛、风沙频繁、风成地貌广布；人口密度小、畜牧业较发达、农业活动局限于绿洲。一般将年降水量在 200 毫米以下的地区称为干旱区；年降水量 200—500 毫米的地区称为半干旱区。世界干旱半干旱地区约占全球陆地面积的三分之一，主要分布在南北纬 15°—35°之间的副热带和北纬 35°—50°之间的温带、暖温带大陆内部。② 学术界一般按降水量总额将干旱地区分为三类——干旱区（arid area），特干旱区（hyper-arid area）和半干旱区（semi-arid area）。《沙漠百科全书》中对干旱地区的定义为：干旱区是指年降水量在 200 毫米以下的地带；特干旱区是年降水量 25 毫米以下的地区，半干旱区是有 250—375 毫米降水量并经常发生干旱的气候区③。有些学者将干旱区这样划分：（1）极端干旱区（年降水量 <50 毫米），干旱区（年降水量 <250 毫米），半干旱区

---

① 林耀华主编：《民族学通论》，中央民族大学出版社 1997 年版，第 85 页。
② 中国小百科全书编纂委员会编：《中国小百科全书（1）：物质·宇宙·地球》，团结出版社 1994 年版，第 3 页。
③ Michael A. Mares, *Encyclopedia of Deserts*, Norman: University of Oklahoma Press, 1999, pp. 169, 512.

（年降水量＜500 毫米）①。（2）根据联合国环境规划署（UNEP）的干旱度指数，降水量十分缺少而变率大的地区为特干旱区；年降水量冬季达200 毫米，夏季达 300 毫米的地区为干旱区；年降水量夏季达 800 毫米，冬季达 500 毫米的地区为半干旱区。②

沙漠和绿洲是干旱地区的一对产物。关于沙漠概念，尼尔·莫里斯（Neil Morris）在其著《世界十大沙漠》中定义为："沙漠是指降水量少的地区，很多学者同样视沙漠为年降水量在 250 毫米以下的地区。"③

绿洲概念属自然地理学和生态学的范畴，不同的学者从不同的角度对此概念持有不同的观点。从不同词典对绿洲的定义来看有以下几种：（1）绿洲是荒漠地区中水源丰富、土壤肥沃、草木繁盛的地方（《环境科学大辞典》）。（2）水中草木繁茂的陆地。沙漠中有水草的地方（《汉语大辞典》）。（3）绿洲也叫沃洲，荒漠中水草丰美，树木滋生，宜于人居住的地方（《辞海》）。（4）南极大陆上没有冰雪覆盖的地方（《苏联百科全书》）。（5）Oasis：绿洲是荒漠中泉水常流、土壤肥沃的地方（W. G. 穆尔著《地理学词典》④）。（6）Bostan：树木、花草滋生的园林地。Bostanliq：被果园、园林地覆盖的繁茂的地方⑤。此外，有代表性学者对绿洲所下的定义如下："绿洲是干旱地区水、土、光、热、地形等自然因素最佳的结合部位"⑥。"广义概念：绿洲在干旱环境下（包括气候干旱和生理干旱）一定时段内，生物过程频繁、生产量高于周围环境镶嵌性系统。狭义概念：在干旱、半干旱地区荒漠、半荒漠背景上特定时段内具有生物或人类频繁活动和较高的产出量的镶嵌系统。"⑦"人类为某种目的在干旱、半干旱和旱寒气候区特有植被带中依靠人为供水所建立的人工生物

---

① 沈玉凌：《"绿洲"概念小议》，《干旱区地理》1994 年第 2 期。

② Peter Marius Veth, M. A. Smith, Peter Hiscock, *Desert Peoples: Archaeological Perspectives*, Malden, MA: Blackwell Pub., 2005, p. 5.

③ Neil Morris, *The World's Top Ten Deserts*, London: Belitha, 1996, p. 4.

④ 参见热合木都拉·阿迪拉、塔世根·加帕尔：《对"绿洲"概念及分类的探讨》，《干旱区地理》2000 年第 2 期。

⑤ 阿布利孜·牙库甫等编：《维吾尔语详解辞典（一）》，新疆人民出版社 1990 年版，第 460 页。

⑥ 钱云、郝毓灵：《新疆绿洲》，新疆人民出版社 1999 年版，第 9 页。

⑦ 刘秀娟：《对绿洲概念的哲学思考》，《新疆环境保护》1994 年第 4 期。

群落的地理综合景观区称为绿洲。"① "绿洲概念的主要内涵：（1）绿洲位于荒漠区。（2）水是绿洲存在的基础。（3）茂盛生长的植被是绿洲的主体景观。（4）地貌部位及人类活动对绿洲的发展与演变起着重要作用。"② 本书所研究的绿洲具体指塔克拉玛干沙漠腹地的绿洲。

世界上最广阔的荒漠区是在北半球，包括非洲北部的大西洋沿岸、往东的撒哈拉沙漠、亚洲的阿拉伯半岛、伊朗、印度和巴基斯坦的沙漠，中亚沙漠，中国西北的塔克拉玛干沙漠和戈壁等一个连续的干旱区，南半球有澳大利亚的中部沙漠、非洲南部的卡拉哈里沙漠和纳米布沙漠等。目前世界沙漠面积正在迅速扩大。据联合国开发计划署/联合国荒漠草事务处（UNDP/UNSO）统计，目前，世界上约有 3 亿 1300 万人生活在干旱地区，其中 9200 万人居住在极度干旱沙漠地区③。

表 0 - 2　　　　　　　世界十大沙漠及其居民的基本情况

排名	名称	面积（km²）	地理位置	居民	生计方式
1	撒哈拉沙漠	8 400 000	北非	图阿雷格人	游牧
2	澳大利亚沙漠	1 550 000	澳大利亚	澳大利亚土著人	采集狩猎
3	阿拉伯沙漠	1 300 000	阿拉伯半岛	贝都因人	游牧
4	戈壁沙漠	1 040 000	中国和蒙古国边境	蒙古人	游牧
5	卡拉哈里沙漠	520 000	南非	布须曼人	采集狩猎
6	塔克拉玛干沙漠	337 600	中国	维吾尔人	畜牧业、农业
7	索诺拉沙漠	310 000	美国和墨西哥边境	印第安人	采集
8	纳米布沙漠	300 000	纳米比亚	赫雷罗人、科伊科伊人	牧业
9	卡拉库姆沙漠	270 000	土库曼斯坦	土库曼人	游牧
10	塔尔沙漠	260 000	印度和巴基斯坦边境	拉贾斯坦人	农业、畜牧业

资料来源：笔者根据 Neil Morris 著《世界十大沙漠》（1996）的相关内容编制。

---

① 热合木都拉·阿迪拉、塔世根·加帕尔：《对"绿洲"概念及分类的探讨》，《干旱区地理》2000 年第 2 期。

② 沈玉凌：《"绿洲"概念小议》，《干旱区地理》1994 年第 2 期。

③ Peter Marius Veth, M. A. Smith, Peter Hiscock, *Desert Peoples : Archaeological Perspectives*, Malden, MA : Blackwell Pub. , 2005, p. 6.

　　塔克拉玛干沙漠是世界十大沙漠之一，总面积为 33.76 万平方千米，是中国第一大沙漠，也是全世界第二大流动沙漠。塔克拉玛干（täklimakan）一词是维吾尔语，是"过去的（原来的）家园"之意。塔克拉玛干沙漠是典型的大陆性气候，极端干旱，温度变化巨大，风沙强烈，降水极少，流动沙丘广布，自然条件极其恶劣，尤其是沙漠腹地地带是地球上最不适合生物生长和人类生存的地方之一。瑞典著名探险家斯文·赫定第一次组成的探险队有五个人和八峰骆驼，最后，两个人和五峰骆驼因干渴而死。由于这个原因，他称塔克拉玛干沙漠为"死亡之海"①。古代以来，在被称为"死亡之海"的塔克拉玛干沙漠腹地，死亡与生命共存。从塔克拉玛干的人类活动史看，"在罗布泊古楼兰地区发现的细石器文化，其时代早期可追溯到 7000 年以上"②。从塔克拉玛干沙漠被发掘的很多考古发现（1980 年在孔雀河下游发掘的古尸——楼兰美女是其中

表 0-3　　　目前生活在塔克拉玛干沙漠深处的定居居民基本情况

单位：千米、人

乡村名	辖区	离县城的距离	人口（约）	生计方式
达里雅博依乡	和田地区于田县	250	1400	畜牧业
安迪尔乡亚通古斯村	和田地区民丰县	130	400	农业、畜牧业
安迪尔牧场	和田地区民丰县	180	2300	农业、畜牧业
萨勒吾则克乡喀帕克阿斯坎村	和田地区民丰县	90	500	畜牧业、农业
喀瓦克乡吐孜鲁克奥塔克村	和田地区墨玉县	100	1800	农业、畜牧业
喀尔曲尕乡	巴音郭楞蒙古自治州尉犁县	110	3600	农业、畜牧业

　　注：此表根据笔者田野调查资料和相关文献资料编制。

---

①　Team of Integrated Scientific Investigation of the Taklimakan Desert, Chinese Academy of Sciences: *Wondrous Taklimakan : Integrated Scientific Investigation of the Taklimakan Desert*, Beijing; New York : Science Press, 1993, p. 28.

②　穆舜英：《楼兰文明的发现及研究》，载穆舜英、张平主编《楼兰文化研究论集》，新疆人民出版社 1995 年版，第 4 页。

之一，其考古年代当为距今 3880 年左右①）证明，塔里木盆地是人类古
老文化中心之一。中国西汉时期的西域 56 国大多数分布于塔克拉玛干沙
漠边缘和腹地的绿洲。至今，塔克拉玛干沙漠腹地多处被发现有古城遗
址。这说明历史上塔克拉玛干沙漠深处人类活动较多。目前，塔克拉玛干
沙漠地区的人类活动主要集中于沙漠边缘数十个大小绿洲，维吾尔族、汉
族、柯尔克孜族、蒙古族、塔吉克族、乌孜别克族等民族的 1000 万人在
此沙漠边缘绿洲上生活着。此外，和田地区、尉犁县境内的沙漠腹地的绿
洲上也有定居下来的维吾尔族人。

从表 0 - 3 中可见，达里雅博依乡是目前塔克拉玛干沙漠最深处保存
下来的具有较多定居人口的村落。本书探讨的就是生活在塔克拉玛干沙漠
腹地的达里雅博依绿洲维吾尔族人对其所处的沙漠干旱地区环境的文化适
应，以及沙漠绿洲文化与环境的关系。

二　相关注释
（一）本书使用的图片注释
本书使用的近 70 张图片中，绝大多数都是笔者在实地调查过程中拍
摄的，该类图片未带图片来源说明。非笔者拍摄的图片则均带有图片来源
说明。
（二）地名、文化词维吾尔文的转写规则
本书中所指的维吾尔文是现在我国境内的维吾尔族使用的文字，这种
文字是在阿拉伯文字和晚期察哈台文基础上形成的拼音文字，共由 32 个
字母组成。本书对相关地名和文化词用拉丁文字母转写。转写时，以达里
雅博依维吾尔族人的口语为主。本书在用拉丁字母转写维吾尔文时，采用
了以下对音规则：

---

① 穆舜英：《楼兰古尸的发现及其研究》，载穆舜英、张平主编《楼兰文化研究论集》，新
疆人民出版社 1995 年版，第 374 页。

表 0 - 4　　　　　　　　　**维吾尔文的拉丁文转写符号**

排名	维吾尔文字母	拉丁文字母	排名	维吾尔文字母	拉丁文字母
1	ئا	a	17	ق	q
2	ئە	ä	18	ك	k
3	ب	b	19	گ	g
4	پ	p	20	ڭ	ng
5	ت	t	21	ل	l
6	ج	j	22	م	m
7	چ	ch	23	ن	n
8	خ	x	24	ھ	h
9	د	d	25	ئو	o
10	ر	r	26	ئۇ	u
11	ز	z	27	ئۆ	ö
12	ژ	zh	28	ئۈ	ü
13	س	s	29	ۋ	w
14	ش	sh	30	ئې	e
15	غ	gh	31	ئى	i
16	ف	f	32	ي	y

第 一 章

特殊环境中的达里雅博依人

众所周知，任何一个人类群体都以一定的生态环境条件作为其活动空间，在此基础上才能从事生存活动。历史上的所有人类社会及其文化，无论是古代的或现代的，无论是发达的或原始的，它们的形成与发展都离不开一定的环境。达里雅博依人在他们所生存的塔克拉玛干沙漠特有的环境下，创造了自己独特的沙漠绿洲文化——特干旱区文化。达里雅博依人的文化是他们在历史发展过程中对其所处环境及其演变逐渐适应的产物。因此，理解达里雅博依人的自然生态环境和社会文化环境是解释他们的文化以及分析干旱地区的人与环境关系的前提条件。

第一节　沙漠绿洲的生态环境

达里雅博依人生活在新疆和田地区于田县境内的克里雅河下游达里雅博依绿洲上。"达里雅博依"（därya boyi）是维吾尔语，意为"河沿"，特指克里雅河下游两岸一带，因所处的特殊地形而得名，其汉译为"大河沿"。在各种地图上和资料中有"达里雅博依""达里亚布依""达里亚博依""大河沿"和"大河沿民俗村"等不同的名称。达里雅博依乡属和田地区于田县辖区，地处于田县城以北的塔克拉玛干沙漠腹地。于田，古称扜弥，位于塔里木盆地南缘，昆仑山北麓，与西藏自治区交界。只有对达里雅博依所处的塔克拉玛干沙漠及于田县的环境条件有基本的认识，才能更深刻地了解达里雅博依人的生存环境。

一 地理、地质条件

（一）地理位置

塔克拉玛干沙漠是中国第一大沙漠，也是世界第二大流动沙漠，总面积达 337600 平方千米，位于我国最大的内陆盆地——塔里木盆地中部。塔里木盆地则位于新疆维吾尔自治区南部，地处欧亚大陆中部，北纬37°—42°、东经 76°—91°，"东面距离太平洋的渤海湾约为 3000 千米，南面距离印度洋的孟加拉湾约为 2100 千米，西面距离里海约为 2500 千米，北面距离北冰洋的喀拉海约为 3400 千米，是世界上距离海洋最远的地区之一"①。其周围被山地和高原环绕，北是天山，南有昆仑山，西边则是帕米尔高原，这些山地平均海拔均在 4000 米以上，塔里木盆地及其中部的塔克拉玛干沙漠的地理位置格外突出。

达里雅博依乡位于北纬 37°27′—39°29′，东经 81°20′—82°30′，平均海拔 1230.5 米。坐落于东西长 1000 余千米、南北宽 400 多千米的塔克拉玛干沙漠腹地，"距沙漠东端约 530 千米，西端距麦盖提县 440 千米，南至于田县 250 千米，北至塔里木河 280 千米"②。因其独特的地理位置，

图 1-1　达里雅博依乡在塔克拉玛干大沙漠中的位置③

---

① 叶学齐：《塔里木盆地》，商务印书馆 1959 年版，第 1 页。

② 倪频融：《达里雅博依绿洲的历史、现状及其演变前景》，《干旱区研究》1993 年第 4期。

③ 此地图来自于网络地图。

它成为当今世界罕见的沙漠腹地绿洲。达里雅博依乡南起于田县英巴格乡尧干托格拉克处，北与阿克苏沙雅县相望，东与民丰县相连，西和策勒县接壤，南北长 365 千米，东西宽 96 千米，总面积为 15344.59 平方千米，有 120.5896 万亩天然草场，67.7 万亩天然胡杨林。

（二）达里雅博依绿洲的历史

达里雅博依是发源于昆仑山北麓的克里雅河下游深入塔克拉玛干沙漠腹地而形成的天然绿洲，绿洲长 300 多千米，形状就像一片柳叶（见图 1 - 2）。历史上，克里雅河中、下游由西向东多次改道。其结果，西部老干三角洲消失，东部出现新的干三角洲，进而形成了以胡杨林为主的天然绿洲。关于达里雅博依绿洲的形成年代，学者谢丽在其著作《清代至民国时期农业开发对塔里木盆地南缘生态环境的影响》中写道："依据考古研究推测，喀拉墩废弃是在南北朝时期，而据杨小平等人科考调查以及塔里木盆地古河道变迁等相关研究结论综合分析，达里雅博依是克里雅河由

图 1 - 2　塔克拉玛干沙漠中达里雅博依绿洲景观图①

---

① 此图片来自于网络图片。

喀拉墩绿洲向东改道形成的,那么达里雅博依绿洲就应当有 1500 年左右的历史了。"① 由此可见,达里雅博依绿洲是由克里雅河下游的古绿洲演变过来的,具有相当悠久的历史。克里雅河下游的古代绿洲上有著名的喀拉墩古城和圆沙古城。考古学者认为"喀拉墩遗址就是西汉时期的古扜弥国国王的宫殿和官署所在地"②。

(三) 地貌

达里雅博依乡地势较为平坦,由南向北倾斜,总面积虽大,绿洲面积却小,绿洲的四周由沙漠围绕,且独立沙丘零星分布在绿洲。达里雅博依绿洲是由片片胡杨林和许多独立沙丘相互交错而成。克里雅河下游水量形成明显的地貌差异,境内 120 千米长的常年性流水作用河段一带是由高沙丘环抱的窄带状绿洲。其以北是季节性洪水作用河段,在此段,河道分流形成了两个扇状的三角洲。东部干三角洲上,沿河两岸呈现胡杨、芦苇和红柳灌丛植被带;在西部干三角洲上,西支河流两侧为稀少的红柳灌丛和枯死的胡杨林,河床内有新月形沙丘和沙丘链。其朝北是克里雅河河水已作用不及地段,只有断断续续的古河道和稀疏孤立的枯干胡杨林。再朝北是茫茫沙海,此地段以风沙作用为主,四周为沙丘。流动沙丘是达里雅博依绿洲最突出的地貌特征,境内有新月形沙丘、穹状沙丘和复合型的沙丘等,沙丘均高 10—20 米,个别沙丘的高度达 100 余米。

(四) 土壤

达里雅博依绿洲土壤分为两种:一为风沙土,分布于绿洲周围的沙漠腹地和胡杨林之中的零散沙地。二为荒漠胡杨林土,分布在克里雅河在达里雅博依境内下游中段的沿岸和冲积平原的天然胡杨林中。土壤有机质含量特别少。

---

① 谢丽:《清代至民国时期农业开发对塔里木盆地南缘生态环境的影响》,上海人民出版社 2008 年版,第 268 页。

② 倪频融:《达里雅博依绿洲的历史、现状及其演变前景》,《干旱区研究》1993 年第 4 期。

二　气候、水文

（一）气候

达里雅博依乡在塔克拉玛干沙漠腹地，处于内陆沙漠中心。气候类型属于暖温带大陆性干旱沙漠气候。气候基本特征：冷热剧变，气温的年较差和日较差大，干旱少雨，降水量少，蒸发量大，风沙频繁，沙暴、浮尘等灾害性天气颇多。风沙和浮尘天气给当地人的生产生活带来诸多不便。达里雅博依乡的具体气候特征如下：

1. 四季特征分明。春季升温迅速，天气多变，干旱、风沙和浮尘天气多；夏季天气比较稳定、气温高、地温高、高温天气多、降水量少，热量条件好；秋季天气稳定，降温迅速，干旱，气温日较差大，风沙、浮尘天气较少；冬季天气晴好、气温低、降雪少、风力减弱。据于田县气象局提供的资料，于田县四季中春季最长（99 天），夏季次之（94 天），秋季最短（84 天），冬季 88 天。据于田县气象局专家指出，达里雅博依乡的四季日数与于田农业区的基本相同。

2. 降水量。塔克拉玛干沙漠是世界上最干旱的地区之一，它所处的塔里木盆地远离海洋，再加上其南有昆仑山、喀喇昆仑山，北有天山山脉，西有帕米尔高原，东有阿尔金山与青藏高原阻隔，这种极度封闭的地形，使北冰洋、印度洋和大西洋的水汽不易侵入。这一特殊的自然地理环境导致位于塔克拉玛干沙漠深处的达里雅博依绿洲的降水十分稀少。根据《于田县志》的相关记载，"于田县年降水量由北向南递增。北部沙漠区异常干燥，年降水量仅 14 毫米左右；中部农区为 45.8 毫米，南部中山区达 113.1 毫米，海拔 3300—4000 米地带在 150 毫米以上"①。从而推断，整个于田地区的年降水量很少，尤其是于田县北部沙漠区——达里雅博依乡的年降水量更少，即年平均降水量约 14 毫米。达里雅博依乡降雪极少，一般两三年下一次，积雪天数也非常少，气候极端干旱。

---

① 于田县地方志编纂委员会编：《于田县志》，新疆人民出版社 2006 年版，第 107 页。

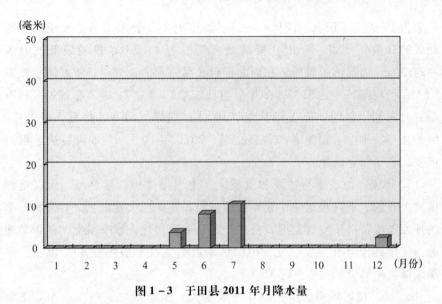

图1-3　于田县2011年月降水量

资料来源：于田县气象局提供。

由图1-3可见，于田县2011年总降水量为25.8毫米，5—7月，降水量最多，分别为4.0、8.3、10.7毫米。1月、2月、9月、10月、11月没有降水，其他月份降水量不到0.2毫米，月平均降水量约为2毫米。根据于田县降水由南向北减少的这一规律可以推测，位于于田县以北沙漠深处的达里雅博依乡2011年降水量比于田县2011年的年降水量（25.8毫米）要少得多。

3. 日照。境域干燥、晴天多，日照强度大，日照时间长，年照时数达3250小时①，10月最多。达里雅博依绿洲地处沙漠深处，气温高，辐射强，水分易蒸发，蒸发量达3500毫米以上，高于降水量。

4. 气温。沙漠腹地绿洲达里雅博依气温变化大，夏季酷热，冬季严寒，早晚凉，中午热。夏季炎热，根据于田县气象局提供的内部资料，于田县6月、7月、8月三个月份的平均气温都在23℃—25℃，达里雅博依绿洲这三个月份的气温比于田农区的还要高，尤其是7月气温最高。35℃以上的气温一般在5—9月出现。于田农业地区气温高于35℃的多年平均

① 武烜：《新疆于田县达里雅博依乡翼状胬肉患病率调查》，硕士学位论文，新疆医科大学，2008年，第4页。

日数为 19 天，于田县沙漠区——达里雅博依乡高于 35℃ 日数比于田平原地区的日数还要多。于田县极端最高气温为 41.2℃，极端最低气温为 -24.3℃；包括达里雅博依在内的于田县温差很大，气温日较差和年较差均大，平均年较差达 31℃，多年平均日较差 14.7℃①。笔者在该地区田野调查时深刻体会到，2011 年秋季（10 月）白昼气温高，如夏天般炎热，但早晚却特别冷。据笔者的调查记录，2011 年 10 月 14 日清晨达里雅博依乡出现了结冰现象。

5. 地温。地表多为沙漠和荒漠土，土壤湿度小，导热差，所以地面温度上升快，下降也很快，夏季强烈增温，冬季则大量散热。春夏秋三季的地面温度都高于空气温度，夏季最高，春季次之，秋季最低，冬季的地面温度稍高于空气温度。夏季地面极端最高温度一般都在 60℃ 以上，冬季地面极端最低温度在 -23℃ 以下。

6. 风。境域风多、风大。春季风最大，秋季次之，冬季最小。正常天气情况下，白天风速大，夜间风速小。风沙、沙尘暴和浮尘天气是沙漠中常见的天气现象。据于田县气象局的数据统计的内部资料，达里雅博依地区年平均大风日 23 天，年平均浮尘日达 208 天，比于田县农区多 50 余天。据笔者观察，2011 年 9 月 23 日至 10 月 28 日的 37 天内风沙和浮尘天气日数为 20 天左右。

（二）水文

1. 地表水。达里雅博依的地表水主要以河水和湖水的形式存在。

（1）克里雅河是达里雅博依绿洲最主要的水资源。克里雅河属冰雪融水型的内陆河，发源于昆仑山脉中段主峰，自南向北流，经于田县山区和中部的平原区，最后在塔克拉玛干沙漠腹地的达里雅博依乡以及其北沙漠地带消失，有头无尾，全长 860 千米，目前有水段长度 438 千米。达里雅博依乡位于克里雅河下游，20 世纪 80 年代断流后，河流能流到达里雅博依乡的水量减少。克里雅河是季节性河流，当地人按季节将河水称为冰水（春水）、洪水和秋水。其中春水（2 月初至 4 月底）和秋水（10 月中旬至 12 月初）水量少，洪水（6—8 月）水量剧增。为了对克里雅河在达里雅博依境内的下游河段陈述方便，本书把下游河段分为下游上段、下游

---

① 参见和田行署气象处农气区划办公室、于田县气象站《新疆维吾尔自治区于田县农业气候手册》，内部资料，1984 年，第 5 页。

中段和下游下段。经过第一、第二小队的河段称为下游上段，河道长约
120 千米，此段的河道常年有流水。下游中段为经过第三、第四、第五、
第六小队的河段，约长 131 千米，属克里雅河夏季洪水季节性河段。下游
中段的恰瓦勒（chawal）处河道明显分为东西两支，当地人称东支为台克
塔木（"täkä tam" 意思为 "台克支"），称西支为巴热克塔木（"baraq
tam" 意思为 "巴热克支"）。下游下段为第六小队的部分地段和以北已经
干枯的胡杨林和柽柳灌丛以及更北部的沙漠地带。由于 20 世纪 50 年代以
来河水未能到达下游下段一带，河床被流沙侵蚀，其形态正逐渐消失。

　　克里雅河河水含沙量大并经常改道，尤其是洪水期输沙量最大。由于
克里雅河下游地形平坦，流速减慢，河水中的泥沙就迅速沉积，导致河床
淤高；笔者在调查中了解到，在河水中泥沙的影响下，近年来，达里雅博
依乡境内克里雅河河床继续显示增高的趋势。因为河床高，致使每年洪水
期河水改道流向西边无人的沙漠地带。又因当地人力和财力的不足，每年
的洪水资源得不到合理的利用和治理，使得沙漠地区最宝贵的水资源白白
浪费。

　　（2）湖泊。乡境内多处有大小湖泊，较大的有塔图尔库勒（tätü
köl）、大西库勒（dash köl）、依坎库勒（yikän köl）、马坚里克库勒（ma-
janliq köl）、尤木拉克库都克（yumulaq quduq）等，都是季节性沙漠湖
泊。随着克里雅水量减少，大多数湖泊已干涸或面积变小了。此外，每次
洪水期间，在下游中段一带形成不少的小海子，其水直到每年的 10—11
月用于牲畜喂水。

　　2. 地下水。沙漠腹地的克里雅河河道两侧，因河水渗漏补给，形成
狭长的潜水带，此地可以找到水，能够解决人和畜饮水问题。由于气候极
端干燥，气温高、日照强，地下水大量蒸发，导致地下水含盐量增高、水
质变差。达里雅博依人的饮水属高矿化水。

　　近年来，达里雅博依水环境发生了恶劣的变化，其具体表现在河流缩
短、河床增高、水量减少、湖泊干涸、地下水水位递降、水污染、水质变
差等诸多方面。由于克里雅河上中游地区大量河道外引水，引起下游的河
流缩短。在历史上，克里雅河曾注入于田县城北部的塔里木河，20 世纪
50 年代新河道还能流到距县城北 300 千米的达里雅博依乡的夏勒德让
（shaldirang）处，2002 年只能流到县城北 150 多千米的达里雅博依乡的米
萨莱（misaläy）处，比 20 世纪 50 年代的流程缩短 150 千米。大量未经处

理或处理后未达标的废污水排入河道，污染水体，导致水环境日益恶化。

三 自然资源

作为一个典型的沙漠腹地绿洲，达里雅博依有塔克拉玛干沙漠特有的一些动植物资源、较丰富的光照资源、地下水资源以及矿产资源。

（一）植物资源

气候干旱、降水量少、温差大、土壤贫瘠及多风沙等自然环境条件，给达里雅博依乡境内植被的生长发育和分布带来极大的影响，造成植被稀疏、种类简单，以沙漠植被为主。"在塔克拉玛干现在的植物尚有 22 科 57 属 80 种。"[1] 天然绿洲达里雅博依及其周围的沙漠地区（海拔 1085—1300 米）存活着胡杨、红柳、芦苇、白刺、骆驼刺、灰绿碱蓬、黄麻、大芸、罗布麻、铃铛刺、芨芨草、甘草、沙枣、沙蓬、苦豆子及胖姑娘草等野生植物。其中近 20 种由当地人命名并使用。胡杨、柽柳和芦苇是构成达里雅博依绿洲植被的主要植物，也是当地人生产和生活当中用处最广、利用价值最高的植被种类。达里雅博依地区野生植被从南至北具有明显的分布规律。达里雅博依乡上游上段一带的主要植被是芦苇，个别出现的有罗布麻、麻黄和甘草等，胡杨很少出现，柽柳也不多；下游中段一带有较多的胡杨、红柳和伴生植物肉苁蓉等植被，其中胡杨最多，并且能形成森林。下游下段一带由于多年河水未能到达，气候极端干燥，严重缺水，植物很少生长或几乎没有。除了有少量盐生草、刺沙蓬和塔克拉玛干柽柳之外，再无其他植被。所有这些沙漠植被除具有生态价值外，还有饲料、药用、食用等作用。

（二）动物资源

塔克拉玛干沙漠极端干旱的环境，使生物类群和数量极其稀少。据统计，塔克拉玛干沙漠及其邻近地区共生存着 272 种动物。其中野兽 32 种，飞禽类 183 种，爬行动物 13 种，两栖动物 4 种和鱼类 40 种[2]。位于塔克拉玛干沙漠腹地的达里雅博依乡的野生动物资源较少。中法联合考察队

---

① 胡文康：《"死海"中的斗士——塔克拉玛干沙漠中的亚生植物》，《华夏人文地理》2001 年第 3 期。

② Team of Integrated Scientific Investigation of the Taklimakan Desert, Chinese Academy of Sciences, *Wondrous Taklimakan : Integrated Scientific Investigation of the Taklimakan Desert*, Beijing, New York : Science Press, 1993, p. 92.

2001 年的调查和统计表明，"克里雅河下游的脊椎野生动物约有 98 种（包括已经绝迹的几种），隶属于 5 纲、24 目、48 科。其中鱼类约 4 种；两栖类 1 种；爬行类约 4 种；鸟类 70 种；兽类约 19 种"[①]。

兽类种类和数量很少，主要有野骆驼、鹅喉羚、塔里木兔、马鹿、狐狸、旱獭、野猪、狸猫、刺猬、沙鼠、黄鼠、蝙蝠等。其中野骆驼是国家一级保护野生动物，在乡北部的柽柳灌丛、盐渍地带有少量分布。国家二级保护动物有鹅喉羚（又称黄羊），主要分布在沙漠腹地的低地草甸与树林灌丛，尤其在人类活动稀少的戈壁带较多；塔里木兔广泛分布在绿洲边缘以疏林灌丛及红柳林为主的沙丘带，数量较多；在克里雅河和塔里木河断开的几百年中，马鹿、新疆虎、柽柳沙鼠等非迁徒的物种已逐渐灭绝，有些物种的数量也明显减少了。当地现有的兽类之中大多数种类都是由当地人认定并命名，但只有 3—4 种被当地人猎取。为了获取食物，当地人猎取黄羊和野兔；为了获取兽皮，人们则捕猎狐狸。

飞禽类是沙漠动物中最多的物种，在达里雅博依境内的塔克拉玛干沙漠地带有 70 种飞禽，占野生动物种类的 3/4。主要有云雀、喜鹊、百灵、燕子、大杜鹃、啄木鸟、乌鸦、野鸭、矶鹬、斑鸠、鹰隼、苍鹰、猫头鹰等。大部分被当地人命名，却没有一种被当地人猎取。

鱼类有 4 种。过去达里雅博依水文条件好，境内多处有湖泊和小海子，有一定数量的鱼。但是当地人不习惯捕食鱼类。

其他物种有蚂蚁、蚊子、壁虱、苍蝇、蜻蜓、蝴蝶等虫类以及蜥蜴、麻蜥、沙蜥、塔里木蜥等爬行类动物。

（三）矿藏资源

在世界已知的近 200 个矿种中，新疆就发现了 138 种，铍、白云母等 19 种探明储量位居全国第一；塔里木盆地的石油资源量约占全国的 1/7，天然气资源约占全国的 1/4[②]。塔克拉玛干沙漠在达里雅博依乡境内地段有多种矿产资源。现已探明的有石油和天然气，已被当地人利用起来的有玉石和食盐。在达里雅博依乡北 100—150 千米的沙漠深处，可找到驰名

---

① 马鸣、Sebastien Lepetz、伊弟利斯·阿不都热苏勒、刘国瑞：《克里雅河下游及圆沙古城脊椎动物考察记录》，《干旱区地理》2005 年第 5 期。

② 潘晓玲、潘晓珍、李永东：《论我国西北干旱区的可持续发展》，《区域研究与开发》2001 年第 3 期。

中外的于田昆仑玉。乡境内沙漠多处有食用土盐。近年来，在该乡境内多处正在进行石油勘探工作。

（四）其他资源

克里雅河流域光热资源充足，下游绿洲地区全年总辐射量143kcol/cm^2，全年日照时数 2734.6 小时，日照率 65%[①]。此外，塔克拉玛干沙漠中的地下水总储量可达 8×10^{12} 立方米，埋藏深度浅。除西北角，在塔克拉玛干沙漠中的洼地中，有一个潜水带不到 10 米，有些水分布在古河床，可直接使用[②]。达里雅博依绿洲的地下水资源较丰富，河床两侧及三角洲有较好的潜水带，为沙漠植物的生长提供了良好的条件。如果能充分利用达里雅博依的地下水资源、光热资源和矿产资源，就能够为当地居民的生活和自然生态环境的改善提供较好的条件。

四 自然灾害

境域内风灾、干旱、洪灾等自然灾害较多。除了这些常见灾害之外，对当地畜牧业生产有较大影响的还有野兽、火灾和雪灾等。

风灾。大风和风沙是境域主要气象灾害之一。"据 30 年的气象报告数据，塔克拉玛干沙漠南缘的和田地区均每五年发生了一次大风破坏。"[③] 在达里雅博依人的记忆中，1973 年发生的一次大风，将许多房屋都损坏了。境域 2006 年和 2010 年出现大风。大风吹落植物叶片，折断胡杨茎秆，造成大片胡杨倒地，有些甚至被连根拔起。与此同时，许多人家的羊群被吹散，人畜患病。除了冬季，春、夏、秋季均有风沙和浮尘天气，尤其以春季为多。于田县气象部门统计显示，达里雅博依地区历年来平均浮尘日数有 208 天，最多达 250 天。浮尘天气不仅会影响当地牧民的生产生活，还影响植物光合作用，造成空气污染，导致各类疾病。

干旱。干旱是达里雅博依乡最严重的灾害之一，由河流几近干涸、气候干燥、降水量十分少、河水量的季节分配不均等原因所引起。1980 年

---

① 周兴佳、李保生、朱峰、王跃：《南疆克里雅河绿洲发育和演化过程研究》，《云南地理环境研究》1996 年第 2 期。

② Team of Integrated Scientific Investigation of the Taklimakan Desert, Chinese Academy of Sciences, *Wondrous Taklimakan : Integrated Scientific Investigation of the Taklimakan Desert*, Beijing; New York : Science Press, 1993, p. 76.

③ Ibid. , p. 72.

以来，克里雅河在达里雅博依之内的河段已经断流，河流只能流到 120 千米长的上段地带，导致以下 200 多千米的大部分地区严重缺水。加之达里雅博依乡的年平均降水量不到 15 毫米，这些因素导致沙漠植被大量枯萎、天然胡杨林大片死亡、沙漠草场大规模退化，牲畜减少和居民迁移。达里雅博依下游下中段的近 50 户牧民迁移到了别处。

洪灾。克里雅河每年 6 月进入洪水期，直到 9 月结束，大洪水集中发生于 7—8 月。克里雅河的洪峰期每年给达里雅博依人带来灾难。据于田县农业区划记载，"近百年来的几次大洪水年份分别为 1941 年、1963 年、1971 年、1972 年、1981 年和 1987 年"[1]。每年的洪水期，下游的达里雅博依人都遭受不同程度的经济损失。洪水冲毁牧民们的住宅和牲口圈，冲走牲畜，冲垮通往于田县城的沙漠路。据笔者的调查，每年都有 5—10 户遭受洪水的侵害。第二小队和第五小队的牧民易遭洪灾。2010 年的大洪水期，居住于第二和第五小队的牧民受损最为严重，被冲毁住宅十余所，一辆汽车被洪水卷入克里雅河。2011 年的洪水，又有 11 户牧民受灾。

火灾。火灾是达里雅博依较容易发生的灾害之一，多在春季发生。达里雅博依两处有名叫"吾提开提坎"（"ot kätäkn" 意思为"着火的地方"）的地方。这说明当地火灾发生得较为频繁。以下是 2010—2011 年内达里雅博依发生火灾的具体情况。

表 1 - 1　　　　　　2010—2011 年达里雅博依乡发生的火灾情况

受难者	发生年月	发生原因	损失程度	发生地点
买买提·阿布都外力	2010 年 2 月	不明	住宅全部烧毁	第四小队
买买提·台克	2010 年 12 月	纵火	住宅部分烧毁	第三小队
买提吐尔逊·艾尼	2011 年 1 月	自发	一间房子部分烧毁	第三小队
阿布都热西提·买买提	2011 年 5 月	雷电	羊圈和 5 棵胡杨树烧毁	第五小队
热加甫	2011 年 6 月	不明	住宅全部烧毁	第五小队

资料来源：笔者根据田野调查资料编制。

---

[1]　储国强、刘嘉麒、孙青、陈锐、穆桂金：《新疆克里雅河洪泛事件与树轮记录的初步研究》，《第四纪研究》2002 年第 3 期。

由表1—1可见，达里雅博依平均每年发生2—3次火灾。据调查中了解到的情况，最严重的一次火灾是2005年6月牧民海丽且木汗的住宅全部被烧毁，三岁和五岁的两个孩子被火烧死。在达里雅博依引起火灾的原因有多种：一是达里雅博依气候干燥，夏天气温特别高，在无明火的条件下，长时间堆积在一起的柴火、枯枝等，本身也会发热，引起自燃。二是到了多风的春季，屋内火塘里的火星被风吹到芦苇棚或木屋木柴上，极易引发火灾。在当地房屋和牲口圈都用胡杨树枝、柽柳和芦苇建成。当地人在出门之前，一定要把屋里火塘剩下的火炭用沙土埋好再出门。但是，如果刮风，埋在火塘里的火炭会被风吹起，家里没人时容易引起火灾。此种原因引起的火灾频率较高。三是雷电引起火灾。因为当地干旱缺水，很难控制火灾。

野猪灾。境域野猪多。乡内有两个地方都以野猪命名。一是通古斯巴斯特（tongghaz basti），意为"野猪多活动的地方"（野猪在维吾尔语中称为"通古斯"）。二是克其克通古斯巴斯特（kichik tongghaz basti），"克其克"在维吾尔语中表示"小"。此地名具有悠久的历史。1896年著名瑞典探险家斯文·赫定沿着克里雅河穿越塔克拉玛干沙漠时经过现在的达里雅博依乡。他在《亚洲腹地旅行记》中记载了"通古斯巴斯特"（Tonkus basste）[①]这一地名。跟野猪有关的这些地名和一百多年前的相关记载表明，很早以来达里雅博依就是野猪常出没的地方。达里雅博依的地名来源问题上，很多学者认为"通古斯巴斯特"是"达里雅博依"的原名。整个和田地区许多农牧区就有野猪出没，民丰县也有一个名为"亚通古斯"（yatongghaz）的村。由此可见，这里的人们长期以来一直遭受野猪的危害。达里雅博依乡每年少则几只多则数十只羊会死于野猪和狐狸口中。沙漠野生动物中以野猪最为凶猛，刨挖植物根茎，咬食牲畜，对牧业生产危害很大，甚至还会伤害当地人。

雪灾。达里雅博依气候干旱，平时不下雪。但个别年份，气候条件较为特殊的时候，会降大雪。据当地人回忆，2001年冬季，连续下了一个月的雪，气温剧烈下降，导致牲畜大量冻死。

---

① ［瑞典］斯文·赫定：《亚洲腹地旅行记》，李述礼译，上海书店出版社1984年版，第201页。

五　自然生态环境的特点

作为一个典型的沙漠腹地绿洲，达里雅博依绿洲的生态环境具有以下独有的特征。

（一）地理环境十分封闭

达里雅博依绿洲位于新疆于田县北部塔克拉玛干沙漠腹地。四面沙漠环绕，地理位置格外突出。这种环境容易导致和外界隔绝，造成自我封闭。从达里雅博依乡政府驻地出发沿着克里雅河往南走 250 千米便可到达于田县城。达里雅博依乡是距县城最远的一个乡，它和于田县之间的距离是新疆境内县（市）和乡之间平均距离（35 千米）的 7 倍。它距和田市430 千米，距首府乌鲁木齐 1550 千米，区位偏远。再加上因地处沙漠腹地，路况恶劣，交通不便。尽管现代化的交通工具可以克服这些地貌环境上的困难，但该绿洲和外界的联系，仍然不如塔克拉玛干沙漠周边的绿洲和平原地区那样便捷。达里雅博依乡至县城的路程用越野车或摩托车最少要走 8 个小时。过去骑骆驼、毛驴去县城则要走 7—12 天，从县城运粮一次花 20—25 天。这种封闭性数百年来一直制约着当地的经济发展。

（二）灾难性气候多、气候压力大

1. 极端干旱、严重缺水。塔克拉玛干沙漠地处欧亚大陆中央，是世界上距离海洋最远的地区之一。它所处的塔里木盆地中心距离四周海洋都在 2000—3000 千米，再加上四周为平均海拔 4000 米以上的高山环绕，水汽难进入。据中国科学院塔克拉玛干沙漠综合科学考察队 1991 年的调查，"塔克拉玛干沙漠年降水量 20—28 毫米"[1]。世界各大沙漠中撒哈拉沙漠年降水量为 50 毫米左右，阿拉伯沙漠为 100 毫米左右，卡拉哈里沙漠为250 毫米[2]，纳米布沙漠平均年降水量达 100 毫米[3]。与其他大沙漠相比，塔克拉玛干沙漠的降水量最少，是世界上最干旱的地区之一。塔克拉玛干

---

[1]　Team of Integrated Scientific Investigation of the Taklimakan Desert, Chinese Academy of Sciences, *Wondrous Taklimakan*: *Integrated Scientific Investigation of the Taklimakan Desert*, Beijing; New York: Science Press, 1993, p. 57.

[2]　Edited by Richard Borshay, Lee, *The Kung San*: *Men, Women, and Work in a Foraging Society*, Cambridge University Press, 1979, p. 92.

[3]　John Kinahan, *Pastoral Nomads of the Central Namib Desert*: *The People History Forgot*, Windhoek, Namibia: Namibia Archaeological Trust; New Namibia Books, 1991, p. 14.

沙漠中心地区年降水量为 10 毫米以下。达里雅博依乡的年平均降水量 14 毫米，个别年份不足 10 毫米或全年无降水，甚至比地处塔克拉玛干沙漠腹地的另一绿洲——亚通古斯河下游的亚通古斯村的年降水量还少。亚通古斯村的年降水量为 36.4 毫米。

2. 沙暴、浮尘、风沙危害严重。作为世界最大的流动沙漠，塔克拉玛干沙漠中风沙频繁，达里雅博依全年平均风沙天数不少于 200 天，沙漠深处的浮尘天数可达 250 余天，浮尘天气对人体危害很大。

3. 气温高、冷热剧变，温度变化大。夏季酷热，冬季寒冷，夏季气温 25—38℃，高于 35℃ 的气温在 5—9 月内多出现，7 月、8 月白天气温在 40℃ 以上。冬季平均气温 - 9— - 10℃，冬季最低气温可达 - 20℃ 以下。气温年较差大，平均年较差在 30—40℃，极端气温差异大于 50℃。夏季白天地温 60—70℃，夜间却在 10℃ 以下。

可以肯定的一点是，达里雅博依人也像其他大部分沙漠地区居民那样遭受炎热和干旱等气候压力，常年受到浮尘天气和干旱的危害。一年中，春季风沙、大风多；夏季炎热；冬季寒冷；只有秋季才是达里雅博依乡最好的季节。

（三）土地生产力低，动植物资源极其缺少

由于气候极端干旱，水源缺少，沙漠上的植物和动物都受到气候和水源的限制，分布得比较稀薄。与其他沙漠地区相比，塔克拉玛干沙漠的植物种类较少。澳大利亚沙漠有 3000 余种沙漠植被，卡拉哈里沙漠有 200 多种，而塔克拉玛干沙漠只有 80 种，覆盖率很低。地处沙漠腹地的达里雅博依绿洲的土壤有机质低，土地生产力也低。这意味着，这里的居民正是在这种自然资源稀少、可利用资源更少的条件下，勉强维持生存。

（四）生态环境十分脆弱，沙漠化严重

绿洲和沙漠是干旱地区的一对产物，在自然和人为因素共同影响下，互为转变。随着水源枯竭、气候变化、不合理开发等原因，绿洲很容易沙漠化，由兴盛走向衰落。绿洲生态系统的脆弱性这一特点，在沙漠腹地表现得更为突出。1980 年以来，随着克里雅河下游断流、自然灾难的加剧、人畜对生态环境造成的负担等，达里雅博依绿洲面临严重的生态环境危机：例如，沙漠植被消失、野生动物灭绝、胡杨林减少、地下水水位降低、绿洲退化、沙漠化等。

综上所述，塔克拉玛干沙漠具有干旱、炎热、寒冷、缺水、动植物资源缺乏等环境特征。而塔克拉玛干沙漠腹地的达里雅博依绿洲的生态环境对人类生存来说是相当恶劣的。

第二节　达里雅博依人及其历史

一　达里雅博依人的来源

目前大约有 1400 人居住在克里雅河下游达里雅博依绿洲，他们自称"达里雅博依人"。这也是周边维吾尔族人对他们的称谓，意思是"沿河而居的人"。学术界称达里雅博依人为"克里雅封闭人"或"塔克拉玛干沙漠腹地隔离人"，部分学者也称之为"克里雅人"。其实，"克里雅人"是包括达里雅博依人在内的整个于田（克里雅）维吾尔族人的通称。为了将他们区别开来，本书用"达里雅博依人"，特指居住在达里雅博依绿洲的维吾尔族人。

由于达里雅博依绿洲所处的地理位置偏僻、交通不便，达里雅博依人在较长的时期内基本上过着与外界隔绝的生活。另外，由于国内外文献中对他们的文字记载也很少，因此对达里雅博依人是从哪里来的，是"土著"还是"从外地迁来的"，以及他们在达里雅博依生活了多长时间等与达里雅博依人的来源和历史有关的问题，至今没有确切的答案。目前，当地人和学术界持有不同的看法。根据现有的田野调查资料和文献资料，达里雅博依人的历史来源说大致可分两大类：一是当地人对其祖先的看法；二是国内学者对达里雅博依人来源的看法。

（一）当地人的看法

就达里雅博依人渊源这一问题，笔者采访了 12 名达里雅博依人，他们都讲了一个相同的故事，即"尤木拉克·巴热克与艾买·台克"传说。

　　个案：几百年前的一天，加依①乡的尤木拉克·巴热克（yumilaq

---

　　① 加依：今于田县加依乡，位于克里雅河中游维吾尔族人聚居的于田绿洲古农区之一，与木尕拉镇邻接。

baraq）和木尕拉①喀鲁克村的艾买·台克（hämä täkä）两个人为了寻找草场（有些人称是去看河水到底能流到何处），结伴沿着克里雅河往北走来到今达里雅博依之地。这片土地当时有着一望无际的胡杨林并且牧草肥美，却没有人烟。于是他们决定迁来这里定居放羊。他们回去和亲戚朋友商量后，第二年的春天从克里雅河中游迁来这里定居放牧。尤木拉克·巴热克带领的加依乡 12 户（有人说 7 户，有人说 14 户）人家定居在克里雅河西岸和西支。艾买·台克率领的来自喀鲁克的 5 户人家定居在河东岸和河的东支。于是河的东支就被称为台克塔木（台克支），河的西支就叫作巴热克塔木（巴热克支）。后来逐渐形成一河相隔的两大家族。今天的达里雅博依人就是那两个家族的后代②。

达里雅博依人普遍认为他们的祖先是来自克里雅河上游于田绿洲加依和木尕拉两个地方的维吾尔族人。但有关达里雅博依人的祖先到底是什么时候来到达里雅博依，无任何历史记载。根据调查中当地年长的老人所讲述的一些情况我们可以推测达里雅博依人的祖先迁到达里雅博依绿洲的时间。

个案：（买提托合提·哈热提，男，103 岁，第二小队居民）尤木拉克·巴热克和艾买·台克从克里雅到达里雅博依来定居，人们开始安居乐业。有一天一伙卡尔玛克人（qalmaq）③突然侵入达里雅博依，掠夺他们的食物和牲畜。卡尔玛克人抓住尤木拉克·巴热克并把他绑了起来。后来尤木拉克·巴热克伺机逃走。卡尔玛克人抓住尤木拉克·巴热克的妻子并在一个沙岗旁边的胡杨树上吊死了她。于是此处被称为"额勒墩"（意思是有人被吊死的地方）。卡尔玛克人掠走他们的牲畜离开后，尤木拉克·巴热克回乡并将他们没能带走的牲畜集中起来，重新开始生计④。

---

① 木尕拉：今于田县木尕拉镇，位于克里雅河中游维吾尔族人聚居的于田绿洲古农区之一，与加依乡邻接。

② 参见 2011 年 9 月 27 日笔者在达里雅博依乡的访谈记录。

③ "卡尔玛克人"是指 17 世纪准噶尔人。

④ 2011 年 9 月 28 日笔者在达里雅博依乡的访谈记录。

传说中的卡尔玛克人侵入达里雅博依这一故事与 17 世纪中期准噶尔汗国对叶尔羌汗国统治下的克里雅（于田）入侵这一历史事件有关。根据这一传说，达里雅博依的发展有 350—400 年的历史。

（二）学术界的看法

根据相关研究成果、文献资料和对一些学者的采访，关于达里雅博依人的渊源，学术界有以下五种说法：

1. 两千年前神秘消失的古楼兰人的一支[①]说。

2. 达里雅博依人的祖先为逃避战乱翻越昆仑山进入这片绿洲的西藏阿里古格王朝的后裔[②]。

3. 新疆乌孜别克族同源说。吉林大学边疆考古研究中心考古 DNA 实验室刘伟强等学者通过对克里雅封闭人群与相关人群之间的遗传距离进行研究推测出"克里雅封闭人群与新疆地区的乌孜别克族可能来源于相同的祖先群体"[③]。

4. 达里雅博依人本来就是当地的土著民族。朱大军在其《沙漠人和沙漠村落》一文中提出："他们世代就在此生存繁衍，属'土著民族'。因为塔克拉玛干沙漠周边地区人类活动的历史源远流长，是中国古代文明形成最早和最发达的地区之一。据沙漠东部出土的 3800 多年前的女尸来看，其穿戴打扮和随葬物品均证明，当时的农业和手工业已达到了较高水平。成为丝绸之路南道重镇的精绝、于阗等西域古国都是沙漠人的左邻右舍，它们都在沙进人退的历史沧桑中葬身沙漠，沦为废墟。唯独沙漠村未被沙漠吞食。沙漠人也许就是当地某个古国人的后裔。"[④] 此外，两位维吾尔族学者也某种程度上支持这一观点。吾买尔江·伊明著的《塔里木心中的火》在肯定了达里雅博依人是几百年前从克里雅搬到达里雅博依定居下来的克里雅维吾尔族的同时，还提出古代克里雅人（是指公元前后在沙漠深处兴旺的喀拉墩和圆沙古城的居民，这两个古城遗址都在达里雅博依乡境内）抛弃自己沙漠化的家乡，从沙漠深处迁移到新形成的河

---

① 罗沛、马宏建：《沙漠绿洲克里雅人》，新疆人民出版社 2006 年版，第 27 页。

② 同上。

③ 刘伟强、崔银秋、张全超、周慧、朱泓：《克里雅河下游地区封闭人群常染色体基因座 D5S818、D7S820 和 D13S317 遗传多态性》，《吉林大学学报》2007 年第 1 期。

④ 朱大军：《沙漠人和沙漠村落》，《旅游》1996 年第 7 期。

身一带定居。于是，一部分古克里雅人在迁徙过程中到达里雅博依一带定居下来。另一位地方学者买提赛迪·买提卡斯木接受笔者采访时讲到：一千年前，达里雅博依是人类活动的聚居地。达里雅博依境内古河道附近具有 700—1000 年的居住史。达里雅博依人文化的诸多方面，如建筑特点、丧葬习俗等都与达里雅博依附近喀拉墩、圆沙古城和尼雅遗址的建筑和丧葬方式具有很多的相同性。此外，对于塔克拉玛干这一地名来源，该学者还认为"塔克拉玛干"这一词中"塔克"指的是达里雅博依两大家族之一台克（塔克）家族，"玛干"是维吾尔语中"家园"的意思，塔克拉玛干是"塔克的家园"之意①。

5. 达里雅博依人是几百年前迁移过去的于阗维吾尔族人。学者买提吐尔逊·拜都拉在其著作《塔克拉玛干沙漠中的一个维吾尔族村落——达里雅博依》中认为：一百多年前，于阗县加依和木尕拉两个地方的一部分人寻找草场迁到达里雅博依定居②。此外，长期以来从事达里雅博依人民俗文化研究的于田县文化局的工作人员阿不都热夏提·木沙江也支持此说法，在采访过程中他讲道："达里雅博依人已有 350—400 年的历史，他们是从于阗的加依和木尕拉两处迁到那里的于阗维吾尔族人，大多数达里雅博依人在木尕拉镇喀鲁克村和加依都有亲属。达里雅博依人每次进城时，都会去加依或木尕拉看望他们的亲属。"③

根据笔者的调查和了解，达里雅博依人的语言特征、宗教信仰、风俗习惯和人种特征均与于田维吾尔族人有极大的相似之处，他们也自认为是维吾尔族人。如果他们像一些学者所说的那样是藏族后裔，或与乌孜别克人同源，在如此封闭的自然地理环境和相当与世隔绝的状态下，他们多少会保留那些民族拥有的一些文化因素和语言特征。在笔者看来，达里雅博依人属于维吾尔族。吉林大学生命科学学院考古 DNA 实验室的达里雅博依人 DNA 研究成果也证明这一点。此研究结果表明"我国克里雅人群的起源问题至今未有定论，但从这里居民的宗教信仰、

① 参见买提赛迪·买提卡斯木《塔里木文化孤岛》（维文），新疆人民出版社 2011 年版，第 154 页。

② 参见 Mettursun Beydulla, *Taklamakan Colunde Bir Uygur Koyu Deryabuyi*, Ankara: Televizyon Tanitim Tasarim Yapincilik Ltd., 2005, p. 6。

③ 参见笔者 2011 年 10 月 31 日的访谈记录。

饮食文化、人种特征看，和维吾尔族非常相似。我们对克里雅人群及其相似的民族 mtDNA 的比较分析也较为支持这一结论。克里雅人与中亚各民族的亲缘关系很近，尤其是与新疆维吾尔和境外维吾尔之间有很近的亲缘关系"①。

对学术界和当地人的不同说法进行进一步分析，有关达里雅博依人的渊源的多种说法可集中于"克里雅人一支说"和"塔克拉玛干沙漠土著说"两点。根据笔者对达里雅博依人的家谱研究，现在的达里雅博依人主要由托克孙、丁丁、台克和托格等几个家族组成，他们能回忆起来的是六代之内的祖先。达里雅博依人的时间观念十分淡薄，并没有记载历史事件的习惯，再加上其他历史资料中基本上没有关于达里雅博依人的记载。因此，靠文字记载来证明当地居民的来源是一个难题。

1895—1896 年沿着克里雅河下游穿越塔克拉玛干沙漠的瑞典探险家斯文·赫定，关于达里雅博依首次做了记载。他在其著作《亚洲腹地旅行记》中记载：

> 一月二十五日的晚上我们看见一间闲置着的牧棚。二十六日，老猎夫去米尔跟到树林里打了个转，带了一个牧人回来。我们就在他的草棚里驻扎，在向北穿过河岸的森林当中我们屡次碰见牧人。为着明了各种森林地带及其名目起见，我们时常带着一两个牧人走。二月五日我们碰见四个牧人，他们养有八百只羊和六头牛②。

斯文·赫定沿着克里雅河往北走穿越塔克拉玛干的路途上，从 1896 年 1 月 25 日至 2 月 8 日共 15 天之内，在进入达里雅博依一带多处见到放羊的牧民及其住宅。此外，之后进入克里雅河下游的还有英国的斯坦因和我国学者黄文弼等。1900 年，英国探险家马克·奥里尔·斯坦因在达里雅博依境内的喀拉墩废墟进行考察，关于此次考察他在《沙埋和田废墟

---

① 段然慧、崔银秋、周慧、朱泓：《塔克拉玛干沙漠腹地隔离人群线粒体 DNA 序列多态性分析》，《遗传学报》2003 年第 5 期。

② 参见［瑞典］斯文·赫定《亚洲腹地旅行记》，李述礼译，上海书店出版社 1984 年版，第 199—201 页。

记》一书中记载：

> 在鲍尔汗努丁麻扎，受到谢赫们的热情招待，在那里，我一直在
> 清真寺的廊檐忙于写作，当我离去追赶驼队时，喀孜谢赫一定要伴送
> 我。我们三天中走过了从考什葛奥欧勒往下的一段路程，3月12日
> 我们翻过了一道恰如其名的高大沙梁，河沟往下又在通古斯巴斯特点
> 附近汇合于真正的河道。我们几乎是朝正北方向顺着一条路走了大约
> 七英里，在洪水形成的妥勒达玛小湖旁穿过前述一条最西边的旧河
> 床，而后向导就直奔西北方①。

斯坦因在其游记中所提及的"麻扎""考什葛奥欧勒""通古斯巴斯
特""妥勒达玛"等地名在达里雅博依沿用至今，是由当地居民及其祖辈
命名的。这说明当时在达里雅博依生活着一定数量的居民。据斯文·赫定
和斯坦因有关达里雅博依的记载可以肯定清朝末年达里雅博依就有了一定
数量的定居人口。令人遗憾的是，关于达里雅博依早期的人类活动史，没
有任何记载。但是根据近年来在克里雅河下游所进行的考古发掘，可以获
得部分达里雅博依人历史的信息。景爱在《沙漠考古通论》中提出："卫
星遥感图像表明，克里雅河原先是纵穿塔克拉玛干沙漠，与塔里木河相会
合。徐松《西域水道记》称，克里底雅河（即克里雅河）北流注入塔里
木河，《汉西域图考》、《新疆图志》也是如此标绘。今年，在北纬40°
03′、东经80°55′的沙漠中，发现胡杨、红柳构筑的房屋，据 C^{14} 测定为距
今 330±50 年，说明清代这里仍有居民。"② 在达里雅博依乡附近发现的
此文化遗迹的考古年代基本上接近与达里雅博依人来源传说所提及的准
噶尔人入侵达里雅博依的时间，这些传说和考古发现都证明距今 350—
400 年，包括达里雅博依在内的克里雅河下游地区曾有人类活动。对现
有的历史和考古证据以及当地人的口传历史信息进行分析，可以推测达
里雅博依人是 350—400 年以前从于阗县的加依和木尕拉两个农区迁移
过去的农牧民而形成的。这种迁移一直持续到今天。笔者在调查中得

---

① ［英］马克·奥里尔·斯坦因：《沙埋和田废墟记》，殷晴、剧世华、张南、殷小娟译，
新疆美术摄影出版社 1994 年版，第 263—264 页。

② 景爱：《沙漠考古通论》，紫禁城出版社 2000 年版，第 282 页。

知，1900年后从加依乡和木尕拉的喀鲁克村迁移到达里雅博依的人达10余人，其中男性多于女性。他们是新中国成立前为了谋生、工作需要或嫁娶等原因迁移过去，在当地定居下来的。目前他们的后代都在达里雅博依乡生活着。

从达里雅博依绿洲形成的历史来看，该绿洲已经具有1500年的历史。学者们认为达里雅博依绿洲是因克里雅河改道由喀拉墩等古绿洲演变而来的。位于克里雅河下游的达里雅博依及其附近塔克拉玛干沙漠一带是历史遗址集中分布的地区，其东有尼雅遗址，西有丹丹乌里克，北有喀拉墩遗址、马坚里克、圆沙古城等。其中喀拉墩、圆沙古城和马坚里克为达里雅博依境内重要的三座古遗址，以今达里雅博依政府驻地为中心，西北14千米处有马坚里克遗址，北20千米为喀拉墩遗址，距此遗址西北41千米是圆沙古城。一百多年来在此地区进行的考古发现证明，包括今达里雅博依乡在内的古代克里雅河下游是一片广袤的绿洲。古遗址群喀拉墩被学术界认为在"西汉时绿洲古国——扜弥国的范围之内"①。据《汉书》记载"扜弥国，王治扜弥城。户三千三百四十，口二万四十，胜兵三千五百四十"②，是塔里木盆地的南缘大国，也是古代丝绸之路上的重镇。据新疆考古研究所和法国科研中心315研究所1991年以来在克里雅河下游的考古合作研究，在喀拉墩古城遗址周围共发现各类遗存点60多处，各遗址中，除了居民遗址、佛寺遗址、灌溉渠道等人类文化遗迹外，还有稻米、燕麦、大麦、桃杏核和牛羊骨骸等许多农业和畜牧业活动残存。这些考古发现证明这里曾是农牧结合、人类经济活动频繁的地区。据相关考古资料记载，喀拉墩"存在于自公元前7世纪至公元7世纪"③。到了唐代，喀拉墩一带的古代文化衰落，这些地方被遗弃。学者认为作为这些古代文明发祥地的古绿洲的退化与克里雅河的改道有密切的联系。克里雅河改道后，喀拉墩一带开始沙漠化，其居民只好迁移到其他的新绿洲或克里雅河中、上游绿洲。根据绿洲人类发展历史的这种规律，可以推测当时的一些居民可能迁移到古绿洲喀拉墩演变而

① 新疆克里雅河及塔克拉玛干科学探险考察队：《克里雅河及塔克拉玛干科学探险考察报告》，中国科学技术出版社1991年版，第98页。
② 班固：《汉书》，中华书局1975年版，第3880页。
③ 阿迪力·穆罕默德：《古代和田》（维文），新疆人民出版社2008年版，第75页。

来的达里雅博依绿洲或克里雅河中游地区（即今于田县城一带）。关于达里雅博依境乡内的那些沙埋古城，民间流传着这样一个故事，即"塔克拉玛干沙灾"传说。

> 个案：（喀斯木·伊斯拉木，男，50 岁，第五小队居民）很早很早以前，塔克拉玛干沙漠深处有一个古城，那里的国王有一个非常美丽的女儿。公主长大后，国王舍不得把自己的女儿嫁人，于是就娶了自己的女儿当老婆。当时类似这样娶自己的女儿或让亲兄妹婚配的事情有过很多。其结果，他们所生的孩子都是天生的残疾。国王的这种行为引起上帝的愤怒，于是安拉让这座城市被沙子掩埋。这个时候，一部分人离开此城到别处定居①。

这个故事和当地人的此种观点为我们提供了当时因为喀拉墩的沙漠化居民们举家迁移的这一历史信息。

达里雅博依人是否是古代克里雅河下游居民的后裔这一问题需要进一步地研究，例如将遗址中发现的古尸与今于田人（克里雅人）和达里雅博依人之间的 DNA 比较研究等。

二　种族、语言

（一）体质特征

达里雅博依人体魄健壮、体型偏大、身材高，尤其是老年男性身高多在 175 厘米以上。面部特征则是脸颊长，眼睛深，鼻梁高，眼睛均呈棕、黑、蓝色。妇女深目高鼻、皮肤白皙。绝大多数居民身材精瘦，皮肤在太阳暴晒下呈深铜色，粗糙干裂。这与当地日照强烈、阳光过度暴晒和常坐在火塘旁取暖等都有一定的关系。身材瘦、皮肤偏黑可能是世界上大多沙漠居民共有的体质特征之一。关于沙漠环境对人类体质特征的影响，人类学家理查德·B. 李 （Richard B. Lee） 在对卡拉哈里沙漠中桑人的研究中提出："桑人都很瘦，他们在 45—50 岁之间，皮肤失去弹性因而起皱、僵硬。这可能是由于阳光暴晒，另外在天气寒冷时，他们经常坐在火边取暖

---

① 参见 2011 年 10 月 22 日笔者在达里雅博依乡的访谈记录。

而造成的。"① 达里雅博依人皮肤黝黑并且容易长皱纹的另一个原因是长期用当地咸水洗脸，再加上当地气候恶劣，经常起沙尘暴，使皮肤干裂。当地牙齿普遍发黄甚至中年牙齿就脱落的人很多。由于从小就习惯光脚走路，脚掌比起一般人稍大；不管男女都比实际年龄看上去显老。但达里雅博依人体质很好，耐饥渴，善行走，听觉灵敏。

图 1-4 达里雅博依维吾尔族人

（二）语言

达里雅博依人操维吾尔语。从方言特征来看，属和田方言的于田土语。和田方言囊括和田地区的和田市、墨玉、洛浦、皮山、策勒、于田、民丰和巴音郭楞蒙古自治州的且末以及若羌的部分地区。于田维吾尔族的语言从大体上具有和田方言的特征，却也有自己的一些地方性特征，称为于田土语。包括于田土语在内的和田方言作为维吾尔语的一个地方性分支，具有相当明显的方言特征，这种特征最突出地表现在语音和词汇方

---

① Edited by Richard B. Lee, Irven DeVore, *Kalahari Hunter - Gatherers*: *Studies of the* ! *Kung San and Their Neighbors*, Harvard University Press, 1976, p. 176.

面。于田县达里雅博依乡的维吾尔族人语言上与克里雅维吾尔族人很相似。笔者在调查过程中所收集的在发音和用途方面与维吾尔标准语有区别的 200 个词汇中 195 个词汇与于田维吾尔族的词汇相同。例如，"torun"在达里雅博依人和克里雅人语言中，指馕坑。此词在维吾尔标准语中所对应的词是"tonur"。更具体的例子如表 1-2 所示。

表1-2　　　　　　达里雅博依口音、于田土语和维吾尔标准语的对比

排名	达里雅博依口音		于田土语		现代维吾尔标准语		汉语中意思
	维吾尔文	拉丁文转写	维吾尔文	拉丁文转写	维吾尔文	拉丁文转写	
1	پەرقو	pärqu	پەرقو	pärqu	ياستۇق	yastuq	枕头
2	ئوي	oy	ئوي	oy	چوڭقۇر	chongqur	深
3	قىيىن-بۇيان	qiyin – buyan	قىيىن-بۇيان	qiyin-buyan	قۇدا باجا	quad-baja	姻亲
4	ئوچ	och	ئوچ	och	چاڭگال	changgal	捧
5	گۈرۈنجە	gürünjä	گۈرۈنجە	gürünjä	گۈرۈچ	gürüch	大米
6	ئەرمەكتە	eräktä	ئەرمەكتە	eräktä	ئەر	är	男人
7	پالتۇك	paltuk	توقۇچاق	paltuk	پەگاھ	pägah	下脚地
8	توقۇچاق	toquchaq	توقۇچاق	toquchaq	تۆمۈر تۇمشۇق	tömür tumshuq	啄木鸟
9	پاچاق	pachaq	پاچاق	pachaq	پۇت	put	脚
10	بەللەش	bälläsh	بەللەش	bälläsh	بېكىتىش	bekitish	安装
11	ئۆيمەك	öymäk	ئۆيمەك	öymäk	ئەنسىرىمەك	önsirimäk	担心
12	سۈكە	sükä	سۈكە	sükä	سۇپا	supa	炕
13	جەمگرەن	jägrän	جەمگرەن	jägrän	جەرەن	järän	黄羊
14	توڭغاز	tongghaz	توڭغاز	tongghaz	توڭگۈز	tongnguz	野猪
15	دەي	däy	دەييا	däyya	دەريا	därya	河
16	تەيلىگ	täylik	تەيلىگ	täylik	كۈچلۈك	küchlük	强
17	سەگ	säg	سەگ	säg	ئىت	it	狗
18	يونجاق	yonjaq	يانجۇق	yanjuq	يانچۇق	yanchuq	口袋
19	ئۈزۈپ	üzüp	ئۈزۈپ	üzüp	پەقەت	päqät	千万

资料来源：笔者根据田野调查资料编制。

由表 1-2 可见，达里雅博依人语言中的大多数词汇在发音和用途上

和于田维吾尔族人的语言相似，而与维吾尔标准语有一定的差异，部分词汇有语音差异，如"口袋"一词的达里雅博依口音是"yonjaq"，于田土语中是"yanjuq"。还有少量词汇的用途不一样。如"qaram"一词在维吾尔标准语和于田土语中意思是"勇猛的、鲁莽的"，而在达里雅博依口音中，它又有"非常、很"的意思。

三　人口状况

人口研究对生态人类学研究具有一定的价值，特别是人口研究对文化适应研究非常有用。生态人类学家唐纳德曾指出："人口规模、年龄和性别结构、分布是受制适应变化的三个变量。任何一个人类群体应付环境问题的成功与否可以间接地由人口规模或密度来衡量。社会组织的多样性与人口数量变化紧密相关。"[①] 因此，了解达里雅博依的基本人口情况对理解达里雅博依人对干旱地区的文化适应有一定的帮助。

（一）人口发展

2011 年，达里雅博依乡有 298 户 1397 人，平均每户人口为 4.7 人。由于记录达里雅博依人各方面的文字资料残缺不全，因此 1949 年前的达里雅博依乡的人口规模和人口发展情况我们不太了解。在达里雅博依人的记忆中，他们的祖辈就是几百年前从于阗县迁过去的 10 余户人家，具体人数不详。据文献资料记载，1949 年，全乡家户为 55 户，总人口为 310人。由表 1—3 可见，1958 年全乡的人口达到 415 人，1980 年达到 769人，1988 年达到 832 人，2000 年达到 1118 人，2006 年达到 1290 人，2011 年达到 1397 人。

1949—1988 年，达里雅博依的总人口由 1949 年的 310 人增至 1988 年（1989 年达里雅博依乡设立）的 832 人，39 年共增加 522 人，2011 年总人口数达 1397 人，同 1949 年的 310 人相比，62 年共增加 1087 人。

1980—2011 年，达里雅博依乡的外来户为 3 户，10 余人，外来户总数约占全乡总户数的 1%。

根据达里雅博依乡计划生育办的统计资料，2010 年，全乡出生人数为 24 人，死亡人数为 12 人；2011 年，出生人数为 23 人，死亡人数为 13人，达里雅博依乡年平均人口自然增长数为 10—12 人。

---

① Donald L. Hardesty, *Ecological Anthropology*, Toronto: John Willey & Sons, 1977, p. 142.

表 1-3 　　　　　　1949—2011 达里雅博依乡人口发展　　　　　单位：户、人

年份	户数	总人口数	户均人口	备注
1949	55	310	5.6	①
1958	68	415	6.1	同上
1980	128	769	6.0	同上
1988	172	832	4.8	②
2000	240	1118	4.7	③
2006	267	1290	4.8	④
2009	292	1342	4.6	⑤
2011	298	1397	4.7	⑥

（二）人口分布

根据 2009 年达里雅博依乡达里雅博依村《四知四清四掌握》统计资料，达里雅博依乡辖一个村，6 个村民小组（原 7 个，"村民小组"在当地被称为"小队"），292 家庭户，1342 人。其中 5 小队（以前是 6 个）在达里雅博依乡境内，在乡境内常住总户数为 242 户，一个小队（即第七小队）在于田县，有 50 户。

乡境内人口分布不均匀，在克里雅河下游上段一带共分布 65 户，其中第一小队有 28 户、第二小队有 37 户，占全乡总户数的 22.3%；全乡人口集中分布在克里雅河下游中段一带，包括第二小队近一半（30 户）和第三、四、五小队，共有 177 户，占全乡总户数的 60.6%。第六小队原来分布在克里雅河下游中、下段，近 20—30 年以来，因河水断流，下游下段绿洲退化，而 30 多户已经迁移到乡境内下游上、中段或于田县附近乡镇。目前，第六小队仅有在第五小队邻接处居住的 3 户人家。第七小

---

① 新疆克里雅河及塔克拉玛干科学探险考察队：《克里雅河及塔克拉玛干科学探险考察报告》，中国科学技术出版社 1991 年版，第 81 页。

② 米吉提·巴克：《寂静的地方——达里雅博依村》，《新玉艺术》1989 年第 1 期。

③ 来自于田县第五次人口普查数据公报。

④ 颜秀萍：《新疆于田县达里雅博依乡婚姻家庭现状调查》，《新疆社会科学》2008 年第 5 期。

⑤ 此数据来自于田县达里雅博依乡达里雅博依村 2009 年《四知四清四掌握》统计资料。

⑥ 此数据来自于田县达里雅博依乡提供的内部资料。

队有 50 户，占全乡总户数的 17.1%。该居民小队的人口为 169 人，占全乡总人口的 12.6%。第七小队是由在加依乡居住的 30 户、在木尕拉镇的 12 户、在英巴格乡的 5 户和喀喇汗农场居住的 3 户组成的。其居民是由在人民公社时期从县城给达里雅博依的牧民运送粮食的人员家属和从达里雅博依乡迁出去的人组成的，其 2/3 在达里雅博依乡拥有牧场和牲畜。第七小队的各居民点所在地距达里雅博依乡乡政府驻地 230—250 千米。

表 1-4　　　　　2009 年达里雅博依乡达里雅博依村
人口分布情况统计　　　　　单位：户、人

居民点名称	总户数	总人口	男	女	常住人口数	暂住人口数
第一小队	28	138	74	64	138	
第二小队	67	314	169	145	314	
第三小队	51	248	143	105	248	13
第四小队	31	149	77	72	149	
第五小队	65	324	172	152	324	
第七小队	50	169			169	
总计	292	1342			1342	13

资料来源：于田县达里雅博依乡达里雅博依村 2009 年《四知四清四掌握》统计资料。

人口密度：乡政府所在地是达里雅博依乡人口最密集的地方，这里有 25 户人家。其他 200 余户居住十分分散，两户之间相隔 3—4 千米甚至 30—40 千米。全乡总面积为 15344.59 平方千米，2011 年总人口为 1397 人，人均占地 11 平方千米，人口密度非常小。

（三）人口结构

2011 年，达里雅博依乡总人口为 1397 人，村民全系维吾尔族。全乡常住人口为 1235 人，男性人口为 716 人，约占总人口的 58%；女性人口为 519 人，约占总人口的 42%。总人口性别比为 138：100（以女性为 100，男性对女性的比例），男性人口多于女性人口。

据达里雅博依乡计划生育服务中心提供的统计资料，2011 年达里雅博依乡常住人口中，0—11 岁少年儿童人数为 204 人，约占总人口的 16.5%；12—21 岁有 342 人，约占总人口的 27.7%；22—61 岁成年人有 631 人，约占总人口的 51.1%；61 岁以上老年人有 58 人，约占总人口的

4.7%。除了 42—51 岁总人数中女性人数稍微多于男性，其他各年龄段男
性人数均多于女性。

从人口的文化程度结构来看，2011 年达里雅博依乡常住人口中，具
有大专及以上文化程度的人数为零；具有中专文化程度的有 3 人；高中在
读生有 26 人（其中高中生 3 人、职业学校在读 23 人）；具有初中文化程
度的有 240 人；具有小学文化程度的为 765 人，约占总人口的 61.9%；文
盲和半文盲人数为 227 人，约占总人口的 18.4%。文盲、半文盲和小学
文化程度总人数为 992 人，约占总人口的 80.3%，全乡人口文化程度
较低。

表 1-5　　2011 年达里雅博依乡人口文化程度、职业和婚姻状况统计　单位：人

文化程度	人数	职业	人数	婚姻状况	人数
文盲、半文盲	227	牧民	657	未婚	640
小学	765	工人	3	已婚	595
初中	240	机关工作人员	5	初婚	424
中专	3	专业技术人员	5	再婚	100
高中	—	无业	93	离婚	36
大专	—	学生	317	早婚	452
大学	—	学龄前儿童	153	晚婚	54
		退休人员	2		
合计	1235		1235		1235

资料来源：根据达里雅博依乡计划生育服务中心提供的数据编制。

从职业构成来看，全乡从事牧业人员 657 人，占总人口的 53.2%；
学生人口为 317，占 25.7%；其他各行各业的工作人员为 13 人，约占
1%。从事各行业人数中，以牧民人数为最多。

婚姻结构：已婚人数为 595 人，离婚和再婚人数有 136 人，约占已婚
人数的 22.9%，离婚率较高；早婚 452 人，约占已婚总人数的 76%，早
婚人数相当多；晚婚人数为 54 人，约占 9%。

从人口的健康程度来看，全乡残疾人有 52 人，约占总人口的 4.2%，
相当于每 20 人中就有一名残疾人。

第三节　达里雅博依人的社会环境

一　历史沿革

根据达里雅博依地区相关的历史资料、考古发现以及本研究实地调查所获得的第一手资料，我们可以将达里雅博依的历史发展情况分为四个阶段来介绍：1900 年前、1900—1949 年、1949—1989 年（乡政府建立）、1989 年至今。

（一）1900 年前

达里雅博依 1900 年前的历史状况，除了一些考古发现之外，相关的历史资料非常少，因此澄清达里雅博依乡的古代历史是一项十分艰难的工作。通过数十年的考古研究，探明在历史发展过程中达里雅博依周边的喀拉墩遗址、圆沙古城、丹丹乌里克和马坚里克等遗址曾是塔里木盆地人类活动的重要地区，具有相当悠久的历史。今达里雅博依乡境内的喀拉墩遗址被视为西汉时期西域古扜弥国国王的宫殿。

此外，这一地区的人类活动历史最值得一提的就是，克里雅河注入塔里木河后在于田至库车塔克拉玛干沙漠中有过沿克里雅河经过今达里雅博依乡通往库车的 960 里长的古于田—库车沙漠道路这一史实。此沙漠之路被称为扜弥—龟兹道。对于这一点，民国财政部派出的谢彬赴新疆调查后撰写的《新疆游记》有详细的记载：

> 于阗东走且末，北去库车。其赴库车者，则自城北行。四十里，博斯塘。五十里，铁瓦额黑勒。六十里，麻扎。五十五里，塔卡哈。五十里，卡斯坎。六十里，密沙奈。四十五里，毕栏杆。五十里，玉尔滚。四十五里，阿克恰特。四十里，塔什肯。四十五里，和什卡瓦什提。五十里，托巴克威力跟。四十里，辟恰里克。五十里，玉吉格得多可。五十五里，波斯塘托和拉克。四十五里，窝托奇。四十里，昆木库多可。四十五里，克恰什。五十里，库木洛可。以上皆沿克里雅河，站口皆有羊场，水草柴薪，俱极充足。过此则行戈壁，惟站口少有水草，多不足用。约三四日，入沙雅界，渐入佳境。于、库商贩，近多出于是途。若得地方官，按站辟设栏杆，不难成一南北交通间道之通途。又城南有通后葬支路，折

毁于清光绪四年董福祥，今已不通①。

　　谢彬所记载的每个地名都是路途中的驿道、驿站、居民点和麻扎等。从"麻扎"至最后提及的"库木洛可"的地名都是指达里雅博依境内的不同地方，这些地区属今达里雅博依乡，并且地名沿用至今。这也说明经过达里雅博依境内的许多地方的古道两岸都曾有过人类活动。该古道被废弃的具体年代，没有历史记载。但是斯坦因在《沙埋和田废墟记》中记载"从蒙兀儿一位领导人和历史学家米儿咱·海答尔的说法看来，克里雅河流入塔里木河的年代最迟可能延续到 16 世纪"②。此外，达里雅博依境内多处有古代人类活动的遗迹，如乡境内的璟麻扎和其他坟墓被认为与10—11 世纪伊斯兰教传入于阗有密切的联系。

　　有关达里雅博依人近代的情况，据斯文·赫定在其《亚洲腹地旅行记》中的记载，我们可得知 19 世纪末（1896 年）达里雅博依地区就有一定数量的居民，并且大多从事畜牧业。

　　（二）1900—1949 年

　　达里雅博依乡新中国成立以前的历史，同样没有文献记载。虽然1929 年我国学者黄文弼经过达里雅博依往北走，在喀拉墩遗址进行了考古调查并在其《塔里木盆地考古记》中对达里雅博依的自然环境做了一些记载，但是对达里雅博依的居民及其生活状况却没有介绍。这一点，笔者通过对当地三位 85 岁以上的知情老人做访谈，获得了一些重要的历史信息。

　　　　个案：（买提托合提·哈热提，男，103 岁，第二小队居民）新中国成立以前，这里由于克里雅（于阗）管理。当时有"阿克萨卡尔"（aqsaqal）③。巴热克家族和台克家族都有其头领。肉孜阿洪阿克萨喀尔为台克家族的，斯拉木阿克萨喀尔任巴热克家族的头领。牧民生活所需要的面粉、衣料等必需品都由自己到县城买回来。由于路途

---

① 谢彬著，杨镰、张颐青整理：《新疆游记》，新疆人民出版社 1990 年版，第 182—183页。

② ［英］马克·奥里尔·斯坦因：《沙埋和田废墟记》，殷晴、剧世华、张南、殷小娟译，新疆美术摄影出版社 1994 年版，第 266 页。

③ 阿克萨卡尔是维吾尔语"头领""家族族长"之意。

遥远，交通不方便，每次运这些生活必需品要骑骆驼或毛驴走 10 天才到达于田县，回来时也要走 10—12 天。往返一次用传统交通工具要走近一个月①。

还有一些人说，新中国成立前达里雅博依人受于阗县管辖。来自加依的头领管理巴热克家族，来自喀鲁克的头领则管理台克家族，这些首领负责征收牧业税和每年两次的天课（穆斯林的宗教税）。

从中可见，新中国成立之前，达里雅博依是属于阗县的一个牧区，当时的政府部门任命阿克萨卡尔管理达里雅博依人。

（三）1949—1989 年

新中国成立初期成立达里雅博依高级合作社，为于阗县直所属。1954 年于阗县委、县政府为了援助达里雅博依牧民的生产和生活，派驼队为当地人运送面粉、清油和其他必需品的供应问题。

1959 年成立人民公社，改称大河沿大队，属喀群人民公社（现名于田县木尕拉镇）。喀群公社党委组建前往大河沿大队抓生产，并配备了大队干部②。实现人民公社化，对达里雅博依的牲畜折价处理，牧民私有畜牧折股入社，牲畜由牧民集体管理，实行合作放牧。公社组织专门的驼队，给牧民定期运送粮食、布料等必需生活用品。据调查中获得的资料，在此期间于田县政府派来干部又组建了畜牧队，建房办学，开荒种田。

1960 年，在达里雅博依成立了第一所小学，共招收 35 名牧民子女。1965 年 28 名学生合格毕业，成为达里雅博依村的第一代有文化的人。牧民居住得十分分散，学生上学都十分不便。因此又开办了两所学校：一所是为第一、第二小队居民在察拉艾葛勒（chala eghil）处开办的学校，另一所是在第六小队的依来克（iläk）处开办的学校。虽然在当时达里雅博依有了三所学校，但还是因为多数牧民离学校较远，小学教育没有得到普及。在这种情况下，大队只能成立赤脚教师。

1968 年用拖拉机开路，有了从县城到达里雅博依的简易沙漠路，从 1970 年开始用汽车运送供应。

1982 年 1 月，大河沿大队改称为达里雅博依大队。1984 年编入于田

---

① 2011 年 9 月 28 日笔者在达里雅博依乡的访谈记录。

② 参见达里雅博依乡政府提供的内部资料。

县加依乡建制；1984年10月，县政府实行"折价归户、折价承包"，牲畜一律以折价的形式分配到牧民。

1988年12月由和田地区畜牧处、林业处、水利处、卫生处、教育处、民政局和于田县各部门组成的"达里雅博依村考察组"到达里雅博依进行一个多星期的综合考察。1989年秋季，时任新疆维吾尔自治区主席铁木尔·达瓦买提到达里雅博依进行了考察。

1989年12月23日，经新疆维吾尔自治区人大常委会批准，析置建乡成立达里雅博依乡。乡政府驻铁日木村，距于田县城250千米。

（四）1989年至今

1989年乡政府成立后，达里雅博依发生了较大的变化。当年设立小学、医务所、兽医站、派出所、林业站、草场管理站等机构。县供销社在乡政府设立羊毛、皮张收购点1处，医药公司设立大芸、甘草收购点1处。

1991年又设立了达里雅博依乡计划生育服务中心。2002年10月，特变电工则以扶贫的方式为达里雅博依乡建了一座太阳能发电站。初步解决了位于乡政府周边的几个单位和十几户牧民的供电问题。此后又实现了每户安装太阳能供电设备。2000年县广播电视局在此安装广播差转台，使牧民们听上了广播节目。2007年小学三年级以上的学生全部转到县城寄宿学校。2009年通了移动通信。当年给牧民打了压水井。除此之外，目前达里雅博依有杂货店、理发店、摩托车修理部、餐厅等各种服务行业。全乡有客车近20辆、生活车10辆、摩托车300多辆。

从以上的历史沿革我们可以知道，受地理环境的影响，达里雅博依人长期过着闭塞的生活，基本上与外界很少接触。达里雅博依乡成立后，达里雅博依人的社会环境发生了明显的变化。

二　达里雅博依人周边的人群

达里雅博依人周边的人类群体是影响达里雅博依人社会环境的重要因素之一，因此对达里雅博依人邻近地区的社会群体做一定的了解是非常重要的。

从达里雅博依人所处的地理位置来看，由于他们生活在塔克拉玛干大沙漠的深处，距沙漠周缘绿洲很远，而且交通不便，无法与生活在沙漠边缘绿洲上的社会群体频繁交往。他们只能从乡政府驻地铁日木村沿着克里雅河往南走250千米，才能抵达于田县。事实上，几百年来，于田县的维吾尔族是唯一与达里雅博依人有交往的人群。

从地理环境来讲，于田县位于塔里木盆地南缘、昆仑山北麓，东西以戈壁沙滩分别接壤民丰县和策勒县，北临浩瀚的塔克拉玛干大沙漠。因为地处内陆，远离海洋，一面为高山，三面为戈壁和沙漠所环绕，是一个相对独立的地理单元区。

从历史背景来看，于田历史悠久。早在新石器时代，这一带就有人类活动，在西汉时期，是西域扜弥国的所在地，丝绸之路南道由此通过，昌盛一时。关于扜弥国在《汉书》记载：

> 扜弥国，王治扜弥城。去长安九千二百八十里，户三千三百四十，口二万四十，胜兵三千五百四十，辅国侯，左右将，左右都尉，左右骑君各一人，驿长二人。东至都护治所三千五百五十三里，南与渠勒，东北与龟兹，西北与姑墨接，西通于阗三百九十里①。

东汉时称拘弥，南北朝后称宁弥或汗弥，唐代称建德力城，明代称克列亚，清代称克里雅，是和田六城之一。光绪八年（1882）置于阗县。1959 年经国务院批准，简化汉字改称为"于田"。今于田县属新疆和田地区管辖。

于田，维吾尔语有"克里雅"（keriyä）之称，是以维吾尔族为主的农业县，现在全县有维吾尔族、汉族、哈萨克族、蒙古族等 9 个民族。2010 年第六次人口普查，全县总人口 249899 人。居住在于田的维吾尔族被称为"克里雅人"，是维吾尔族里具有独特地域文化的一个群体。

长期以来，靠畜牧业为生的达里雅博依人在贸易交换上主要依靠于田农区，一直和县城保持着一定的联系，尤其是同与其祖先来源有密切联系的木尕拉（今于田县木尕拉镇）和加依（今于田县加依乡）两地维吾尔族人的关系更为密切。木尕拉镇位于于田绿洲平原中部克里雅河西岸，西与加依乡接壤，是于田县主要农区之一，还是于田县城驻地，该镇与县城接壤，交通便利。自设县治以来，木尕拉镇成为县城政治、经济、文化的中心。该镇 2010 年总人口有 30000 余人，其中维吾尔族占总人口的 99%以上。全镇以农业生产为主，主要种植小麦、玉米、水稻、棉花等；加依

---

① 班固：《汉书》，中华书局 1975 年版，第 3880 页。

乡东接木尕拉镇，全乡以农业为主，生产小麦、玉米、棉花，2010 年有17000 多人，该乡也是维吾尔族聚居的一个乡。

达里雅博依人与于田维吾尔族人有接触，但因路途遥远、交通不方便，交往不频繁，交往范围主要包括贸易交换。

三 社会环境的特点

（一）生活十分闭塞

从地理位置来看，由于地处大沙漠中部，地理位置偏僻，达里雅博依人很长时间都过着相当封闭的生活。他们周边可交流的人类群体也不多，他们只与于田县农区的维吾尔族人打交道。由于交通不便，建乡以前很少有人去过县城。同样，早期到达里雅博依的外地人也仅限于每年去一次的制毡工、铜匠、工匠和每年去两三次的粮食零售商。建乡以来，虽然达里雅博依人与外界的接触频繁，但是由于封闭的地理环境和其他因素的限制使他们依然处于相对封闭的状态。

（二）人口稀少，居住分散

达里雅博依乡人口少、居住十分分散，因此，人们相互接触的机会也较少。作为一个社会团体，达里雅博依人不仅与外面社区的联系很少，而且在这个社会群体内部每个家庭之间的相互接触与联系也较少。这一趋势导致了达里雅博依人双重封闭性状态的形成。此外，以上人口规模和密度特征又对当地的社会习俗产生了巨大的影响。

（三）经济上的单一性

社会经济的单一性是我国西北干旱地区绿洲生态系统的主要特征之一，具体来讲，"绿洲经济活动受到地貌上封闭性和地域上分散性的严格限制。绿洲之间高度封闭，信息隔绝。千百年来绿洲在经济上发展十分缓慢，以农牧业生产为主体的自给自足小农经济为特征，这种一元经济结构，原始地利用绿洲的农业自然资源，不少是孤家独居的自然村落"①。作为塔克拉玛干沙漠腹地绿洲，与沙漠周边绿洲相比，达里雅博依绿洲经济的单一性特点更为突出。

达里雅博依人主要依靠沙漠畜牧业为生。他们不能像塔克拉玛干沙漠边缘绿洲地带的居民一样同时从事农、牧、手工业等多种生产活动。因为

---

① 钱云、郝毓灵：《新疆绿洲》，新疆人民出版社 1999 年版，第 8 页。

他们所处的沙漠环境不适于从事农业，而且封闭的环境也影响到他们接受新的文化和技术。达里雅博依人的手工业也未能得到良好的发展。他们的土产品仅有畜产品。畜牧业生产上的单一性迫使他们必须与周边的农区进行贸易交换。因此他们属于非自给自足型的生产模式。

（四）发展速度缓慢，社会生活条件差

达里雅博依地区虽然一直隶属于于田县行政管理，但是离县城较远，交通不便，因此未得到县政府的较好管理。直到 1960 年第一所学校建立前，达里雅博依乡基本没有识文断字的人。到 1980 年于田县和达里雅博依乡有了专门的客车，在之前达里雅博依人是靠骑骆驼、驴或徒步进县城的。1989 年乡医务所建立之前这里的卫生医疗基本靠县里派来的几名赤脚医生。虽然 2002 年达里雅博依乡已经实现了局部供电，但是供电至今不稳定。综上所述，与于田县的其他农村相比，达里雅博依乡的发展依然很缓慢。1989 年建乡以来，虽有了很多变化，生活环境有所改善，但由于自然环境恶劣和资金缺乏等因素的制约，达里雅博依乡至今没有通往县城的公路。因此，距县城 250 千米的路程只能靠乘坐沙漠越野车行驶 10—20 小时。这在一定程度上影响了达里雅博依乡的发展。此外，达里雅博依乡供电不稳定，没有邮政、银行等服务机构以及各类文化设施。

本章小结

综上所述，达里雅博依人的生存环境特殊：自然环境恶劣，社会环境封闭。更具体说，生态区位偏僻、自然条件恶劣，地广人少，社会环境封闭，周边人群社会文化的影响比较微弱。自 20 世纪 80 年代以来，达里雅博依人的生存环境有了明显的变化，这种环境演变均呈现在自然环境和社会环境上。为了了解达里雅博依人的不同时间的生存环境特点，以 20 世纪 80 年代作为环境演变阶段的划分界限，达里雅博依人的生存环境分为两个历史阶段：20 世纪 80 年代前的生存环境和 20 世纪 80 年代后的生存环境。20 世纪 80 年代以前的达里雅博依人所处的自然环境是地处偏僻、封闭、自然条件恶劣的环境，社会环境是与外界接触很少的封闭性社会。20 世纪 80 年代后的自然生态环境是面临危机的比以前更恶劣的环境；20 世纪 80 年代后的社会环境是由封闭状态过渡到与外界交往频繁的开放性的环境。

第 二 章

沙漠环境与生计策略

众所周知，所有的生物想要生存就必须满足其基本需求。当然，人类也不例外。马林诺夫斯基认为"人类在谋取食物、燃料、盖房、缝制衣服等已满足需要时，便为自己创造了一个新的、第二性的、派生的环境，这个环境是文化，文化就是满足需要的手段"①。也就是说，人类群体与自然界其他生物最主要的区别就是人类以文化作为媒介适应其生存环境从而解决生存问题。作为人类群体用来解决生存问题的手段，文化对于人类的持续生存是至关重要的。佛德（Forde）认为"在物质环境与人类活动之间总是有一项中介因素，即一组特殊的目的与价值，一套知识与信仰，换言之，一个文化模式"②。

我们应该看到，达里雅博依人的传统文化是他们适应自己所处特有环境的结果。本书的目的是理解达里雅博依人如何适应自己所处的生存环境即他们的文化适应策略。在人类学历史上，已经发展出研究文化与环境之间的各种复杂关系的不同理论和方法。其中之一是美国人类学家斯图尔德的"文化生态学"思想。正如唐纳德·L. 哈迪斯特指出，斯图尔德通过"'文化生态学方法'最重要的贡献或许在于认识到文化和环境不是分离的，而是包含着'辩证的相互作用'或所谓的反馈或互为因果关系"③。斯图尔德认为，在一种文化中，有一部分特征受环境因素的直接影响大于

---

① 转引自宋蜀华、白振声主编《民族学理论与方法》，中央民族大学出版社 1998 年版，第 43 页。

② ［美］史徒华：《文化变迁的理论》，张恭启译，台北：远流出版事业股份有限公司 1989 年版，第 43 页。

③ Donald L. Hardesty, *Ecological Anthropology*, Toronto: John Willey & Sons, 1977, p. 8.

另一些特征所受的影响。他把这种文化中易受环境因素影响的部分，即与生计活动和经济安排最密切相关的各项特征的总和，称为"文化核心"（culture core）。斯图尔德将文化放到环境中分析了人是如何适应环境及其演变而不断向前发展的。斯图尔德的"通过人类生存的整个自然环境和社会环境中的各种因素交互作用研究文化产生、发展、变异规律"的这一学说①适合于解释像达里雅博依人这样生活在特殊环境的人类群体的文化与环境之间的互动关系。因此，斯图尔德的相关论述有助于本个案研究：达里雅博依人生存环境与他们传统生计方式、物质生活方式、精神文化的形成以及达里雅博依人环境的演变与他们的文化变迁的关系。

第一节　独特的沙漠畜牧业

生计方式是指不同的人类群体为适应不同的环境所采取的谋生手段。人类社会从古至今衍生出来的生计方式主要有采集狩猎、初级农业、畜牧业、精耕农业和工业化等。在历史上，世界各沙漠地区居民对沙漠环境适应过程中所创造的生计方式具有多样性，主要有寻食、畜牧业和农业等适应策略。畜牧业是人类对干旱地区适应的一种有效的生计方式。我国新疆塔克拉玛干沙漠居民达里雅博依人像世界其他的沙漠地区居民一样以畜牧业作为其主要的生计方式。

在绝大多数人的印象中，能够在被称为"死亡之海"的塔克拉玛干沙漠中长期生存，绝非一件容易的事，因此，当20世纪80年代居住在塔克拉玛干沙漠深处、几乎与世隔绝的达里雅博依人被世人发现后，大家最关注的就是他们是如何在沙漠深处生存的。

任何一个群体的文化都需要所处环境的支持。从生态人类学的角度来看，任何一个人类群体文化的产生、发展和生存必须将一定的地理空间作为自己适应和延续的立足点。达里雅博依人正是将塔克拉玛干沙漠深处的达里雅博依绿洲及其周围的沙漠地区作为了自己的生存空间，并由此形成了独特的绿洲文化。地处塔克拉玛干沙漠深处的达里雅博依绿洲年降水量不足15毫米，气候极为干旱，克里雅河是此绿洲的唯一水源。但是因克

---

① 宋蜀华、白振声主编：《民族学理论与方法》，中央民族大学出版社1998年版，第325页。

里雅河是季节性河流，其水文变化无常，经常缺水。虽然在20世纪60年代人民公社时期，当地人在乡境内的铁日木（"terim"维语意思"耕地"）、恰拉艾格勒（chalaeghil）、依来克（iläk）等几处荒地上，用渠道和井水灌溉试种过玉米、甜瓜、西瓜等，但是终究因为缺乏水资源，无法继续。

如上所述，塔克拉玛干沙漠深处一带极为干旱的自然环境在很大程度上限制了达里雅博依人开展农业。不过，其独特的自然生态资源，如克里雅河深入沙漠而形成的达里雅博依绿洲、湖泊和小海子，世界罕见的天然胡杨林以及特有的沙漠动植物资源等为达里雅博依人发展独特的沙漠畜牧业和小规模的采集狩猎提供了一定的条件。其中畜牧业是达里雅博依人主要的生计方式，在达里雅博依人的经济生活中一直占据主导地位。

人类调适于恶劣环境的最为典型的就是牧民的例子。畜牧生计是"人类对干旱地区和高寒地区生态环境的一种适应形式。它的生态学原理就是在人与地、人与植物之间通过牲畜建立起一种特殊的关系，构成一条以植物为主，以牲畜为中介，以人为最高消费等级的食物链"[1]。达里雅博依人长期以来适应干旱环境的过程中，创造了具有浓厚地方特色的畜牧业文化。他们的畜牧文化与其他沙漠地区畜牧业以及冻原、平原和山地等不同类型的生态环境所具有的畜牧业文化存在着一定的不同。达里雅博依人的沙漠畜牧业显示了干旱地区的人类文化适应策略的多样性。

一　沙漠植物、牲畜与人

在达里雅博依乡并存的"一户人，一片胡杨林、一群羊、一口井"，说明了塔克拉玛干沙漠生态系统中的人与生态环境的关系，即"水—植物—家畜—人"这一食物链。沙漠植物和家畜是与达里雅博依人息息相关的两种主要生物。

气候、自然资源和其他环境因素帮助决定一个民族能否集中全力从事狩猎、采集、畜牧或农业耕作。塔克拉玛干沙漠的地理环境和自然资源是达里雅博依人从事和发展畜牧业的自然基础。在塔克拉玛干沙漠的塔里木河、叶尔羌河、和田河和克里雅河等河流两岸，以及沙漠的边缘地带，都生长着世界上罕见的大片天然胡杨林，这些沙漠森林兼用作草场。"塔里

---

① 林耀华主编：《民族学通论》，中央民族大学出版社1997年版，第90页。

木盆地的胡杨林面积约 28 万公顷（420 万亩）"①，其中克里雅河下游地区的胡杨林主要指的是达里雅博依乡境内的天然胡杨林，其面积达 67.7 万亩。除了胡杨之外，境内有由芦苇、红柳、骆驼刺、甘草、苦豆子、黄麻、骆驼草、眼子菜、鸦葱等十余种沙漠植物形成的天然草场，其面积有 1205896 亩。天然胡杨林和沙漠草场为达里雅博依人发展沙漠畜牧业提供了主要的牧场条件。从克里雅河中游农业绿洲迁来的达里雅博依人及其祖先把畜牧业看作是在该河下游沙漠腹地绿洲生存的最佳方式。沙漠植物之中胡杨和芦苇的分布最广，已成为达里雅博依人畜牧业依靠的主要植物资源。他们在每年的 4 月至 11 月期间，用胡杨树枝和芦苇喂养牲畜，到了 12 月至次年 3 月期间，晒干的胡杨树叶和芦苇秆就成了牲畜最理想的冬季饲料。达里雅博依人饲养牲畜一年四季都离不开这两种植物，这一点与其他牧区有着很大的不同。

图 2-1　天然胡杨林中达里雅博依人的牲畜

胡杨，亦称胡桐，落叶乔木，是第三纪地质变动时留下的罕见的古代

---

① 吴正：《我国的沙漠》，商务印书馆 1982 年版，第 143 页。

树种，具有很强的生命力，耐干旱，耐盐碱，抗风沙，甚至在酷热、严寒、年降水只有十几毫米的恶劣自然条件下也能生长。胡杨树每年3月底萌芽、10月底落叶。胡杨的嫩枝和树叶里都含有大量的钙和钠盐，营养丰富，嫩枝叶可饲用。因为沙漠草场草产量少，所以沙漠中的胡杨林成为达里雅博依人的天然牧场。

芦苇是多年水生或湿生的高大禾草，在达里雅博依乡河流能流到的地段都生长。芦苇嫩时含大量蛋白质和糖分，可做饲料，特别是做牲畜冬季饲草更为合适。达里雅博依人在畜牧业中使用的天然牧草中芦苇的分布最广，覆盖度高，故而芦苇滩成为达里雅博依人的唯一割草场和牲畜越冬度春处。

在上述畜牧条件下，绵羊和山羊成为了达里雅博依人沙漠畜牧业中的主要畜种。当地的绵羊以和田羊①为主，山羊是土种绒用山羊②，还有少数具有乘骑和运输功能的骆驼和驴。在过去水草肥美的时候，人们也饲养过牛和马。从畜群比例来讲，山羊最多，绵羊次之，骆驼和驴仅有几匹用于骑乘运输。世界各地畜牧社会的生产模式主要是由特定的畜牧群体所处的栖息地的气候、植被、降水量等自然环境条件所决定的。以山羊和绵羊作为主要家畜的畜牧业社会还见于阿拉伯半岛、撒哈拉沙漠等其他沙漠地区。例如，在南突尼斯，人们主要饲养的畜种就是羊，因为羊不光可以给人们提供羊肉，还可以提供羊毛。而从山羊那里，人们还可以获得羊奶，并且山羊较之绵羊更为耐干旱，因此当地居民一般都是绵羊、山羊混养③。

地处塔克拉玛干沙漠的达里雅博依乡年平均降水量在14毫米左右，土壤水分严重不足，产草量很低，草场质量低，属低地草甸草场。由于植被极为稀疏再加上气候炎热，所以已经高度适应了当地自然环境的绵羊和山羊等小畜对达里雅博依人牧业就具有重要的意义。沙漠植被的稀少这一

---

① 和田羊是新疆和田地区农牧区主要牲畜之一，其体型较小，体重30—37.5公斤，体质结实，却对低营养牧草放牧饲养适应力强，耐旱、耐炎热。毛质好，春毛0.7—1.1公斤，秋毛0.5—0.6公斤。

② 土种绒用山羊是于田县农牧区的主要牲畜之一，成年公羊的体重为34.8公斤，成年母羊为27.1公斤，抓绒量100克左右，剪毛量成年公羊716克，成年母羊483克。

③ Frederic H. Wagner, *Nomadic Pastoralism: Ecological Adjustment to the Realities of Dry Environment*, 1980, p. 10.

特点决定了马、骆驼、驴等大畜数量很少。此外，从牲畜种类与气候的关系来看，"牛马耐低温，不喜天热，最热月平均气温＜25℃对它有利"①。毛驴和骆驼对气候要求不高，适应性很强。据新疆维吾尔自治区兽医防疫总站 1994 年的相关调查显示，达里雅博依有"牲畜 24800 头（只），其中绵羊 9000 只，占 36%；山羊 15800 只，占 63.3%；毛驴、马、骆驼极少，只作交通工具，仅占 0.7%"②。目前，达里雅博依人牲畜之中数量最多的是山羊，因为，山羊对湿润条件要求不高，比起绵羊更耐粗饲料、耐热。因此，最适合于这种环境。

> 个案：（巴吾东·喀斯木，男，53 岁，第五小队居民）骆驼和山羊的耐性好，骆驼 4—5 天饮一次水，山羊两天饮一次水，而绵羊往往不能适应山羊所生存的环境，因为耐不住炎热，经常是到了下午天气凉爽一些了才会吃草。山羊则不是，即使天气再热，山羊也照样吃草。一般来说，骆驼就是我们的代步和运输工具，搬家时也可以用来驮东西。乡内上游地带牧草多，草多的地方适合养绵羊；中、下游地带胡杨和红柳多，芦苇这样的植物少，我们就养山羊。我们家有两头骆驼、100 只山羊。现在家家户户大都养山羊，绵羊养得少。以前也是山羊养得多。山羊一般不挑食，像红柳、胡杨、甘草这些它都吃，好养，所以人们大都喜欢养山羊③。

从对牧草资源的利用来看，同一草场上，单纯养一种家畜，牧草利用率较低，浪费很多。只有将具有不同食性的多种牲畜混养，才能提高牧场的综合载畜量。从生态平衡的意义来看，达里雅博依人牲畜所食之草也不相同。据当地人解释，绵羊喜吃芦苇、胡杨树叶等嫩草；山羊除了芦苇、胡杨树叶之外，还吃红柳、甘草等灌木类牧草，亦可利用绵羊不食用的植被；骆驼刺和骆驼草适于骆驼；鸦葱仅适于毛驴；绵羊和山羊吃苦豆了，骆驼和毛驴却不吃。

---

① 和田行署气象处农气区划办公室、于田县气象站编：《新疆维吾尔自治区于田县农业气候手册》，内部资料，1984 年，第 51 页。

② 余信龙等：《首次对塔克拉玛干大漠腹地——达里雅布依村——八种生物源性疫病的调查报告》，《新疆畜牧业》1994 年第 2 期。

③ 2010 年 8 月 18 日笔者在达里雅博依乡的访谈记录。

　　"最能影响环境负荷能力的因素就是人类发掘资源的能力。"① 达里雅博依人在长期的畜牧业生产实践中，意识到了自己所处的这种生态食物链中上述的一些特点，为了充分有效地利用这些不同的植物资源，他们试着将绵羊、山羊、骆驼、毛驴等畜种进行混养，并以此达到提高草场负荷力的目的。这种饲养方式，最主要还是保证了沙漠生态系统中生物的多样性，在维持生态平衡方面起到了重要作用。除此之外，不同的畜种也各有特点和价值，可以满足人们不同的需求。比如说，绵羊、山羊这类畜种能为人们提供肉、奶、羊绒、皮、毛等畜牧产品，骆驼、毛驴可以被当作交通工具。将几种不同的畜种按比例进行混养，要比单纯地饲养一种牲畜更具有经济价值和生态价值。

　　从达里雅博依人所生存的草场也环境来看，他们将放牧的草场叫作"托喀依"（toqay 意为"丛林"），多为芦苇滩、红柳丛和胡杨林之地，托喀依还由芨芨草、骆驼刺、眼子菜、罗布麻、苦豆子和鸦葱等植被组成。每家都有各自的托喀依，人们只会在自家的托喀依内放牧。草场是1993年划分给各家的，使用期为50年。20世纪90年代以前，这里的牧民过着季节性的游牧生活。

　　　　个案一：（喀斯木·伊斯拉木，男，50岁，第五小队居民）我父亲的旧房子在图格勒热米兹（"tughlirimiz"第六小队的一个地名），冬天我们就在那里放牧，到了夏天再迁到现在住的这里来。以前每家都有自家的夏草场和冬草场，夏草场一般就在房子附近，冬草场会远一点，膘肥体壮的牲畜就赶到冬草场放养，在那里一直要从11月份待到来年开春的2月份。不过这些都是划分草场之前的事情了。以前的时候人们甚至会用金子买草场②。

　　　　个案二：（苏皮·艾合买提，男，77岁，第四小队居民）曾经的河水分流很多。第六小队有非常好的牧草。因此冬天迁到那里放羊。草场分为冬、夏两季的草场。但是现在多数人的牧场不分冬夏。曾经

---

　　① Daniel G. Bates, Fred Plog, *Human Adaptive Strategies*, New York: McGraw-Hill, 1991, p. 26.

　　② 2011年10月22日笔者在达里雅博依乡的访谈记录。

背上十几天的干粮，赶上毛驴去放牧。11 月份至来年 3 月份到冬季牧场，8—10 户牧民举家搬迁到冬季牧场。到冬季牧场之后，一般是几家亲戚一起游牧，身强力壮的几个人带头先走，去某个地方提前挖井，找水源，然后其他人将牲畜赶到那里，然后在那里待上 5—6 天，再迁移到另一个水草丰美的地方①。

达里雅博依人传统的游牧方式从大体上属于季节性游牧，即划分出冬夏两季固定牧场，牧民们在这些季节性牧场之间来回游移。此外，他们曾有过"逐水草而居"的游牧方式，他们在冬季牧场的畜牧方式正是属于这种类型。

人类学家 D. G. 贝茨认为"在畜牧业如何适应干旱环境这一研究中，最为关键的一个问题就是牧民怎样可以在不破坏牧场环境的前提下繁衍更多的牲畜"②。达里雅博依人适应所处的内陆沙漠的特干旱环境最关键的一点也是如何在一个极为脆弱的生态环境中合理利用极为缺乏的自然资源。达里雅博依人居住在沙漠腹地绿洲，其显著的特征是降水量极为稀少、植物分布不均。在这种自然环境下，为了达到合理利用水资源和植物资源的目的，游牧是非常必要的。牧民"在生计实践中，直接面对的是牲畜、草场等自然生态物，需要一定的生存、生活技能，他们逐水草而迁是为了畜群大群放羊的需要，畜群的需要就是牧民的需要，生存则必须适应环境，迁徙即是一种适应行为"③。

牲畜转场是游牧民族对环境适应的一种文化对策，这种行为有效地保证了生态环境的可持续利用。牧民不仅能够达到经济效果，而且同时也会达到生态效果。转场使一部分草场的生态环境在休牧季节得到有效的维护，为其他季节储存足够的饲料，从而保证游牧生态系统中人、牲畜、草场的协调统一。对于生存在水资源匮乏、植被分布不均、动植物稀少的沙漠地区的人们来说，季节性的游动对在他们适应其所处自然环境有着重要的生态意义。季节性的游动为人们在不同的时间和空间合理利用自然资源

① 2011 年 10 月 20 日笔者在达里雅博依乡的访谈记录。

② Damiel G. Bates, Elliot M. Fratkin, *Cultural Anthropology*, Boston：Allyn and Bacon, 2003, p. 102.

③ 娜拉：《新疆游牧民族社会分析》，民族出版社 2004 年版，第 22 页。

提供了可能。生活在卡拉哈里沙漠的桑人靠采集野生植物和打猎野兽维持生计，他们居无定所。关于桑人的游动生活在《人类适应策略》一书中有这样记载：

> 在卡拉哈里沙漠里，雨水不光可以影响到水源，而且还可以决定当地人的居住形式。在干旱季节会有 20 至 40 人聚集起来在当地最大的水源边上安营扎寨。在此期间他们只能依靠通过艰辛的劳作而采集来的植物根茎来维持生活，他们采集植物的范围不超过半径 6 英尺的范围。凉爽和晴朗的天气可以为采集植物提供较好的条件，分成一组一组的妇女们定期到树林里去采摘坚果。到了炎热的 8 月，许多果实都已经被采摘完，高温天气也会对采集植物和狩猎造成一定的困难。这时，人们只能采集那些早先因口感苦涩而不愿意采摘的植物根茎和果实类的食物。到了 10 月份，雨季就开始了，大大小小干涸的湖泊又会被雨水灌满，沙漠重新披上了绿色，到处又显现出一片生机勃勃的景象。这时人们就会两三家为一组分散开来采集雨后长出的果实、植物，或者捕获野兽。每年平均有 7 到 8 个月的时间他们就是靠这种分成小组采集食物的方式在每个营地生活 3—4 天，然后再到别的地方安营扎寨，但是每过一段时间会返回到有固定水源的地方。这种生活方式一直持续到来年 4 月湖泊都干涸的时候。到了 5 月份他们再返回到有固定水源的地方，再次安营扎寨迎接另一个旱季的到来。①

除此之外，阿拉伯沙漠中的贝都因人和土库曼斯坦境内的卡拉库姆沙漠的土库曼人都是以游牧生活为主。塔克拉玛干沙漠罗布泊地区的罗布人也曾以流动捕鱼为主要的生活方式。不光如此，这种流动性的生活习惯也同样出现在了一些具有不同的生态系统和不同的生计方式的民族之中。例如，根据尹绍亭教授的研究，云南的瑶、苗、部分拉祜、哈尼、独龙和怒族等刀耕火种民族有过游牧生活方式，如丙中洛一带的"怒族 20 世纪 50 年代之前最突出的耕作特点是季节性的垂直游牧耕作。家家都建有两处居所，一处在江边，一处在高山。一年之中，根据农牧业的需要和气候的变

---

① Daniel G. Bates, Fred Plog, *Human Adaptive Strategies*, New York: McGraw-Hill, 1991, p. 46.

化，时而居于江边，时而迁往高山，形成了有规律的季节性垂直农耕游牧方式"①。

从以上例子中可见，游牧生活方式是世界许多采集狩猎、初级农耕和畜牧民族共有的一种生计特点，与降水量、动植物和水资源等环境因素息息相关。其中，气候的季节性最先一步促成了这种游牧方式。

在达里雅博依地区四季较为分明，这就使得水资源、动植物资源都具有了一定的季节性。达里雅博依人在畜牧业中最缺少不了的水和植物资源所具有的这种季节性促成了这里的居民季节性游牧习惯的形成。

> 个案：（阿布都拉·克热木，男，60 岁，达里雅博依乡前任乡长）我们的草场分为冬、夏两种。河流也分为冬河和夏河。水草丰美的一般被当作冬草场，略微差点的用于夏天放牧②。

首先从达里雅博依人所拥有的水资源来看，克里雅河是一条季节性河流，夏季水量充足，多发洪水。因为洪水得不到控制，所以经常会随意地流入胡杨林或者沙漠。河水流经的地方第二年就会长出芦苇等植物。克里雅河水的流量直接影响到达里雅博依地区草场的面积和草场的覆盖率，而河水流向的随意性又决定了沙漠植被在空间和时间方面分布得不均。再从沙漠植被的特点来看，胡杨耐干旱，即使缺水五六年，也不会干枯，可以为牲畜提供比较固定的饲草。芦苇只生长在每年河水可以流经的地带，这种植物的分布和覆盖程度完全取决于水。因此，达里雅博依人也正是根据这一地区水资源和植物资源的特点将草场分成冬夏两种进行管理。胡杨树多的地带是夏草场，这类草场不需要草料很多，牲畜一般会在夏草场从 3 月待到 11 月，在这里的时间较长，因此牧民们会在这类草场上安置比较固定的住所。而生长着芦苇、骆驼刺等植物的草地则会被用作冬草场，在这里要从 12 月待到来年的 3 月。牧民们一般只搭建一间简陋的草棚或者挖个地穴或者直接就住在野外。直到 20 世纪 80 年代，现在已经干涸了的第六小队所在地带，一直是整个达里雅博依地区最好的牧场，许多人从秋

---

① 尹绍亭：《人与森林——生态人类学视野中的刀耕火种》，云南教育出版社 2000 年版，第 279、280 页。

② 2011 年 10 月 17 日笔者在达里雅博依乡的访谈记录。

天开始直到来年春天的时候，都在那里的冬草场放牧。能够影响达里雅博依人选择定居点的另一个因素就是沙漠中最为耐旱的胡杨林。胡杨即使是几年没水，也能存活下来，较之芦苇等禾木，胡杨能够为牧民提供一个较为固定的放牧环境。牧民们在一个牧场放牧时间的长短与植物的生长特点和季节性有直接的关系。例如，胡杨是牧民放牧主要依赖的植物，从 4 月吐芽直到 10 月枯叶落尽，都能为牲畜提供固定的饲料。等到胡杨的叶子都落尽了，牧民们才会赶着牲畜转场。一年中至少有 8 个月的时间在夏草场放牧，而在冬草场只会待三四个月。总的来说，迁移性和流动性是牧民们为充分利用他们所处环境拥有的有限而分散不均的自然资源而采用的一种适应策略。

资源的性质和分布情况是决定适应的制约性因素，达里雅博依人按可利用的水、植物资源的季节性及其分布特点而选择的季节性迁移正是他们畜牧生活的特征之一。

达里雅博依人在畜牧业生产中的社会组织形式以单个的家庭为主，也就是每一个家庭为一个生产单位。但是在有些情况下，也有几个家庭合起来放牧的情况。通过采访的资料我们了解到，牧民们在转往冬牧场时，有时会几家亲属一起转场。先由几个人寻找合适的水源和牧场，找到后挖水井做准备，其他人随后赶着牲口前往。

以家畜作为媒介利用土地是畜牧经济的一种特点。他们的土地管理具体表现在草场管理这一点。在畜牧生计中，达里雅博依人能巧妙地利用沙漠牧场，在一年内，通过转场达到以较大的生计空间来换取沙漠植被自然修复所需要的时间这一目的。除此之外，牧民们还通过浇灌草场的方法来改善自己的草场条件，这对于促进植物的生长具有特殊的意义。利用克里雅河的水，每家牧民按顺序将河水引入浇灌自家的草场。一般牧民们都是用洪水、秋水和春水来浇灌草场。

二 畜牧业生产的周期性

达里雅博依人几百年来生活在塔克拉玛干沙漠深处，从事着适应干旱地区的畜牧业生产。20 世纪 80 年代以前本地畜牧生产最突出的特点就是季节性的游牧生活。牧民们划分出两季草场，并且在这两个草场之间来回迁移。根据本地自然环境的特点，牧民们合理地安排了生产和生活。达里雅博依人一年的生活周期及主要活动大致如下：

　　1 月至 2 月底，牧民们在冬草场放牧，期间也会有一些牲畜产羔。因为是在冬季产下的幼畜，所以会被叫作"其里拉"（chillä 意为"数九"），但是冬天出生的牲畜数量不会太多。在冬季，为了保证幼畜生长健硕，一般牧民不挤羊奶。在此期间，牧民会将畜群中比较矫健结实的留在草场上放养，而瘦弱一点的则圈在圈中用芦苇秆、胡杨枝喂养。到了冬天，克里雅河水的流量减少，牧民们只能用井水每天中午给牲畜饮水，因为井水也会结冰，因此需要常常清除井面上的冰块。冬季给牲畜喂水对于达里雅博依人来说是一项相当艰辛的工作。除此之外，在有些冬季，还会下大雪发生雪灾，造成气温急剧下降。冬季大雪使放牧和牲畜采食困难。有时冬季下的大雪会导致牲畜冻死。正如当地气象部门所说："当气温降到零下 20℃ 以下时，易使牲畜患病或死亡。一昼夜剧烈降温达 10℃ 以上，可能导致牲畜感冒。"[1] 这时，为了避免牲畜因为天气严寒而冻死，牧民们会加厚牲口圈的墙壁和门窗，以此来抵挡寒冷。总的来说，冬季是牧民们比较清闲的季节。

　　3 月，牧民们就要转场来到夏草场，这时春暖花开，融化了的雪水流入河流，这种水叫作"冰水"。在河水流经之前，牧民们会提前修建堤坝为灌溉草场做准备。每家每户都会在自家草场周围修建简易的堤坝。目的就是将河水引入自家的草场。为了避免河水随意流淌，人们在河岸边的一些地方堆起土堆或者树枝。每年的 3 月中旬左右，胡杨树就开始发芽了，到了 4 月上旬，所有的植物都冒出了绿芽。4 月中旬，草场就会被绿色覆盖，牲畜们就可以吃上新鲜的嫩草。也是在这个时节，胡杨的叶子就长出来了，牧民们每天都砍些胡杨的枝叶来喂养牲畜。这种用胡杨树的枝叶喂养牲畜的劳作一直要从 4 月延续到 10 月下旬胡杨树叶落尽为止，这是达里雅博依人比较独特的一种饲养方式和畜牧习惯。这种劳动，需要爬到胡杨树上，用斧头将胡杨的一些枝叶砍下，因此多由男性来完成。

　　从 4 月上旬直到 5 月，牲畜们就开始陆陆续续地产羔，这段时间被称为春季产褥期，也是一年当中最主要的产羔时期。这一时期产下的幼畜被称为"阔尔番"（köpä）。母羊受孕到产羔时间间隔通常为 5 个月左右，山绵羊产羔大多数是一年一胎、一胎一羔。100 只羊中只有一两个产双

---

　　① 和田行署气象处农气区划办公室、于田县气象站编：《新疆维吾尔自治区于田县农业气候手册》，内部资料，1984 年，第 52 页。

羔，也有个别的羊一年产两胎。接羔时期牧民要特别注意观察，夜间也要起来照看四五次，以免夜间产羔无人照顾造成幼畜死亡。随着春季产褥期的到来，母畜们也开始产奶。达里雅博依人一般不挤绵羊的奶，在调查过程中牧民们解释说，这是因为达里雅博依的绵羊很顽劣，乱踢乱撞不让挤奶人靠近。而山羊就要老实许多，挤山羊的奶也比较容易。一般每天傍晚挤一次，这项工作由妇女来完成。母山羊与羊羔要隔开饲养。在羊圈里专门隔出一小块地方圈羊羔，这块地方叫作"栏圈"（katak），母羊留在外面。每天早晨母羊放到草场吃草，到了下午自己回来，这时妇女们就开始进圈挤奶了。挤奶一个人就可以，有时两人一起挤，一人抓住山羊，另一人挤奶。挤完奶后，再将小羊从"栏圈"里放出，小羊会整晚待在母羊身边吃奶。第二天早晨再将小羊圈进"栏圈"，这叫作"栏羔"。这也算得上一项劳作。挤奶一直要持续 3 个月（直到母羊的奶水减少了或者没有了为止）。到了 4 月，为秋季产羔做准备，牧民们将公羊放出和母羊配种。一般 10 到 30 天母羊就可以配上种，之后公羊又要隔开喂养。4 月底至 5 月底，这段时间，牧民的主要工作之一是剪羊毛和刮山羊绒。由于这时天气已经逐渐转暖，剪了旧毛牲畜不会冷。只有在 5 月才可以刮羊绒，一只山羊可以出 100—150 克山羊绒。刮山羊绒要使用一种类似于微型耙子的工具。羊毛一年剪两次，5 月剪下的羊毛叫作"春毛"，剪羊毛要使用专门的羊毛剪。这个季节是牧民们大获丰收的季节。

　　个案：（买提库尔班·买提热依木，男，60 岁，第三小队居民）剪羊毛要等到 4 月新草长出来后，让羊美美地吃上一个月，才能剪羊毛和刮羊绒。也就是在 4 月 20 日到 5 月底期间，因为这个时候羊的毛和绒也会生长。羊生下最起码要等到四五个月大的时候才能剪羊毛。山羊要等到两岁大才能刮羊绒①。

牧民要用剪下的绵羊毛擀成羊毛毡或者织成毛毯，用山羊毛编成毛绳，因此这几个月也是达里雅博依人和外地商人们买卖货物的时期。牧民们可以用畜牧产品换取面粉、布匹等生活必需品。4—5 月是牧民最忙碌的时间，在此期间，除了要从事接羔、挤奶、配种、剪羊毛、刮羊绒等季

---

① 2011 年 10 月 27 日笔者在达里雅博依乡的访谈记录。

节性的畜牧劳作之外，还有给羊打耳戳、阉割公羊等事情要做。因为，春天的天气不冷不热，打耳戳和阉割的伤口可以很快愈合。达里雅博依地区春季多风，大风吹走羊群，且易使牲畜在沙漠中丢失。在这种情况下，牧民就要多清点羊群。平时一天看一次就行，在多风的春季牧民一般一天要查看两到三次。

6月，牧民主要的工作有查看羊群，每天喂一次胡杨枝，每天喂一次水等。6月是牧民生活较悠闲的一段时间。在这一时期没有什么紧张的劳动，牧民们在这段时间里主要用井水来饮牲畜，每天只需饮一次。当牲畜们吃饱了草或者渴了的时候，就会回到圈里或者到井边，这种现象当地人叫作"艾其库曲西提"（ächkü chüshti 意为"羊回来了"）。达里雅博依人在饮牲畜这方面也有独特之处，牧民们在水井旁放上一个用胡杨树干凿成的水槽，牲畜们就在水槽中饮水。水槽一般长度为2.5米至3米，宽30厘米，深30厘米，倒满需12—15桶水。根据牲畜数量的多少，多次蓄水。井水必须要下到井中提出，2—8米深的水井中只有一个独木梯，从水井中打出水饮牲畜也是非常困难。查看畜群也是达里雅博依人比较特殊的一种习惯。一般情况下，畜群每天早晨放去草场吃草，晚上就会回来，但是夏天的时候，有些牲畜晚上就不回圈，而是随便找个地方休息。牧民们每天早晨要到牲口圈里去查看一遍，到了晚上还要去看看牲畜们是否都回圈了。如果有哪只羊没回圈，就有可能是进到别家的草场了或者走丢了，也有些牲畜会因为追逐水草而跑得太远，牧民就要跑上几千米甚至十几千米把它们找回来。

图 2-2　从水井提水喂羊

　　7月、8月一到，达里雅博依的牧民们又开始忙碌起来，从这个时候起就要为牲畜准备过冬的饲料。7月中旬牧民们就开始忙着割芦苇，这一劳动被称为"皮羌沃如西"（pichan orush 意为"割芦苇"）。割好的芦苇是牲畜们过冬时的主要饲草。割芦苇可以称得上是达里雅博依人最为繁重的一项劳动，要在天气最为炎热的7月、8月进行。达里雅博依人中广泛流传的"哭着过夏天，笑着过冬天"这一谚语也说明了割芦苇这项劳动的艰辛和重要性。割芦苇男女都要参加，因为只有割足够的芦苇，才能保障牲畜安全过冬。一般会根据牲畜的数量准备几百捆的芦苇。如果芦苇滩离牲口圈比较近的话，割好的芦苇就可以堆放在原地，冬天的时候只需每天去取上几捆即可。如果芦苇滩较远，就需要用骆驼或者驴车将芦苇捆驮到牲口圈里。割芦苇一直要持续到10月。据当地人介绍，割芦苇必须要赶在芦苇干黄之前割掉，牲畜们不吃干枯了的芦苇。8月，牧民们还会砍下胡杨树细嫩一些的枝叶，晒干了做冬饲料。砍胡杨树枝叶也有讲究，要看树的枝叶是否茂盛，比如说，一棵胡杨树有12个枝杈，最少要留6枝，其他的才能砍。砍下的枝杈中再挑一些比较细嫩的运回，晒到牲口圈旁边一个1—2米高的木头架子（当地人叫作 jän）上面或者牲口棚的上面。这种劳动被当地人称作"卡可他克里希"（qaqta qilish 意为"晒草"）。晒草从8月一直持续到10月中旬，最迟到胡杨树的叶子干枯前就截止了，也是男女共同劳作。这实际上也是达里雅博依人一种较为独特的畜牧劳动，与割芦苇同等重要，达里雅博依人对此十分重视。每家都会根据牲畜的数量准备几十到几百捆，备好的这种冬季饲料，可以保证牲畜从12月到

图 2-3　在芦苇滩割芦苇

来年开春新草长出一直有草吃。7月、8月也会有少数的牲畜产羔，这一季节产下的幼畜被称为"散散"（sänsän），一般数量不会太多。

每年的7—8月，当盛夏雪山消融时，克里雅河流量充沛，山洪暴发，洪水流经达里雅博依绿洲及以北沙漠地带。洪水过后，沙漠中、胡杨林里就会留下大小不等的湖水，当地人把这些湖水称为小海子。小海子也是达里雅博依人维持生命的源泉之一。洪水期间，因为河水、湖水以及小海子里水量丰富，牧民就将牲畜赶到水源边上去饮水。这段时间里，牧民们比较重视的一件事情就是每天两至三次到草场去查看畜群，这是因为在洪水到来的时候，牲畜陷入泥滩溺死的事情常有发生。一般掉入泥滩中的牲畜不出半天就会死去。在洪水到来之前，牧民们还会组织起来，在可能被河水冲垮的河岸上用土堆修成简易的堤坝并且将河水引进自家的草场。

9月、10月是达里雅博依人收获的季节，同样也是畜牧劳动较为繁忙的时期，在这段时间里割芦苇、晒干胡杨树叶等储备冬饲料的工作还会继续。与此同时，牧民们还要接着割冬草场上没有割完的芦苇，将一些生长的比较矮小的小芦苇割下放在原地，这些芦苇不收起来，就留在原地晒干。这种芦苇叫作"恰其马可里希"（chachma qilish）。同样也被当作牲畜的冬饲料。当冬天牲畜来到冬草场时，自己就会找着吃这种晒干的芦苇。

> 个案：（艾合买提·斯迪克，男，34岁，第五小队居民）如果割好的芦苇运不完，可以将一些留在原地，到了冬天的时候牲畜自己就会吃掉。有的时候我们也会将一些长得不好的芦苇这样处理，但是一定要赶在芦苇长老之前割下，要是等到变老变黄了，牲畜们就不吃。有些牧民会将草场的一片围起来，等到冬天放牧的时候用，夏天的时候不让牲畜进去吃草。将秋天割好的芦苇就扔在里面，冬天的时候就可以在里面放牧了①。

这个季节同样也是牲畜秋季产羔的季节，是一年中第二大产羔旺季。9月直到10月中旬，牧民们都忙于接羔。9月中旬到10中旬还要给羊剪羊毛，这个季节剪下的羊毛叫"秋毛"。之后就不能再剪毛了，因为10

---

① 2012年1月8日笔者电话访谈记录。

月中旬以后，达里雅博依乡的天气就开始渐渐变冷，再剪羊毛就不能抵御寒冷了。10月的时候为了来年春天产羔做准备，牧民筹备让母羊配种。这一时期是牧民们秋收的季节，人们用牲畜、羊绒、羊皮等物从县城的商人那里换取所需的物品。牧民们还用羊毛、羊绒制作羊毛毡、羊毛毯等。用羊皮制成皮袄、皮裤等冬衣。10月，秋水就会流入河流，因此，人们会在秋水到来之前修建堤坝，为灌溉草场而做好准备。

11月冬季来临之前，女人们要提前准备好全家人过冬的衣服，如棉衣、棉裤、毡袜、毛袜等。11月底，牧民们开始陆续向冬牧场迁移。并且开始加固羊圈，以抵御冬季的寒冷。11—12月是牧民比较悠闲的一段时间。

12月，牧民们主要的工作是在冬草场上放牧或者用秋天准备好的胡杨枝叶、芦苇草等喂牲畜。

从畜牧业生产周期的结构来看，畜牧业与气候和自然资源等环境条件的季节性有着直接的关系。

三　家畜管理

正如石田英一郎指出，"游牧民族的畜群，是一个活的肉、乳、毛、皮的'贮藏库'，人类的智慧，在于有计划地增加这一'贮藏库'的数量，并改良其品种"[①]。埃文思－普里查德在其著作《努尔人——对尼罗河畔一个人群的生活方式和政治制度的描述》中关于非洲游牧民族努尔人这样写道："他们唯一感兴趣的劳动便是照顾牛。他们不仅靠牛来获取生活必需品，还以牧人的眼光来看待世界。牛是他们最心爱的财产，他们情愿冒生命危险来保护自己的牛群或窃夺邻人的牛群。他们的大部分社会活动是与牛有关的。因此，对于那些想要了解努尔人行为的人来说，最好的建议便是去看他们的牛。"[②] 同样作为一个畜牧人群，达里雅博依人生计中没有比牲畜更重要的东西了。羊群是达里雅博依人生活的中心。畜牧业与达里雅博依人的衣食住行等基本生活保障息息相关。除了乳汁、肉类、皮革和羊毛以外，牲畜还为他们提供了大量的家庭必需品。牲畜是他

---

① ［日］石田英一郎等：《人类学》，金莎萍译，民族出版社2008年版，第126页。
② ［英］埃文思－普里查德：《努尔人——对尼罗河畔一个人群的生活方式和政治制度的描述》，褚建芳译，华夏出版社2002年版，第20页。

们的货币，家畜和畜牧产品可以代替货币，与外地商贩交换生活必需品。牲畜既是他们生产资料，也是生活资料，既能繁衍增长，又能便利地提供生活所需，十分有利于达里雅博依人在特干旱地区的生存和发展。因此，他们将所有的精力集中于对牲畜的管理。他们的大多数生产和生活劳动都与牲畜有关。达里雅博依人每天清晨起来后的第一件事就是去查看牲畜，夏天的时候到牲口圈里去看看牲畜是否都从草场返回，如果有牲畜不见了，就立刻到草场上去找。冬天的话，起床后就先给牲畜们喂草。放羊是他们日常生活的主要内容。他们建造羊圈、打扫畜栏都是为了给作为他们生计中心的牲畜创造更好的条件；他们甚至会为了保护畜群而与野兽搏斗。因地处塔克拉玛干沙漠腹地的达里雅博依绿洲降雨量和水文条件不允许种植牧草，因此当地的畜牧业完全依靠天然牧草。严酷的生存条件使当地牧业生产具有了一些特点。牧民在缺水缺草的天然沙漠牧场放牧非常辛苦，要同风沙、炎热、酷冷、野兽等做斗争，积累了丰富的放牧经验。从放牧和饲养方式、牲畜的分类和称呼、调整家畜的数量和雌雄比例、防护兽害、利用畜产品等各方面，均体现了特干旱区人们对自然生态环境的谨慎适应与合理利用的特点。为了便于叙述，下面我们简要地介绍其中较为典型的几点：

1. 从放牧和饲养方式而言，本地放牧方式大体上以混合放牧和分群放牧为主。放牧的方法因时间和空间以及牲畜种类的不同而不同。一般来讲，不同季节有不同的放牧方法。针对不同的畜种也有不同的放牧方式。

当地牧民在草场放牧时一般会将几种畜种混放，例如在春季到秋季这一水草丰沛的时间，他们将牲畜赶到草场，让它们自行吃草。从4月到10月胡杨树叶干枯的这一期间，牧民们每天给牲畜们喂一次砍下的胡杨枝叶。对于水草稀缺的达里雅博依地区来说，用胡杨枝叶饲养牲畜已经成为当地一种独特的畜牧方式。当地的牧民不需要向其他畜牧民族那样从早到晚赶着牲畜到处觅草，牲畜吃足了以后，自己就会回到房子周围或者牲口圈里，有些畜群两天从草场回来一次。牧民每天只需做一些喂水、清点羊数、喂枝叶这样的事情就可以了。在达里雅博依地区牲畜饮水的方式也会跟着季节地变化而有所不同。在河水充足的夏季，牲畜们被赶到河边、湖边去饮水，河水减少或者干涸了的季节就用井水来喂养。一种是从草场上专门挖好的水井中提水；另一种则是水井就位于牧民住所附近，牲畜们口渴了自己就过来饮水。春、夏、秋几个季节，牧民们多用此种方法饮牲

图 2-4　在河边放羊

畜。到了冬天，牲畜被赶到草料相对多一点的冬草场饲养，这段时间牧民会赶着牲畜从一个草场到另一个草场，并且与给牲畜投喂草料的方法相结合进行喂养。冬天的时候牲畜主要饮用井水。

　　分群的饲养方式有公母分群、大小分群、畜群分群、特殊分群四种。公母分群的目的在于控制配种和抓膘。关于这一点，当地人接受笔者访谈时是有如下解释：

　　个案一：（苏皮·喀斯木，男，50 岁，达里雅博依乡畜牧站前任站长）如果将公羊随便放出来，母羊产羔的时间就会不统一。因此人们大都会分季节地将公羊放出来配种。如 9 月开始配种，母羊在一两个月之内就可以配上种，到了来年的春天产羔。3 月开始配种，母羊会在 9 月、10 月产羔。其他的时候公羊和母羊会被隔开饲养①。

　　个案二：（买提库尔班·买提热依木，男，60 岁，第三小队居

----

① 2011 年 10 月 25 日笔者在达里雅博依乡的访谈记录。

民）怀羔的绵羊和山羊都是满五个月到了第六个月的第三四天产羔，一般产羔时间是每年的 9 月 15 日至 10 月 15 日，这是秋季产羔期。每年的 3 月至 4 月中旬的春季产褥期是接羔最多的时间。这段时间也是一年中最主要的接羔期。冬天和夏天也有幼畜出生。但是最好的产羔时间还是春天和秋天，尤其春天最适合。这时候产下的羊羔白天晒不着，晚上冻不着，而且这个季节新草也都长出来了。所以我们牧民都喜欢在春、秋两季接羔，一般都会有计划地让公羊和母羊配种。我们不喜欢在其他的两个季节接羔。夏天和冬天都因为太热或者太冷而不适合产羔，非常不方便。有些羊也会在冬季产羔，那时因为母羊在草场吃草时，与别家的公羊配上的种。冬天产下的羊羔，只能放在挖好的地窝子里养①。

公母分群的另外一个目的是让母羊有计划地产羔，这同样也与达里雅博依地区特殊的气候环境和植物的季节性有关系。因为如果将公羊随意地放开，母羊就有可能在炎热的夏天或者寒冷的冬天这类不适合产羔的季节生下羊羔。这样一来不光幼畜很难成活，而且还会因为冬季严重缺少饲草，母羊和幼畜都饿死。一般情况下，有经验的牧民都会将母羊产羔的时间安排到春、秋两季，因为这两个季节饲草有保障。因此，达里雅博依人的接羔活动具有相当明显的时空特征。根据当地牧草的季节性、气候特征和家畜的繁殖、生存规律，他们将接羔时间划分为两个季节。一是春季接羔期即 4—5 月，这是接羔的最佳季节。另一个是秋季接羔期即 9—10 月。因此，牧民为了让母羊在来年春季的 4 月产羔而选择在 10 月配种，如果是秋季（9 月）产羔，就选择 3 月、4 月进行配种。只有在这些时候公羊才会与其他的母羊混在一起养，其他的时候都是隔开饲养的。

大小分群是指母羊产羔后在一段时间内将母羊和羊羔分开饲养。分群的目的一方面是防止羊羔被大羊踩伤或踩死，另一方面是获取母羊的奶水。

个案：（喀斯木·伊斯拉木，男，50 岁，第五小队居民）5 月产下的山羊羔用胡杨的枝叶饲养一两个月，也就是说一直要喂到 6 月

① 2011 年 10 月 14 日笔者在达里雅博依乡的访谈记录。

底。这段时间里，每天晚上将山羊羔赶到母羊身边，到了早晨再隔开。每天早晨或傍晚挤一次母羊奶，一般都是挤完奶后再将山羊羔赶到母羊身边。母羊白天的时候到草场去吃草。山羊羔差不多两个月大的时候，也就是到了7月、8月的时候，就可以放到草场上用胡杨枝叶喂养了。因为，7月、8月的天气十分炎热，如果这时候跟着母羊一起到草场上吃草的话，小山羊会因为体力不支而中暑或生病。在比较炎热的天气里，小山羊也要分开喂养。从9月开始，小山羊就可以跟着母羊一起外出吃草了。因为一方面天气也不是太热了，另一方面小山羊也长大一些了。9月、10月出生的山羊羔，先要在圈里面喂上一两个月，然后才能放到草料比较充足的草场上去吃草。如果草场上的草料不是很多，那就一直要圈养到开春时节。绵羊和山羊的情况有所不同，绵羊羊羔生下只需要照看两三天，之后就可以跟着母羊外出吃草了①。

对山羊进行大小分群的这种饲养方式跟牲畜的生长特点有着直接的关系，因为刚出生的幼畜尤其是山羊羔特别虚弱，必须得分开喂养。山羊羔一般要等到四五个月大，才能跟大羊一起喂养。除此之外，这种饲养方式不光可以有效地利用母羊的奶水还可以确保羊羔的成活。如果不将山羊羔从母羊身边分开，它就会将母羊的奶水全部吃完，有时会因为吃得太多而撑死。这同样也是牧民们考虑到达里雅博依地区的酷暑和严寒以及为了避免狐狸、野猪等野兽攻击幼畜而想出来的办法。为羊羔过冬而准备的羊圈叫地窝子。夏天的羊圈建在胡杨林中的荫凉之地，叫作栏圈，夏天小羊就在这里喂养。

畜群分群：由于不同的牲畜有着不同的生活习性与生活节奏，个别情况下只能分开喂养。牧民一般对绵羊和山羊进行混养。但是，绵羊和山羊的羊圈要分开，因为有时山羊会将绵羊抵伤，所以要将它们的羊圈分开。

特殊分群：一般会将老弱病残的牲畜、快要产羔的牲畜等分开喂养，尤其是为了能让老弱病残的牲畜安全过冬，牧民们会将它们圈起来进行特别的照顾，不会放它们外出觅草。为这些羊搭建上面有棚、风雪吹不进来的羊圈。除此之外，对于那些即将产羔的母羊，也因为担心外出吃草时将

---

① 2011年10月22日笔者在达里雅博依乡的访谈笔记。

羊羔产在外面，而专门地圈在羊圈里喂养。山羊虽然非常耐炎热，但是却不抗冻，冬天的时候特别容易生病。为待产羔的山羊和小羊准备的羊圈，叫"地窝子"（gämä），这种羊圈比较暖和。牧民们会特别照顾即将产羔的母山羊，特别是在冬季，一晚上要查看好几次，生怕产下的羔羊因为没人照顾而冻死。一些死了母羊或者母羊没奶水的羊羔有时还要带到有火炉的屋子里养。综上所述，达里雅博依人正是以当地的实际情况为出发点，采取了不同的饲养方式和管理方法。

此外，达里雅博依人还有以畜管畜的放牧方式，即牧民给羊群中最善走的绵羊或山羊脖子上挂个铃铛，当牲畜在牧场上吃草时，铃铛便会发出叮当的响声。这主要是为了在广袤的胡杨林中能够识别羊群的位置，预防野兽的袭击。平均50只羊中有一头羊挂着铃铛。羊群从牧场返回羊圈时，其他羊都跟着挂着铃铛的头羊走。这里还有一种独特的放牧习俗就是通过吆喝来寻找或者召集羊群，牧民只需要上到一些较高的沙丘上大声地吆喝，吆喝山羊是"齐可齐可"（chig-chig），绵羊则是"都吾都吾"（düw-düw），一听到这样的声音不管多远羊群都会赶过来。

2. 家畜分类和命名：达里雅博依人一般通过给羊打耳戳和命名的方式管理羊群，在这方面他们积累了较为丰富的经验。打耳戳是为了将自家的羊与他人家的羊区别开来，而给羊命名则是为了便于自家人认羊。

打耳戳是达里雅博依人从古代流传下来的认羊术。羊印是在绵羊和山羊的耳朵上刻上不同的形状。牧民常常给自家的牲畜做上记号以便于分辨。达里雅博依人给牲畜打耳戳的方式较多，主要有凹形的、双凹形的、切割开的（用锋利的刀子快速割掉）、切片等几种。所有的牧民都用这几种打耳戳的方法，只是用法不一样，比如说有些是在羊的左耳朵上刻上印记，有些则在羊的右耳朵上刻印，有些同时刻上不同的两种印记，这样从一种打耳戳的方式中又延伸出了另一种。其结果各家畜群都有与别家不同的耳戳。牧民一般都能识别出邻家畜群的印记，如果遇上走丢的牲畜，就可以根据羊的耳戳认出谁是羊的主人。

一般羊羔长到5—6月后，牧民就要给它打耳戳。冬季不能给牲畜打耳戳，是因为怕牲畜耳朵冻坏。打耳戳不仅是达里雅博依人的一种特殊的牧羊制，而且是每一家族的家族流传制。父亲过世，家里的某一个儿子就沿用这家的印记。以此类推，这个印记会一直沿用下去。羊耳上的印记不光是达里雅博依人的一种牧羊术，也是一个家族的象征和标志。

在大多数畜牧社会中，牧民对家畜的分类特别重视。达里雅博依人以羊的年龄、雌雄、毛色、习性、是否阉割、是否有生产经验和其他一些特点为依据，对山羊和绵羊进行了非常详细的分类，并且都有称呼。具体情况见表2-1：

表2-1　　　　　　　　达里雅博依人对绵羊和山羊的分类

年龄、雌雄 畜类	出生—15 天	15 天—1 岁	1—2 岁		2—6 岁	
			母	公（阉割）	母	公（阉割）
绵羊	阔扎（qoza）	巴卡（baqa）	托合拉（toxla）	艾热克切克（erikchäk）	萨格力克（saghliq）	艾热克（erik）
山羊	吾格拉克（oghlaq）		奇皮士（chepish）	艾克察克（äkichäk）	艾其库（ächkü）	艾尔克什（ärkäsh）

按接羔时间的不同，羊羔有不同的称法，如春羔叫"阔尔派"（köpä）、夏羔为"散散"（sänsän）、秋羔为"库在克"（küzäk）、冬羔为"其力拉"（chillä）。

按牲畜是否有生产经验也有不同的命名，"波哈子"（怀有羔羊的绵羊或山羊），"苏瓦依"（公羊或没产羔的母羊），"亚特玛"（羊羔被宰杀了或是死了后，奶水干了的母山羊），"图合马斯"（不生羔的绵羊或山羊），带羔的山羊（带有羊羔的母山羊）。

此外，牧民还有按照牲畜的毛色、习性以及腿、尾、蹄、角、眼、眉等部分的某种特点命名的习俗。达里雅博依人饲养的绵羊大都为白色或灰白色，头带犄角。除此之外，也有黑色和黄色的羊。山羊多为本地的绒山羊，颜色以白色、黄色和黑色为主，也都带犄角。通常首先以绵羊和山羊的毛色或身体不同部分微妙的颜色差别为标记，如黑羊、灰白羊、黑头羊、黄头羊、蓝头羊、斑头羊、黑嘴羊、黑头白眉羊、黑尾羊、斑尾羊、斑腿羊、斑脖子的羊、西尕（整个身体颜色淡黄色的山羊）等。其次，根据羊身上各部分的形状来描述它们。如按犄角的特色，有长角羊、无角羊、扁平角的羊等；按绵羊尾部（山羊尾部基本上没有差异）形状差异，有短尾羊、长尾羊、叉尾羊、坎土曼尾的羊等。按蹄子形状，有长蹄羊、畸形蹄的羊等。按其他特点则有小耳朵的羊、单眉羊等。再次，按羊的习性来描述它们又可分为善走的羊、好睡的羊、爱叫的羊、爱牴的羊等。还可以根据曾经发生在羊身上的一些事情来给它们命名，如逃到坡上的羊、腿断了的羊，等等。或者也可将羊的毛色和体态特征结合起来的命名，如无角的黑山羊、无角的黑头羊、无角的白羊、有角的黄头羊、有角的灰白色山羊等。更或者直接将羊的年龄、公母、毛色和其他的一些特点全部整合起来，给羊命名，如：qara bash taz chepish（无角黑头的两岁母山羊）。新出生的羊羔一般会加上母羊的名字来命名，如黑头羊的羊羔，无角的白头羊的羊羔，等等。等到这些羊羔长大后，才会有单独的名字。在达里雅博依地区几乎所有的羊都有名字，并且这些名字被全家人所熟知。

　　每天清点牲畜时，牧民们凭借自己惊人的记忆，很快会发现哪只绵羊或山羊丢了，然后会尽快去寻找。牧民不管畜群数量有多大，都可以根据牲畜身上的某种特征或记号识别自己家的牲畜。给羊命名不光在寻找走丢了的羊时起到很大的作用，而且在剪羊毛、刮羊绒、产羔等畜牧业劳作中也给牧民提供很多的方便。

　　3. 调整牲畜的数量和公母比例：在牧民社会中，家畜与生态环境的关系其实是人与环境关系的一种表现形式。使合理增加牲畜的数量与生活环境的负荷力达到一种协调是达里雅博依人畜牧生产的一个重要环节，既具有经济效益，又具有生态效益。因此，他们为维持牧场和畜群的平衡而努力。在调整牲畜的数量方面具有丰富经验的一名牧民这样说道：

　　　　个案：（买提库万尔班·买提热依木，男，60 岁，第三小队居民）我们都喜欢养母羊，但是老人们却认为公羊多了羊群才会繁衍起来。也许老人们觉得公羊可以用来吃肉，母羊则可以繁衍后代，羊群同样也能壮大。每年产下的公羊羔中，牧民除了会根据母羊的数量留下几只做配种羊外，剩下的都要阉割掉。一般是 50 只母羊留一只配种的公羊，山羊也是按照同样的比例进行搭配。我们一般不会卖母羊，也很少宰杀母羊。只将那些不能产羔的或者已经老了的母羊宰了吃。自己吃或者用来卖的大多是被阉割过的公羊。太老的，我们认为过不了冬的羊就宰了或者卖掉。像一些生下来带有残疾的羊，等到大一点了，也会宰了吃掉。用来配种的公山羊老了以后，也要阉割掉，要不然肉会因为羊膻味太重而吃不成。牲畜多的家户一个月要宰杀2—5 只羊吃肉，牲畜少的人家吃肉就吃得少点。近二十五六年了，每年我都要卖掉一部分羊，今年卖掉了 43 只，平均每年最少卖掉 30

只，有些年头也卖掉过七八十只。卖羊的钱用作家庭开销和子女们的婚事花销①。

达里雅博依人一般会按照50只母羊配一只公羊的比例来养公羊，除了留下几个配种公羊以外，剩下的都要阉割掉。每家的公羊都是自家阉割，公羊羔出生三天后就可以阉割，只是不能在寒冬和酷暑两个季节进行。因此阉割公羊最适合的季节是春季。阉割公羊是达里雅博依人为有计划地繁衍和管理牲畜而采取的一种有效的措施。除此之外，达里雅博依人还会根据羊的年龄、公母、身体状况等特点来进行有效的利用。牧民们会根据自己的生活需求选择将一定数量的羊卖掉，换取别的物品或是自己消费，通过这种方式来控制羊群的数量，使草场的负荷力与畜群的数量达到平衡。

4. 消灭对畜群造成威胁的野兽：在达里雅博依地区能够对畜群造成威胁的野兽有狐狸和野猪。狐狸会偷吃幼畜。而野猪则非常凶残，一次就有可能咬死咬伤几只牲畜，给当地牧民造成很大的经济损失。每年野猪都泛滥成灾，因此打野猪也成为达里雅博依人生活中一项重要的活动。这里人们打野猪的方式非常特别。一般情况下，达里雅博依人捕杀野猪时常常有一些经验丰富的牧民现场组织或指导。听当地人说，他们先将野猪追赶至精疲力竭，然后再用红柳枝、胡杨枝等将其包围起来只留一个口子，逐渐缩小包围圈，与此同时，众人还会大声吆喝着驱赶野猪，如果野猪试图从缺口处逃出来，就有手握长矛的人等在出口处将野猪刺死。这种打野猪的活动一般由数十人参加。除此之外，当地人还用兽夹来捕获狐狸这类野兽。达里雅博依人所做的这一切都是为了保护、壮大作为他们生计来源的畜群。

5. 利用畜产品：达里雅博依人除了在上述的这些方面与其他畜牧地区有着不同之外，在利用和加工畜牧产品方面也有独特之处。畜牧"依赖于对家畜知识的了解，不用说涉及各种家畜的习性、卫生、外敌等方面。必须具备家畜的身体构造，动物各部分的价值，以及经济价值方面的相关知识。也不能忽略放牧的地形、气候、牧草等方面的知识"②。从牲

---

① 2011年10月14日笔者在达里雅博依乡的访谈记录。
② ［日］石田英一郎等：《人类学》（第26版），金莎萍译，民族出版社2008年版，第143页。

畜的肉到牲畜的粪便都被达里雅博依人有效地利用了起来，如用牲畜可以从外地商人那里换来所需的物品，或者直接当作货币使用。至今，达里雅博依民间一直都拿牲畜当货币；羊皮也可以换取物品，绵羊皮是制作冬衣不可或缺的材料，而山羊皮则可以做皮窝子，除此之外，绵羊皮和山羊皮还可以替代羊毛毡。羊皮还可以用来缝制被褥。山羊皮可以用来擦脚，当地每家都有专门用来擦脚的一块山羊皮；羊毛同样也能换取物品。绵羊毛可以织成毛毯、羊毛袜或者毛毡。将绵羊毛捻成毛线后可以用来补衣服补毛毯。山羊的毛可以编成毛绳；羊油可以制成肥皂，或者化开后点油灯也行。在早些年植物油很少的时候，羊油还是牧民们主要的食用油；羊粪的用途也很多，可以用作建筑材料，和黄泥拌在一起抹墙，这样的泥非常有黏性，不会裂缝。当地的牧民在打馕时，会用点燃的羊粪来烘烤馕坑。羊粪还可以是一种纯天然的肥料。对于达里雅博依人来说，羊的浑身上下只有羊血没有什么用处，但是对于世界上的其他畜牧民族来说，牲畜的血液也有一定的利用价值。如与东非其他的游牧人群一样，努尔人也从牛颈处取血，这在旱季里是一种补充性的食物①。但是对达里雅博依人来讲，血没有任何使用价值。这与他们信仰的伊斯兰教有关联。关于不清真的食物《古兰经》中明确地强调："禁止你们吃自死物、血液、猪肉，以及非诵真主之名而宰杀的、勒死的、捶死的、跌死的、牴死的、野兽吃剩的动物。"② 总之，牧民们除了食肉取皮之外，还通过挤奶、剪毛、利用畜粪等方式对畜牧进行了高度综合利用，这是其他生计方式无法比的。

畜牧是达里雅博依人物质生活的主要内容，但作为一种特殊的"物"，牲畜在达里雅博依人的社会生活和精神文化语境中已经超出其普通的意义范畴。在长期的社会文化进程中，达里雅博依人已经给牲畜赋予了极为丰富的文化含义。在达里雅博依人的文化体系中，牲畜已成为了一种标志性文化。即在达里雅博依人看来，一个人只有有了自己的畜群，才算是独立的生活了。达里雅博依人的子女成婚后，父母会分给子女一些牲畜让他们开始独立生活。一般是女儿分 4—15 只羊，儿子分 10—40 只羊，之后，子女们就算是分家另过了。

---

① ［英］埃文思－普里查德：《努尔人——对尼罗河畔一个人群的生活方式和政治制度的描述》，褚建芳译，华夏出版社 2002 年版，第 34 页。

② 马坚译：《古兰经》，中国社会科学出版社 1981 年版，第 78 页。

　　戴着不同羊印的畜群是家庭的象征，也是一个家族的标志。作为一种特殊的符号，牲畜在达里雅博依人的文化体系中还有其独特的社会价值。在他们的社会里，家畜作为主要的交换物品；在建立和调整人际关系方面也发挥着积极的作用。婚姻关系的缔结就是通过送牲畜做彩礼来完成的。山羊和绵羊在各种人生礼仪中皆是最高档的礼物。此外，达里雅博依人还常常在古尔邦节用绵羊或山羊来献祭。牲畜可以说是他们社会习俗的重要内容。宰羊待客是对客人的最高礼节。牲畜也是达里雅博依人社会地位和经济实力的一种体现。一个家庭的贫富常常用牲畜的多少来衡量，因此，只要不是很需要钱，当地人是不会轻易卖掉牲畜的。在分配遗产时，畜群也要作为遗产的一部分分给子女。

　　与牲畜生活相关的所有文化事项早已贯穿于达里雅博依人文化的方方面面，并且还具体地体现在了他们的精神文化层面。达里雅博依人的日常用语中就有大量的关于山羊和绵羊以及放牧的词汇。在他们民间的俗语中也有不少与牲畜和畜牧生活有关的内容。比如说，"没牲畜就如没命""后面长出的犄角要比前面长出的耳朵厉害"（"青出于蓝"之意）等。此外，笔者在调查过程中发现，达里雅博依乡有不少的地名都是以牲畜的名称或一些畜牧活动而命名的。比如，

> 艾其克吾勒干（"achkü ölgän" 山羊死了的地方）
>
> 阔西喀尔索里干（"qoshqar solighan" 圈公羊的地方）
>
> 阔西喀尔艾格勒（"qoshqar eghil" 公羊圈）
>
> 塔依拉克吾勒干（"taylaq ölgän" 不满两岁的驼羔死了的地方）
>
> 托帕克吾勒干（"topaq ölgän" 不满两岁的公牛犊死了的地方）
>
> 阿特吾特勒尕克（"at otlighaq" 马吃草的地方）

　　需要强调的是，虽然牲畜是人所役使、饲养的动物，但在牧人心目中，它们也有自己的生命尊严，这一点在当地的一些牧业禁忌中就体现了出来。达里雅博依人认为羊是从天堂来的神物，所以将其神化。一般严禁在羊圈里大小便、禁止打骂羊，他们认为羊非常伟大，一定要好好地照顾，要将羊圈收拾得跟自己的屋子一样干净。吃过的羊骨头也不能乱扔，要放到胡杨树的树洞里或者扔到专门放骨头的地方（这种地方叫作"yalaq"）。达里雅博依人相信：

如果对着羊方便，会得白内障；

如果没有净身就进了羊圈，眼睛会瞎掉；

如果羊圈收拾得很干净，羊群就会越来越多；

如果草场不好，但只要牲畜的主人对真主非常虔诚，遵教义，那他的牲畜同样也会繁衍得很好。

从这一点我们就可以看出达里雅博依人对牲畜有着一种特殊的情感。在这一地区甚至还流传着"牧民胖羊就瘦，牧民瘦羊就胖"[1] 这一俗语。由此可见，达里雅博依人多么重视牲畜。

简言之，沙漠环境支配着达里雅博依人的畜牧生活，畜牧生计也影响了他们物质和精神生活的诸多方面，甚至决定了他们的性格——好客、淳朴。对于达里雅博依人来说，畜牧文化是最重要的话题。在达里雅博依人的文化体系中，牲畜与畜牧生活相关的所有文化行为都被他们赋予了丰富的象征意义。

第二节　辅助生计：狩猎采集、贸易交换

在人类发展历史上，大多数人类群体并非只实行一种生计方式，而是将各种不同生计方式结合形成一种混合型经济模式。关于此方面 D. G. 贝茨在其著作《人类适应策略》中写道："当我们观察寻食者、初级农耕民、牧民、农耕民和工业社会时，我们很难指出其中仅采用某一种生计方式的群体。在大部分初级农业社会，人们以狩猎和采集野生食物做补充。在部分初级农业社会，人们以犁耕作补充。在有些游牧业社会中，往往伴随着打猎和采集等生计方式，且部分游牧社会中也伴随着初级农业。许多农耕民族为了获得交通运输的畜力、肉类、动物皮毛等产品而饲养牲畜。"[2] 显然，这种混合型经济方式在世界上多数游牧民族中是比较普遍的。据相关历史记载，古代北方游牧民族回纥人的生产方式虽然以畜牧为

---

① 吾买尔江·伊明：《塔里木心中的火》（维文），新疆人民出版社 2006 年版，第 204 页。

② Daniel G. Bates, Fred Plog, *Human Adaptive Strategies*, New York：McGraw-Hill, 1991, pp. 29 – 30.

主，但同时也兼狩猎和农耕，鄂尔浑河和色楞格河中上游流域，即今天蒙古国的南杭爱省、扎布汗省和巴颜匈戈尔省的牲畜最多，是汗国牧业最发达的地区。色楞格河中下游森林茂密，为狩猎区，邻近空地上也有开垦的农田①。此种混合型经济的因素也见于哈萨克族、蒙古族等畜牧民族中。此外，人类学家埃文思－普里查德的研究表明，对东非畜牧民族努尔人来说"捕鱼、打猎以及采集野果是旱季的职业活动，在这个季节当中，它们能为不充裕的奶制品提供了必要的补充。在湿季里，当这些活动不再适宜，且牛奶出产也趋于减少的时候，暴雨却为园艺创造了适宜的条件。此时，园艺将取代这些旱季职业活动"②。简言之，纵观世界各地不同人类群体的发展历程，我们可以发现，在某些社会集团的经济活动中，除了具有一种占主导地位的生计方式以外，还伴有辅助生计方式，其目的是通过不同的生计方式去充分利用所处环境中的各种资源，更好地适应生存环境。作为文化适应策略，每一种生计模式均有其优点。例如，狩猎采集生计方式以采集野生植物果实和捕获野生动物为主，而以游牧的生计方式人们则可以通过饲养和管理家畜来获取肉、奶、毛、皮血等产品。任何一个人类群体所拥有的多样性的生计方式都能够给他们带来更多的适应机会。

达里雅博依人在他们的历史延续过程中，以游牧业为主，以狩猎和采集为辅。这是他们为了充分利用自然环境提供的资源而做出的一种文化选择。除此之外，土产品交换也成为达里雅博依人在物质生活资源匮乏的环境下维持生存的重要生活方式之一。

一 狩猎采集

寻食是人类的文化适应对策中最早出现的一种形式，它包括采集植物果实、打猎和钓鱼等。狩猎采集活动的进行和发展前提要求在栖息地必须有足够的动植物资源。位于克里雅河下游的达里雅博依绿洲覆盖着大片的胡杨林，它不仅为从事畜牧业的达里雅博依人提供了较好的自然条件，而且还因为这里生存着许多野骆驼、黄羊、塔里木兔、马鹿、狐狸、旱獭、野猪、狸猫、刺猬等，而为他们从事狩猎活动提供了物质基础。由于缺乏

---

① 杨圣敏：《回纥史》，吉林教育出版社 1991 年版，第 128 页。
② ［英］埃文思－普里查德：《努尔人——对尼罗河畔一个人群的生活方式和政治制度的描述》，褚建芳等译，华夏出版社 2002 年版，第 91 页。

确切的史料，笔者无法考证狩猎采集到底是何时开始作为一种辅助的生计手段出现于达里雅博依人生活中。只是知道，在 20 世纪 90 年代之前，狩猎活动就是当地仅次于畜牧业的重要生计方式。狩猎在他们经济生活中发挥了一定的作用。

狩猎是达里雅博依人传统肉食和交换物的来源之一。为了吃肉，他们就捕猎黄羊、野兔等野生动物；为了获取动物皮毛，就捕捉狐狸。

达里雅博依人的狩猎活动属于小型的原始狩猎，从达里雅博依人狩猎活动的参与者的结构和组织形式来看，他们狩猎形式主要有个人狩猎和集体狩猎两种，一般由男子进行。即牧民们在空闲的时候在自己游牧活动的领域范围内，用捕兽夹进行捕猎。他们所能获取的猎物的种类比较少，一般是兔子、狐狸、黄羊等。这首先与他们所处环境所拥有的动物资源的种类和数量多少密切相关，关于这一点，江帆在《生态民俗学》中写道："地理区位与气候条件严格限定了每一区域内生态环境中的动物的种类、数量与分布状况，也严格限定了栖息于不同生态环境区位环境中的人类群体在食物资源与种类方面的选择。"[1] 据中法联合考察队 2001 年的调查和统计，"克里雅河下游的脊椎类野生动物约有 98 种（包括已经绝迹的几种），其中鱼类约 4 种；两栖类 1 种；爬行类约 4 种；鸟类 70 种；兽类约 19 种"[2]。从以上的统计数据可以看出，当地可供捕猎的大型动物种类更少。此外，他们还受到所信奉的宗教——伊斯兰教的制约。正如美国人类学家哈维兰指出的，"意识形态可能间接影响生存，它的影响方式的例子可以在一些文化中看到。在这些文化中，宗教可能使人们不能利用当地可获取的和有营养价值的食物。"[3] 在伊斯兰教中，由于一些野兽的肉被禁止食用，因此，达里雅博依人不捕食当地的野猪、旱獭、狸猫、刺猬等野生动物，只捕食被认为是清真的黄羊、兔子等动物。虽然，达里雅博依人的狩猎活动范围较窄，但是狩猎在他们的经济生活中发挥着一定的作用。"从不同食物获取方式的差异来看，食物短缺在狩猎采集者、初农生产者

---

① 江帆：《生态民俗学》，黑龙江人民出版社 2003 年版，第 162 页。

② 马鸣、Sebastien Lepetz、伊弟利斯·阿不都热苏勒、刘国瑞：《克里雅河下游及圆沙古城脊椎动物考察记录》，《干旱区地理》2005 年第 5 期。

③ ［美］威廉·A. 哈维兰：《文化人类学》（第 10 版），铁鹏译，上海社会科学院出版社 2005 年版，第 168 页。

和工业化生产者中不常见，却在牧民中常见。"[①] 这种现象在以畜牧业生产作为主要生计方式的达里雅博依人中也是比较普遍的。

达里雅博依人对于打猎活动就如同从事畜牧业一样，也具有一定的技能和经验。他们了解和掌握了所要猎取动物的生长习性、活动规律和当地的环境状况，并在此基础上制作出了简单而实用的猎具，形成了当地独具特色的狩猎习俗。通过调查获得的相关资料我们可以知道，达里雅博依人的打猎方式以个人打猎为主。他们捕猎所用的工具十分简单，且种类不多，就是捕兽夹和棍棒。捕兽夹的大小取决于所要捕获的动物大小，可分为两种，如用来捕兔的捕兽夹较小（见图2-5），而用来捕狐狸和黄羊的捕兽夹相对就要大。他们依据这些动物的生活习惯，在这些动物经常出没的地方布下捕兽夹，第二天去看是否动物被夹住。由于他们所使用的工具比较简单，只能捕兔子，而兔子繁殖比较快、数量多，所以兔子在达里雅博依人猎物中所占的比例相当大。除此之外，他们还用夹子和棍棒来捕获狐狸和黄羊等较大型动物。狐狸和野猪被认为给达里雅博依人的畜牧业带来了负面影响，因此会捕抓这两种野兽。但是达里雅博依人没有捕猎飞禽的习惯。

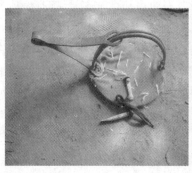

图2-5　达里雅博依人的狩猎工具——qismaq

在达里雅博依人的经济活动中，除了捕猎以外，也有小规模的采集活动。植物性食物的多寡一般是由生态环境所决定的。塔克拉玛干沙漠恶劣

---

① 参见董欣宾、郑奇《魔语：人类文化生态学导论》，文化艺术出版社2001年版，第75页。

的环境决定了其动植物资源的种类和数量都特别少。除了沙枣树之外，这里没有其他植物性食物。沙枣一般是在 9 月进行采集，且可食用好几个月。据当地的居民讲，他们有时还采集胡杨碱①和红柳花②等具有药用价值和其他使用价值的原材料，用这些土特产与外来的商人交换粮食。在他们的生存环境中生长的还有大芸③、甘草等沙生药用植物，达里雅博依人也会用这些野生植物与外地商人进行物品交换。他们特别重视对大芸的收集和销售，如今大芸采挖和销售在他们经济生活中已占到一定的比重。他们还从附近的沙丘中挖土盐食用，他们的这种习惯延续至今。

二　物物交换

在世界各地都有许多人群在他们生计活动中还依靠与其他群体的贸易交换。"扎伊尔的俾格米人被称为是自给自足的猎人，但他们把鹿以及其他猎物与来这里的商人或与他们临近居住的班图人和沙特阿拉伯人的农产品或他们制造的食品进行交换。"④ 根据理查德·李的调查，被桑人发现并命名的植物和动物有近 500 种，其中他们利用的植物有 150 种，捕猎的动物有 100 多种。他们用采集捕获的动植物换取制作小刀、锥子、箭头、矛等工具所需的铁。如果不算这个的话，他们算是依靠自己所拥有的丰富的环境知识为生的自给自足的人群⑤。简言之，即使是以原始采集狩猎为主的自给自足的民族也会不同程度地与其他人进行物品交易或交换。

在学术界对人类生计方式的研究中，对于畜牧业是否是一种自给自足的生产方式仍然是有争议的。通过观察许多畜牧民族的生活，我们很容易

---

① 胡杨分泌树脂即灰色的生物碱结晶体——碳酸钠，称"胡杨碱"或"胡杨泪"，当地人称它为"toghrigha"，可食用及用来蒸馒头，也可用于制作肥皂的原料。它还具有清热解毒、制酸、止痛之效。

② 当地人将红柳花称为"达瓦"（dawa），它主要是作为棉布的染料剂。

③ 大芸亦称肉苁蓉，素有"沙漠人参"之美誉，是中国西北干旱地区特有的沙生药材，有补肾阳、润肠通便等功效。当地人称为"土西坎在代克"（toshaqanzädiki"兔子爱吃的萝卜"之意）或简称为"在代克"（zädäk）。

④ Daniel G. Bates, Fred Plog, *Human Adaptive Strategies*, New York: McGraw-Hill, 1991, p. 37.

⑤ Edited by Richard B. Lee and Irven DeVore, *Kalahari Hunter-Gatherers: Studies of the ! Kung San and Their Neighbors*, Harvard University Press, 1976, p. 37.

就能发现他们都不同程度地依赖且与周边民族进行贸易或交换。这种关系我们一直可以追溯到中国古代，如北方游牧民族与中原农耕民族之间具有连续性的贸易关系，鄂尔浑回纥汗国与唐朝之间的绢马交易等都能够证明这一点。除此之外，这种现象在世界其他地区的游牧民族中也同样存在。例如，对于沙特阿拉伯的游牧民族 Al Murrah 来说，骆驼奶是他们必不可少的一种食品，他们把骆驼奶与椰枣、大米和面包一起食用。在他们的食品中除了骆驼奶之外，其他食物都是从别处交换而来的①。此外，生活于土耳其西南的约鲁克人（Yörük）把奶子、黄油、奶酪、酸奶等畜产品中很少的一部分自己食用，剩下的大部分畜产品同羊毛和母牲畜一起售出，再用卖得的钱币来购买自己所需的物品；如购买作为他们主体食物的粮食和其他农产品等。月鲁克人不仅通过市场贸易出售牲畜再购买所需的粮食，而且在租用放羊所需的草场方面也要依靠市场②。由此可见，在许多畜牧社会中，畜牧业不再是自给自足的生计方式。有些游牧社会中，牧民从非畜牧资源中获得的物品甚至要比他们从自己的牧群中所得的更多，是因为"畜牧生计的一个共同点是产品的单一和不易贮存。这就使得它对农耕社会的贸易来往产生了强烈的需求"③。同样，生存在世界最干旱的沙漠地带之一的达里雅博依人，在他们生计活动中，也像其他游牧民那样离不开贸易交换。他们以从畜牧业、采集和狩猎得来的产品与农区换取生活必需品，以补充生活的不足。具体来讲，就像上文所解释的那样，首先，因为达里雅博依人所饲养的畜种以绵羊和山羊等小型牲畜为主，所以他们从这些牲畜中所能获取的奶量就比较少；其次，他们依靠打猎和采集所获取的食物也不太多。这些因素都迫使生活在不适宜农耕的达里雅博依地区的人们，为了解决生存所需要的粮食而与农区居民进行贸易或交换。除了粮食之外，衣料及其他许多生活用品、生产生活工具也要通过与农耕民进行交换来获得。对于达里雅博依人在新中国成立前的贸易和交换情况，笔者通过访谈了解到：

---

① Daniel G. Bates, Elliot M. Fratkin, *Cultural Anthropology*, Boston：Allyn and Bacon, 2003, p. 210.

② Daniel G. Bates, Fred Plog, *Human Adaptive Strategies*, New York：McGraw-Hill, 1991, p. 105.

③ 林耀华主编：《民族学通论》，中央民族大学出版社 1997 年版，第 90 页。

案例一：（热孜丁，男，103岁，木尕拉镇安达尔湖村村民，曾在达里雅博依乡生活）一直以来达里雅博依乡居民食用的面粉、食油、小米等都是从于田县（当地人称于田县为"känt"）买回来的。我们这里只有富人才有铜币、银币等；这些货币只有在那些富人手中才可以看到。买卖粮食只在于田县的集市中进行。当时有专门骑毛驴到达里雅博依地区的粮食贩子。那个时候，六岁的一只羊能换4—5查拉克①玉米面和3查拉克白面②。

个案二：（白克拉洪·台克，男，101岁，达里雅博依乡第三小队居民）由于我们这里不种粮食，面粉从外地运来。所以粮食比较紧。以前，一只羊能换7—8查拉克面粉，县里的商人也有运面来卖的。那时1查拉克羊毛17—18块，1查拉克羊毛能换8—9查拉克面。有时自己也去县城买面粉。现在乡政府附近的商店就有面粉，人人都可以随便购买③。

达里雅博依人20世纪50年代至建乡（1989年）期间的贸易交换情况如下：

个案一：（苏皮·艾合买提，男，77岁，第四小队居民）早些年本地没有手艺人，铁匠、铜匠、制毡人、皮匠都是从于田县来的，比如说县城的制毡人，每年来一次，用我们收集到的羊毛给我们制毛毡。如果我们想到县里去购买毛毯的话，会因为牲畜需要照顾而去不了，所以我们会让这些匠人多帮我们制作一些我们所需的东西。然后用一只羊作为他们的工钱。在当时5—6斤羊毛能换一把斧头④。

个案二：（阿布都拉·克热木，男，60岁，达里博雅乡前任乡长）在达里雅博依有一个于田县商业合作社开的商店，由一个叫托

① 查拉克：维吾尔族传统的重量单位，在达里雅博依人中1查拉克等于17斤。
② 2010年8月25日笔者在于田县木尕拉镇的访谈记录。
③ 2011年10月6日笔者在达里雅博依乡的访谈记录。
④ 2011年10月20日笔者在达里雅博依乡的访谈记录。

平提·斯迪克的人来经营。由于当时布料紧缺，为了制止有钱人多买，而穷人买不到布料的事情发生，此店采取了限量销售的方式。这个商店从 1959 年一直经营到了建乡，店里粮食也是定量供给，成人 25 斤，小孩儿 10 斤左右。这种供给方式从 1959 年持续到 1984 年。那时有骆驼或毛驴的人也会自己去县城买粮食吃。先拜巴扎①的粮商也到这里来卖粮②。

在实地调查过程中，一位在达里雅博依地区做了 25 年生意的商人接受了笔者的采访，关于当年的贸易交换状况介绍如下：

个案：（都来提·阿西木，男，73 岁，于田县加依乡人）1985 年第一次去达里雅博依乡卖面粉、小米、玉米等粮食。那里的人们不怎么吃蔬菜。那时我们没有固定的店铺，就在车上摆摊卖。他们收集的大芸很多，用大芸与我们交换我们带过去的物品。所以每次都会载 80—90 袋大芸运回县城③。

从以上案例可以看出，达里雅博依人与于田县一带的农区之间一直有贸易往来，这种贸易主要是用以物易物的方式来进行的。据达里雅博依人 1986 年的贸易状况的相关资料显示，从 1984 年牲畜分配给个人之后，"当地人才开始使用钱币。但是他们没有在家里存钱的习惯，食品和其他生活用品先从商人那里赊购；到春季和秋季时，用羊毛、羊绒、大芸等土产品来给商人还款。商人们都以赊销的方式做生意，等到了秋季 10—11 月份、春季 4 月份的时候才能补收欠款"④。等到建乡并且有了固定的贸易市场之后达里雅博依人才真正开始使用货币。在交易市场过程中，牧民把绵羊、山羊、羊毛、山羊绒、畜皮等畜产品，以及他们自己制作的毛毯，毛绳等手工艺品与在农区生产的粮食、衣料或各种生产生活工具

---

① 先拜巴扎：是指今于田县先拜巴扎镇。
② 2011 年 10 月 17 日笔者在达里雅博依乡的访谈记录。
③ 2011 年 10 月 30 日笔者在于田县加依乡的访谈记录。
④ 阿不都热夏提·木沙江：《塔克拉玛干沙漠腹地的自然绿洲——达里雅博依乡》，载阿布都拉·苏莱曼编《天下只有一个和田——文物故迹、绿洲与生态》（维文），新疆人民出版社 2003 年版，第 340 页。

等生活用品进行交换。在这种交换中，牲畜成了最重要的商品。此外，达里雅博依人还把狩猎获得的狐狸皮，采集到的大芸、红柳花、胡杨碱等物品也拿来交换。达里雅博依人与农业区之间的贸易交换的形式主要有三种。其一，达里雅博依人用毛驴或骆驼驮着产品去县城的集市交换所需要的物品，再用毛驴或骆驼把换来的物品驮回来。其二，于田县城及其周边乡村的商人把面粉、布料、衣服等物品带到达里雅博依地区进行销售，这种交易是在达里雅博依乡进行的，牧民将自家的土产品与商人所带来的物品进行交换。除此之外，还有制毡匠、铜匠、裁缝等手工艺人来到达里雅博依地区给牧民制作他们需要的生活用品，而当地人则用牲畜作为劳动的报酬。其三，1960 年以后在达里雅博依乡内出现了国营商店，牧民用他们的土产品来换取商店中物品。由于畜牧生产具有季节性这一特点，所以这种交易活动也呈现出了一定的季节性，即这种交易活动主要集中在春季和秋季，这是因为这两个季节不仅是产羔的季节，也是生产羊毛、羊绒等牧业产品的季节。至今，牲畜在达里雅博依人的交易活动中仍然扮演着重要的角色，也就是说他们仍然以牲畜当作钱来进行贸易交换。

本章小结

本章记录了人类适应于极为恶劣的环境——特干旱地区的一个典型的例子，即达里雅博依人对塔克拉玛干沙漠生态环境适应的例子。畜牧业是人类对干旱地区适应的相当有效的一种生计方式。塔克拉玛干沙漠的自然环境是十分严酷的：干旱缺水、暴风流沙，自然资源极其缺乏以及种种可以想见的其他环境压力等。在这样的环境中，达里雅博依人以畜牧业作为适应这一特殊环境的最有效的生计手段，畜牧业始终在达里雅博依人的经济生产中占有主导地位。游牧成为达里雅博依人应对畜牧生产所需要的水和植物资源缺少、分布不均匀性和季节性这一特点的一种文化策略。此外，达里雅博依人在畜牧种类、畜牧饲养、畜牧管理和畜牧分类等诸多方面形成与其所处环境的气候、自然灾难等条件相适应的一系列独特的畜牧习俗，与其他畜牧民族有很大不同。达里雅博依人独特的沙漠畜牧业生计显示了干旱地区人类文化适应的多样性及干旱地区畜牧业文化的多样性。为了充分地利用他们生活环境拥有的不同资源，从而达到更有效地适应其生存环境的目的，达里雅博依人还将狩猎和采集业作为其辅助的生计手段，在相当恶劣的生存环境下，这些生计活动在维持达里雅博依人生存中具有一定的作用。这些文化策略使达里雅博依人能够对他们所处生态环境互相适应，协调发展，得以生存至今。达里雅博依人能在浩瀚沙漠中生存是他们与自然和谐相处的结果。

第三章

物质生活的文化解读

第一节　饮食文化与生态环境

吃是人类生存的头等大事，是人类维持生存的决定性条件。正如江帆指出，"人类的饮食习俗，主要是围绕'吃什么'和'如何吃'这两大主题进行的文化传承"①。在人类历史发展过程中，处于不同生态环境且属于不同经济文化类型的各人类群体创造了具有多样性的饮食文化。生活在世界不同地区的人类的饮食结构和饮食习惯，不但与当地自然环境所能提供的动植物资源的种类、数量以及气候有直接的关系，而且还与适应这种自然环境过程中所选择的生计方式有密切的关系。例如，卡拉哈里沙漠的布须曼人的食物主要包括采集而来的植物的根茎、野菜、野果以及捕获的野生猎物等。此外，生存在阿拉伯沙漠以游牧业为主的贝都因人将骆驼奶和骆驼肉作为主要的食物。塔克拉玛干沙漠中曾以渔猎为生的罗布人主要食用鱼肉。同样，在塔克拉玛干沙漠中以牧业为生的达里雅博依人也形成了与他们所处的环境和生计方式相适应的独特的饮食文化。达里雅博依人饮食文化的独特性在他们的饮用水、饮食结构、食物储存方法和营养适应等方面都体现了出来。

一　水井与沙漠中的饮水

人类学家一般认为"人们如何适应水资源缺乏这一现实情况是沙漠生态文化适应研究的焦点，人类想要在任何一种生态系统中维持生存，首

---

① 江帆：《生态民俗学》，黑龙江人民出版社 2003 年版，第 165 页。

先就要考虑那些对生命有限制性的因素。在干旱地区人类面临的主要问题是如何管理和利用水资源"①。这个困扰着所有沙漠居民的问题，同样也是生活在塔克拉玛干沙漠一带、年降水量不足 15 毫米的达里雅博依乡人所遇到的最大问题。由于这一原因，他们在适应沙漠环境的过程中形成了寻找水源、储存饮用水、管理水资源等一系列的生活习俗。

克里雅河为达里雅博依人提供水资源。它是一条季节性河流，其水量季节性特征是"冬枯、秋缺、夏洪、春旱。克里雅河也会出现长时间的干旱期，并导致该地区生态平衡的失调"②。克里雅河只能在洪水期（7—8 月）为当地大部分居民提供足够的饮用水。但是这种情况不会持续很长的时间。在别的季节，河水只能流到下游上段的第一、第二小队居民居住点，因此只有居住在这一带的居民才可以常年享用到河水，其他多数居民只能把河水渗到地下形成的地下水作为饮用水。达里雅博依人最有效利用地下水资源的办法就是打井取水。

在达里雅博依地区几乎每户居民家都有水井，这些水井为人和家畜提供饮用水。有些居民家的草场上也有水井，这些井主要用于给牲畜喂水。打井是达里雅博依人主要劳动之一。一般情况下，每家的井都由自己来挖。打井时，找到水源是非常重要的，当地人非常了解应该在哪里打井才会出水。

> 个案：（买提肉孜·买提吐尔逊，男，43 岁，第三小队居民）我们把井打在河水曾经流过的地带，这样做一是因为，可以挖井的地面上一般会有一层沥涝。二是因为，在老辈打过井的附近更容易出水。我们主要就参考这两点来选择打井的地方。每家有一口井，浅的有 1.5—2 米，深的可达 7—8 米，一口井可以持续使用三个月到一年。这里由于风沙多，所以井很容易就被填掉，一般我们 10—15 天清一次泥，不然的话井水就不能喝了。如果井水枯竭了或减少了，我们就再挖深一点或重新挖一口井。在五小队那边一般要挖 6—7 米才出水，

① Emilio F. Moran, *The Ecosystem Concept in Anthropology*, Westview Press, 1984, p. 205.
② R. Chen, J. Liu, W. Niu, X. Deng, *Critical Controlling of PRED System of Oasis Ecology in the Arid Region of Central Asia: A Case Study of Keriya River Valle Oases*, Edited by XiaoLing Pan, Wei Gao, Michael H. Glantz, Yoshiaki Honda, *Ecosystems Dynamics, Ecosystem-Society Interactions, and Remote Sensing Applications for Semi-Arid and Arid Land*, Washington: SPIE, 2003, p. 317.

在汛期挖浅一点也会出水，但是在旱季就需要挖深一点①。

　　达里雅博依人所使用的井大都是长宽约为 1.5 米的正方形水井，其深度视地下水位而有所不同，河水丰富的地方，地下水位较高。第一、第二小队居民的水井深度为 1.5—2 米，而河水每年只能到达一次的地带，需要挖 3—7 米才能出水，有些地带甚至要挖得更深。一般情况下，挖好一口深 2—3 米的井一个人需要花 3—4 个小时，井挖好之后为了方便取水，一般要放一个独木梯，当地人把这种梯子称为"曾地派"（zindipay）②（见图 3 - 1 左），水井上方没有井盖，在刮风的季节会有泥沙刮进井里，所以当地人每两周清一次井底的泥沙，有些人为了防止沙土把井填满或防止牲畜掉进井里，会在井的四周用红柳枝做一个栅栏。由于当地的土质多沙，因此容易出现坍塌。对于那些深度在五米以上的水井，当地居民会用胡杨木在井里井底至井口围一圈，这是防止水井坍塌。当地的这种井被称为"奇达井"（chidä quduq）（见图 3 - 1 右），为了取水井里搭一个梯子，也有些人将水桶绑在绳子上打水，一般在井旁放有给牲畜喝水的水槽。井离住所的距离一般是几十米至几百米远，水要运回来使用。以前达里雅博依人在游牧时，就在野外打井来解决人畜的饮水问题。如今，人们到沙漠

图 3 - 1　达里雅博依人挖的水井

----

①　2011 年 9 月 28 日笔者在达里雅博依乡的访谈记录。

②　曾地派：当地人取水用的下井独木梯，它是用斧子在一根直径 25—30 厘米的胡杨木上砍出台阶做成的，此台阶是每隔 20 厘米处砍一个缺口来做成。

中找玉石时，也会在沙漠中临时打井来解决饮水问题，远足出行者一般会带上足够的饮用水。冬季水井会结冰，就需要在井面上打个洞来取水。

从达里雅博依地区地下水的水质来看，由于气候极端干燥，气温高、日照强，地下水大量蒸发导致地下水含盐量增高、水质变差，"矿化度大于 10 克/升，pH 7.1—8.8，总硬度 75—265，属高矿化水"①。由于大多数人打出来的井水是咸的，不能直接饮用，因此他们会将水烧开并放入药茶②来饮用，他们到县城才能购买到这类药茶。这样的茶水在热的时候不会感到有咸味，但是茶凉了仍然带有咸味，所以他们养成了喝热茶的习惯。除此之外，夏天如果家里来了客人，人们会端一碗凉水或茶水来招待，这也是他们长期生活在沙漠环境当中形成的习惯之一。达里雅博依人的饮水中氟的含量较高，因为长期饮用，导致当地人的牙齿变黄，甚至有些人的牙齿很早就脱落了。

二　自然简朴的饮食习俗

众所周知，人们能从自然界获取的食物种类与大自然所能提供的动植物资源有密切的关系。塔克拉玛干沙漠降水量的稀少和水源的不稳定决定了该沙漠所拥有的动植物资源的种类和数量的稀少，达里雅博依人生活的地带中可食用的植物只有一种，那就是沙枣树。达里雅博依人的主要食物来自于畜牧业，即肉食和奶制品，此外也把用畜产品与农区居民交换而来的粮食作为他们主要的食物。除此之外，一直到 20 世纪 90 年代，从兼营的狩猎中获取的猎物也成为他们辅助的食物。根据相关资料以及笔者在调查过程中总结的经验说明，达里雅博依人的饮食结构中家畜肉和粮食（从于田县城运来的小麦粉和玉米面粉）一直占主导地位，另外他们还季节性食用乳制品和沙枣等物。

1. 肉类：不同人类群体的饮食方式易受到他们所从事的生计方式的影响。对于以牧业生产为主的达里雅博依人来说，肉成为了他们主要的食物，他们多食用绵羊和山羊肉，特别是山羊肉吃得较多，这也与他们所饲

---

① 于田县地方志编纂委员会：《于田县志》，新疆人民出版社 2006 年版，第 121 页。
② 药茶是由一定量的茴香、地锦草、蒺藜、玫瑰、莳萝、孜然及香菜等材料掺杂制成的具有一定疗效的粉体。这种药茶能起到抗疲劳、兴奋中枢和保肝利尿的作用。于田维吾尔族人习惯饮用这种药茶。

养的畜种及其数量有关。达里雅博依人常年食用羊肉，他们吃肉的方式主要有三种：清水煮熟、烤熟和拌在饭里吃。他们最喜欢的方式就是把肉煮熟并和肉汤一起吃，除此之外，他们还会把肉剁碎和玉米拌在一起做成糊糊，有时也做成烤肉串来吃。

烤肉的做法有两种，一种是将肉埋在滚烫的沙子里闷熟，另一种是串起来放在火上烤熟。沙烤肉（qerin kawap）是达里雅博依人的一种特殊风味食品，其制作方法如下：羊宰杀后，将肉切成小块，拌上盐和其他调料待用，再将羊肚洗净，把肉块装进羊肚中（据当地人讲，将整个一只羊的肉切成小块，也能装进其肚子里），将羊肚口扎紧，放入用胡杨木煨热的沙坑（一般长1—1.5米、宽1米、深0.6米左右）里，然后在上面铺满滚烫的沙土闷烤3—4个小时。由于当地的羊主要以沙漠中特有的药草和胡杨树叶为食物，所以其肉特别鲜美。烤肉串的制作方法有两种，一是将羊肝剁碎与皮牙子拌匀，撒上孜然、盐和一些香料做成肉馅，然后用羊肠上的网油包裹起来进行烤制，这种烤肉被称为"yagh wighi"。当地人认为这种烤肉串是最好的烤肉。二是将羊脾开一个口，使它呈口袋状，里面装入用香料和盐拌好的碎羊油，再用红柳枝串起来烤熟，这种烤肉串称为脾胀烤串（tal bodaq）①。除了山羊肉和绵羊肉之外，达里雅博依人有时也食用兔子和羚羊等猎物之肉。

2. 库麦其（kömäch）：指一种用玉米面或小麦面做成、在沙子中烤制成的馕。是达里雅博依人最主要的食物。库麦其的制作方式比较独特，这也体现了达里雅博依人适应沙漠环境的一种文化策略。先是将和好的面擀成面饼，然后放入滚烫的火塘里，烤20—30分钟后就可食用。民族学家一般认为"最原始的烹饪方法是烧和烤（煨），如把可食的种子、根块植物或整个小动物直接放在篝火上烧，埋在灰火里煨，或者放在烧烫的石板上烤"②。实际上，他们用沙土烤制食物的这种特殊方法也体现了达里雅博依人合理地利用所拥有的自然资源。除了做库麦其外，他们也将肉埋在滚烫的沙子里烤熟。

---

① 参见阿布都热合曼·喀哈尔《远方的人》（维文），新疆人民出版社1999年版，第204—205页。

② 林耀华主编：《民族学通论》，中央民族大学出版社1997年版，第417页。

图3-2 达里雅博依人的主食——库麦其

　　库麦其在演变成达里雅博依人主要食物的过程中出现了不同的种类。如20世纪80年代以前，达里雅博依人食用玉米面较多，他们用玉米面做成的库麦其有三种：一是直径约15厘米，厚8—10厘米，形状像一个小碗的库麦其，被称为"poko"（见图3-2右）；二是直径为30—40厘米，厚3—4厘米的库麦其，被称为"zaghra kömäch"；三是里面夹肉的面饼，这种库麦其被称为"zaghra soxta"。如今只有一些老人还吃玉米面做的库麦其。同样，用小麦面做成的库麦其也有三种：一是用死面制成的库麦其，称为"piti kömäch"；二是用发面制成的库麦其，称为"öläg kömäch"；三是在面中加肉馅的库麦其，叫"soxta"。这几种库麦其的形状都是一样的，大小也与普通的玉米面库麦其（zaghra kömäch）相同，直径30—40厘米，厚3—4厘米。一般情况下，库麦其的大小由所要食用的人的数量来决定。达里雅博依人较多食用死面烤制的库麦其，这种库麦其营养丰富，而且吃了后不容易饿。库麦其一般和药茶一起食用，在春季或秋季则与奶或酸奶搭配食用。由于库麦其做法简单，携带方便，易于保存，因此不光是牧民最喜欢吃的日常主食，而且还是达里雅博依人外出必备的食物。而夹肉的小麦面库麦其主要用来招待客人。此外，库麦其也是一种在婚事中必备的食物，以前会用一袋子面烤制一个大的库麦其招待参加婚礼的客人。库麦其的制作不需要很多的工具，比如男人放牧时即使没有做饭的厨具，但只要将所带的库麦其用烧热的沙子烤熟就能吃上一顿便饭。由于库麦其具有以上优点，所以在达里雅博依人的饮食结构中占了主要地位。达里雅博依人不论男女都会做库麦其。

　　库麦其在达里雅博依人饮食中的重要性，也可从他们的房屋设计中了解到。在他们的萨特玛（厨房）中有专门烤库麦其的火塘，被称为 "yen ochaq"①。此火塘从春天一直到秋天专门用于烤库麦其，到了冬天，为了烤库麦其就在过冬的有炕的或有烟囱的房子里砌起能烤库麦其的炉子。甚至到了今天，达里雅博依人冬天的时候也会在他们铁炉子前砌一个能烤库麦其的小坑。达里雅博依人几乎一天三顿饭都要吃库麦其，这种饮食习俗从过去一直延续到了今天。

　　达里雅博依人的面食中，除了库麦其之外，还有玉米粥和糖糊糊。做这些饭一般需要羊油或山羊油，因此达里雅博依人会将羊油或山羊油放入锅中加热炼油。

　　3. 奶制品：奶制品是与达里雅博依人的畜牧生计方式密切相关的一种食物，在这一方面，达里雅博依人与其他游牧民族有着共同之处，不同的是他们的奶源仅来自山羊。达里雅博依人除了直接饮用山羊奶外，还习惯于将山羊奶做成酸奶、奶酪、奶渣和黄油等乳制品。由于鲜奶极容易变质，达里雅博依人对鲜奶进行加工，制成各种乳制品贮存下来，慢慢食用。奶渣的制作是将酸奶装在袋子中将酸奶中的水分慢慢沥掉，它比酸奶稠一些，而且保存时间更长。制作黄油则是将山羊奶倒入木桶，并加入水不停地搅动，上面会出现一层油，将其沥出就成了黄油（maska），可以和其他的饭菜一起食用。达里雅博依人与其他的游牧民族的另一个不同之处在于，他们只是在 5 月至 10 月食用奶制品，这也跟春季和秋季两季是他们主要的产羔季节这一点有关。此外，达里雅博依人对奶制品的使用量也不是很高，主要是因为他们的奶源仅限于产奶较少的山羊。综上所述，山羊奶以及奶制品在达里雅博依人的饮食结构中具有鲜明的季节性特征，只是一种附加食物。

　　4. 沙枣：干旱地区特有的植物种类之一，具有抗碱耐旱等特征。沙枣树一般春季开花，秋季结果，其果实富含淀粉，可食用。沙枣树的种类很多，但是在达里雅博依一带只生长野沙枣。它是达里雅博依人唯一的植

―――――――――――

　　①　在厨房内土坑的中部有向下挖地而制成的深 15—20 厘米、长 1—1.2 米、宽 0.7—0.8 米的平坑，平坑上铺着沙土。这种火塘称为 "yen ochaq"。做库麦其时，把柴放在火塘里的沙土上烧，沙子也烧烫。

物性食物。当地人称为"qagha jigdä"或"yawa jigdä"。这种沙枣果实小，颜色显淡红色，可直接食用。达里雅博依人一般搭配其他饭食吃，如将切丁的小肉块炒熟，放一点面粉，然后放入用沙枣煮出来的水中继续煮熟，这个被称为"shäwät eshi"；以前在面粉紧缺的时候，他们还会将沙枣晒干除核，再磨碎掺到玉米面中做库麦其吃；另外，达里雅博依人还将沙枣在锅里煮熟除核后用煮好的沙枣水就着库麦其吃；除此之外，他们还形成了把沙枣水和酸奶掺在一起吃的习惯。有些达里雅博依人在做玉米粥的时候也会放一把沙枣果，这样煮出来的粥味道十分香甜。达里雅博依人一般在9月收集沙枣果，并且储存起来一直食用到春季。沙枣对于他们来说是一种季节性的食物，但是随着克里雅河水量不断减少，达里雅博依地区的沙枣树都干枯了，其结果是，在最近的20年里沙枣果不再成为他们的食物。

三 沙漠气候与食物存储

食物与气候的关系，主要表现在生活在不同气候条件下的各人类群体的食物存储方法上。达里雅博依人在沙漠地区的生活实践当中积累了与沙漠环境相适应的食物储藏方式，特别是他们在夏季储存食物的方法更为独特。塔克拉玛干沙漠的夏季是非常炎热的，如何储存作为他们主食的肉成了一个让人头疼的问题，所以他们在夏季一般吃小一点的绵羊或山羊（重量在15斤左右），在冬季吃比较大一点的绵羊或山羊（重量在40—50斤左右）。这也是达里雅博依人应对沙漠中的气候环境的一种办法。除此之外，达里雅博依人还有以下储存肉的方法：（1）冷藏法。一般在夏季凉快的傍晚宰羊，晚上就将羊肉挂在外面，等到第二天早晨再将肉用餐布裹起来，外面包上一个皮大衣放到较凉快的房子保存，等傍晚天气凉快时再将羊肉挂在外面直到第二天早晨。沙漠地带日夜温差大，即使在夏天，晚上的气温也很低，因此到了晚上就将羊肉挂在外面，到了白天，气温升高，再将羊肉用羊皮大衣裹好放在通风的房子中，就可以避免因气温过高而导致肉腐坏，据当地人介绍用这种方法可以将肉保存4—5天。（2）晒干储存法。将羊宰好并将肉切成块放入锅中，加盐进行煮制，煮到半熟的时候捞起挂在通风的地方晾干，这种储存的肉可以存放好几天，且肉的味道也比较好。（3）撒盐储存法。在肉上撒盐或把肉浸泡在盐水里再晾干也可储存10天左右。除此之外，牧民去沙漠中旅行或在野外放牧的时候饮用水的储藏也比较特殊，他们一般都在天气凉快的时候打水，并把装水的葫芦埋在沙子中。以上所提到的这几种食物储存法都是短期储藏方式，到目前为止达里雅博依人还没有形成长期储存食物的习惯。这是因为畜牧业生产的优点就是能够随时为人们提供肉源，而且，达里雅博依人也不会为不同的季节和不同的年份提前储存剩余的食物。

四　食物与营养的适应

表 3 – 1 　　　　　　　　达里雅博依人主要食物及其食用周期

食物名称＼月份	1	2	3	4	5	6	7	8	9	10	11	12
肉类	▨	▨	▨	▨	▨	▨	▨	▨	▨	▨	▨	▨
乳类					▨	▨	▨	▨	▨	▨		
粮食	▨	▨	▨	▨	▨	▨	▨	▨	▨	▨	▨	▨
沙枣								▨	▨	▨	▨	▨

注：以上灰色的部分表示食物食用时期。

从表 3 – 1 中，我们可以得出这样的结论：达里雅博依人的饮食结构中主要有四种食物，即肉类、乳类，粮食和沙枣。其中以肉和粮作为最主要的食物种类，且终年食用，而乳类和沙枣属于季节性的附加食物，奶和奶制品一年中只能食用 6 个月，而沙枣仅食用 4—5 个月。从以上的表格中，我们还能发现，对于达里雅博依人来说，在 5—10 月，除了肉和粮食等常年性食物之外，他们还食用奶和奶制品等季节性食物，尤其是 9—10 月是达里雅博依人食物最丰富的季节，他们能够充分享用这四种食物。而在其他的季节他们只能食用肉类和粮食这两种常年性食物。更具体一点的来说，达里雅博依人饮食结构中的肉类有四种：羊肉、山羊肉、兔子肉和黄羊肉；乳是山羊乳；粮食仅有两种：玉米和小麦。为了更深入地了解达里雅博依人的饮食适应状况，我们首先对达里雅博依人的饮食结构与生存在塔克拉玛干沙漠深处地带的其他维吾尔族人的饮食结构进行了比较。根据笔者在亚通古斯村的调查，居住在距民丰县城 130 千米的沙漠深处的亚通古斯村牧民不仅像达里雅博依人一样食用肉、粮食、奶和沙枣以外，还依靠小规模的农耕获取供食用的甜瓜、西瓜、红枣等食物。此外，在塔克拉玛干沙漠罗布泊地区的罗布人依靠渔猎为生，他们的食物不但以鱼为主，还包括从狩猎和采集中获取的野鹅、羚羊、鹿、野兔、沙枣和蒲草等食物以及从附近农区买回来的玉米和小麦等粮食。与达里雅博依人相比，亚通古斯村人和罗布人的食物相对丰富。在饮食结构方面，我们还对达里雅博依人与世界其他沙漠地区的居民进行了比较，在非洲卡拉哈里沙漠的采集狩猎民族"亢人（Kung）能食用约 100 种植物和 50 种动物"[1]。此外，撒哈拉沙漠阿哈加尔地区的"图阿雷格人（Tuareg）的食物主要是以奶制品和粮食为主，偶尔也吃椰枣和肉"[2]。从中我们不难发现，达里雅博依人所拥有的食物种类比大多数其他沙漠居民的都要少。

从食物食用量来看，达里雅博依人的主食以面和肉为主，其中面食在总食用量中占的比例超过 60%，因为他们一天最少吃两顿库麦其，肉一般也和面食一起来吃。作为达里雅博依人主食的粮食是通过与畜牧业产品的交换而获得的，他们的粮食是从沙漠边缘的农区换得且运过来的。由于直至 20 世纪 80—90 年代运输条件才有所改善，在达里雅博依长年来存在着粮食短缺和粮食供应不足的现象，主要原因是他们牵着毛驴或骆驼去县里运一次粮食需要 20—25 天的时间（毛驴一天只能走 30 千米左右的路程，而且只能白天行走，到了晚上就要休息，所以去县里大概需要 8 天。但是回来的时候要比去的时候多花 2—3 天时间，由于用毛驴和骆驼驮运大量的货物，所以他们花费的时间比较多，翻越高沙丘时要把货物卸下来等毛驴或骆驼翻过沙丘之后再把货物驮在役畜的背上，所以会耗费很多的时间）。由于道路条件太差，所以也出现过因运粮食时间太久而导致人们挨饿的事情，特别是在从人民公社时期直到 1984 年国家公有制的牲畜进行分配，他们的口粮主要靠定额分配的粮食，在此期间，在将近 20 年的时间里都有过粮食供应不足的情况。

个案：（买提库尔班·托克逊，男，68 岁，第五小队居民）在公社时期，给牲畜耳朵上打上耳戳后收为国有。那时，谁要是吃了公家

① Daniel G. Bates, Fred Plog, *Human Adaptive Strategies*, New York: McGraw-Hill, 1991, p. 43.

② Lloyd Cabot Briggs, *Tribes of the Sahara*, Chicago, Cambridge: Harvard University Press, 1960, p. 245.

的羊，人们就会把羊肉挂在他的脖子上让他承认错误。公社成立之后，面粉是每月定额分配的，大人可以分到 25 斤，孩子们按年龄分配 12—18 斤。当时牧民为了领取定额粮食，每 2—3 天都要骑牲畜或步行 50—100 千米去大队一次。当时放牧是记工分的，他们依据工分来给我们分配粮食。在公社时期，我们把羊绒和羊毛都交给大队。我们用毛驴或骆驼把粮食从于田驮回来。由于夏天太热，不适合用骆驼驮粮食，夏天就用毛驴驮粮食，所以用毛驴驮的粮食不会太多。由于我们住的地方比较荒凉，没有别的可吃的食物，所以粮食非常紧张①。

在粮食紧缺时期，达里雅博依人就多吃肉和奶制品，少吃粮食。如果断粮了，他们就把沙枣采回来与其他的食物掺上吃。他们通过猎杀符合伊斯兰教教义的动物，如黄羊、兔子等来解决食物问题。达里雅博依人在如此特殊环境中的营养适应与他们的饮食习惯有密切的关系。达里雅博依人的饮食文化既具有游牧民族以畜牧产品为主的特点，同时也具备周边绿洲上的农耕民族以面食为主的特点，肉和面食成为他们主要的食物。除此外，他们还用肉和面制作不同的食物。在粮食紧缺的特殊时期，达里雅博依人通过多食用肉制品和奶制品的方法解决粮食紧缺的问题。

从肉的食用量来看，目前达里雅博依人依据自己家庭的经济情况，一年要宰杀 10—50 只牲畜，平均每月宰杀 1—4 只。但是在过去他们的牲畜比现在多，所以吃肉也比现在多。据当地人解释，体型中等的山羊能出 25—30 斤的肉，而体型中等的绵羊能出 30—35 斤肉，按照每户家庭平均每 10 天宰杀一只 25 斤牲畜来算的话，一人一天食用 200 克肉（在 1980 年之前平均每家有 6 口人）。根据理查德·李的研究，"桑人每天食用的肉大概是 256 克"②。与非洲卡拉哈里沙漠狩猎采集者桑人的食肉量相比，从事畜牧业的达里雅博依人的食肉量要少一些。

虽然，达里雅博依人具有畜牧民族传统饮食的"红"（肉类）"白"

---

① 2011 年 10 月 23 日笔者在达里雅博依乡的访谈记录。

② Richard Borshay Lee, *The ! Kung San: Men, Women, and Work in a Foraging Society*, Cambridge University Press, 1979, p. 265.

（乳类）结构，但是此类食物在达里雅博依人饮食结构中的比重不大。在人们的印象中，牧民靠肉生存，但实际上他们会尽可能地控制宰杀牲畜，究其原因是他们具有干旱地区游牧民所具有的以下的特点：对于在不适宜农耕的干旱地区过着畜牧生活的牧民来说，家畜是他们唯一的财产，是牧民生活的中心，因此牧民们尽可能地不宰杀，所以肉的摄取量也不多。从食物中摄取的能量来看，他们从谷物中获取的能量比肉类中获取的还多。虽然达里雅博依人的饮食种类极为单调，但是，他们通过合理地食用低能高蛋白的畜产品和高能低蛋白的谷物来实现人体所需的蛋白质和营养成分的相对平衡。

达里雅博依人的饮食呈现单一性，他们的传统饮食结构中没有水果和蔬菜等食物。据达里雅博依乡医务所所长解释，达里雅博依人中由于营养短缺导致的贫血、缺钙等疾病的发病率较高。除此之外，达里雅博依人都比较瘦，据 2011 年 10 月笔者对 69 位男性和 48 位女性的身体重量调查了解到：男人的平均体重是 62.8 公斤（包括身上穿的秋季衣服为 2—2.5 公斤），而女人的平均体重为 54 公斤（身上的衣服为 1.5—2 公斤）。

对达里雅博依人而言，在恶劣的沙漠环境下，如何解决饮水和如何获取足够的食物都是关键性的问题。由于塔克拉玛干沙漠地区可利用的食物资源非常少，赖以为生的沙漠畜牧业产量也不高，造成了达里雅博依人饮食结构的单一性。不过，当地人通过在某一种食物或缺的时候用另一种食物来代替的方式，把可利用的附加食物搭配着食用，在不太适合人类生存的沙漠中生存了下来。达里雅博依人简单的、自然的、与生存环境相适应的这种生活方式延长了他们的寿命。据调查，现在达里雅博依人中年龄超过 70 岁的人有 19 位，其中有两位已是百岁老人。笔者在达里雅博依乡调查时所访谈的对象买提托合提·哈热提已是 103 岁的高龄，是达里雅博依人中最年长的，他的身体状况良好，生活能够自理。达里雅博依人中长寿的就有很多。目前，达里雅博依人是居住在塔克拉玛干沙漠深处人口最多的一个社会群体，这也能够证明他们对极为恶劣的干旱区的自然环境具有相当强的适应能力。

第二节 服饰文化及其生态特征

服饰是人类物质文化的重要组成部分，许多学者认为"服饰起源的根本原因是为了保护身体、抵御寒冷"①。虽然部分学者认为服饰的产生是用于遮羞，但是从其抵御酷暑严寒保护人类身体的这一基本作用来看，服饰的产生归根结底是出自实用。作为人类对其所处的环境适应的重要文化策略之一，"服饰的产生和服饰习俗的形成与人类居住的自然生态条件，尤其是气候环境有密不可分的关系"②。此外，服饰的取材、制作及演变等都与一个人类群体的生活方式和文化传统有关。

从达里雅博依人服饰文化的形成与发展的生态特征来看，他们的服饰文化与塔克拉玛干沙漠自然环境以及从事的畜牧业生计方式息息相关。达里雅博依人服饰文化既有游牧民族所特有的传统着装习俗，又具有沙漠地区居民所共有的一些衣着特点。达里雅博依人的传统服饰呈现多样性，材料不同，款式也不同。从服饰材料来看，以家畜毛皮和棉布为主。一直到20世纪70—80年代，羊皮、山羊皮和羊毛都是达里雅博依人制作服饰的主要原料，制作的服饰主要有皮大衣、皮窝子、皮靴、毡靴、皮袜、毡袜、羊毛裹脚等。达里雅博依人服饰质料方面的这种特征也与他们的生产性质和产物条件有直接关系。这种情况还具体体现在生计方式不同的其他民族的服饰文化中。例如，以渔猎为生的赫哲族的传统服饰主要用鱼皮制成，而以狩猎为生的鄂伦春族的传统服饰是以猎物的皮作为主要原料。

从20世纪末开始，达里雅博依人的服饰文化发生了较大的变化。笔者通过对10位当地人的深度访谈获得了与传统服饰相关的资料，其中具有代表性的如下：

个案一：（买提托合提·哈热提，男，103岁，第二小队居民）在冬季我们上身穿羊皮做的大皮衣，在脚上缠上羊毛做的裹脚布再穿皮窝子，并在腿部上裹山羊皮块。裹脚布是用绵羊的毛，像织毯子一样织成的。在20年前就穿皮窝子，母亲用羊毛给我们织袜子，那时是没有鞋子的③。

个案二：（买提库尔班·买提热依木，男，60岁，第三小队居

① 林耀华主编：《民族学通论》，中央民族大学出版社1997年版，第422页。
② 江帆：《生态民俗学》，黑龙江人民出版社2003年版，第144页。
③ 2011年9月28日笔者在达里雅博依乡的访谈记录。

民）以前我们的服饰是很有特色的，皮大衣是用羊皮制成的，我妻子的父亲会做皮大衣，并且还会用传统的织布机织成布做衣服。裹脚布用羊毛制成，冬天用来裹脚。20 年前人们的穿着都不是现在这个样子，夏天我们一般都光着脚。那时有白色的，用树脂和羊油制作的肥皂，我们用那种香皂来洗衣物①。

个案三：（喀斯木·伊斯拉木，男，50 岁，第五小队居民）1968 年，旧的大队里有商店以前，我们在夏天是不穿鞋子的，而在冬季穿用山羊皮做成皮窝子，也有一些人是穿皮靴的。在穿皮窝子之前我们会在脚上裹上裹脚布。皮窝子的鞋带也是用羊毛编成的。我们用粗布做衬衣穿。冬天用羊皮做成皮大衣穿，羊皮大衣让来自于田县的做皮大衣的师傅做或是我们的父母专门去于田县城让专门的人缝制②。

个案四：（白克拉洪·台克，男，101 岁，第三小队居民）从县里来的工匠到我们这里给我们做毛毡子，并用我们自己的羊毛织成毛毯。以前的时候都是将羊皮加工后做成皮大衣，如今我们则会把羊皮卖掉用所得的钱买布料或买现成的衣物。以前的时候我们还自己做皮窝子穿，不分大小，不分男女，我们都穿皮窝子。如今布鞋和皮鞋已经很普遍了③。

在田野调查中所获得的第一手资料的基础上，介绍达里雅博依人传统服饰的若干种类，同时要对他们服饰文化的生态适应特征进行进一步分析。

头饰：达里雅博依人男女老少都戴头饰，他们最主要的头饰有皮帽、花帽和头巾。皮帽是一种男女都可佩戴的帽子，有男女之分，男士皮帽（tälpäk）用浅灰色或黑色羊羔皮制成，帽口大、帽顶较小，形状像圆锥体，高度在 30 厘米左右，多是老年人佩戴的（见图 3 - 3）。这种帽子的特点是冬暖夏凉，冬天防寒保暖，夏天戴这种帽子头上不会出汗，感到很

---

① 2012 年 1 月 20 日笔者电话访谈记录。
② 2011 年 10 月 22 日笔者在达里雅博依乡的访谈记录。
③ 2011 年 10 月 6 日笔者在达里雅博依乡的访谈记录。

凉快。因此，在寒冷的冬季达里雅博依人戴这种帽子可以抵御寒冷，而夏季为了防止中暑也要佩戴这种帽子。中老年男性夏天也戴小白帽，年轻人和小男孩子则大都戴花帽。女性的头饰也独具特色，按年龄的不同而有所不同。中老年妇女都戴白色的头巾而且上面有一个特别的小帽或卡玛太里派克（见图3-3）。小帽是于田维吾尔族妇女独有的一种头饰，用黑色的羊羔皮制成，其帽口较宽，直径达8—10厘米，帽顶窄，约4厘米，形状像喇叭，重量在40—50克。达里雅博依妇女的小帽被认定是世界上最小的帽子，于1998年列入吉尼斯世界纪录。达里雅博依妇女的另一种头饰是"卡玛太里派克"（qama tälpäk），其帽身、帽顶都用黑色或咖啡色丝绒做面，用羊羔皮做里子，用黄褐色的皮毛或海獭皮做帽边，上方下圆，帽子高12厘米左右，帽檐较窄。因为是用海獭皮做帽边，所以被称为"卡玛太里派克"。"卡玛"是维吾尔语，指海獭。"卡玛太里派克"具有保暖御寒的作用。这种帽子本应在冬天佩戴，但是在达里雅博依妇女中却形成了夏天戴这种皮帽的习俗，其原因同样也是因为这种帽子还具有防暑防晒保护头部的作用。年轻妇女和小姑娘会头戴不同颜色的头巾。

　　达里雅博依人男女老幼都习惯一年四季佩戴帽子，虽然这种习俗的形成主要是受到了伊斯兰教的影响，但是也与当地特殊的气候环境有密切的关系。达里雅博依一带夏天炎热，最高气温超过40℃，而且当地的日照极为强烈，在这样的气候下，如果不戴帽子就很容易中暑。另外沙漠中一年有200多天的浮尘天气，佩戴头饰对达里雅博依人来说是很有必要的。

皮袄　　　　女装（小帽、派里赛、卡玛太里派克）　　　男人帽子——太里派克

图3-3　达里雅博依人的服装

资料来源：右手第一和第二张照片是于田县政协的买提赛迪·托合提提供的。

服饰：皮袄是达里雅博依人主要的冬衣，用羊皮缝制而成，长度过膝，有些也到脚踝，比较宽松，是男女都穿的一种服饰（见图3-3）。皮袄由专门的人来制作，为了缝制一件皮袄需要7—10张羊皮，达里雅博依乡曾有一些会制作皮袄的人。达里雅博依人一般都会到县里让专门做皮袄的师傅来制作，也有些师傅一年来一次达里雅博依做皮袄。皮袄在冬天可以起到御寒的作用，有时在春季和秋季的晚上放牧时也需要穿着。达里雅博依人在草场放牧时、在外露宿时都会穿上皮袄，有时也把皮袄当作披搭。

达里雅博依人不论男女都穿一种无扣、无领的长外衣，但男女款式做法有所不同，叫法也不同。男式长外衣多用黑布缝制，长度过膝、宽袍窄袖、衬有里子，对襟、无领、无扣，用一根腰带系在腰间。它有单衣和棉衣两种。单层长外衣称为"托尼察叶克泰克"（tonchä yäktäk），除了冬天之外，其他时节都可穿；棉长外衣称为"托尼察袷祥"（tonchä chapan），冬天多穿。女式长外衣叫作"派里寨"（pirijä），一般用黑色丝绸面料缝制，衬里、长度过膝，宽袍窄袖、无扣、无领，在左右胸部各有用蓝色或棕色绸带缝上去的依次排列的七条对称箭头形图案，领、袖、底部也镶有蓝色的绸边（见图3-3）。当地妇女一年四季都习惯于穿"派里寨"。这种女式长外衣是已婚妇女生孩子后，年龄在32—38岁，举行"朱完托依"（成年妇女仪式）后才能穿着的一种服饰。跟以上所提到的"小帽"一样，"派里寨"也是于田维吾尔族妇女独有的，具有浓郁的地域色彩的一种服饰。这种服饰在达里雅博依妇女中保存得尤为完好。

男性还需要在外衣内穿衬衣，这种衬衣多由粗布、白市布、土布等含棉成分的布来缝制，宽且长，衣长至大腿，袖子也长。女性的裙子比较独特，被称为"yaqilighan köngläk"（小妇的连衣裙），多是白色或浅粉红色，在右前襟有用棕色毛线依次缝制的七条对称箭头形图案。这种连衣裙、小帽和"派里寨"等衣服均是于田一带维吾尔族妇女独有的服饰，"克里雅女子的传统服饰于2008年列入了国家级非物质文化遗产之列"①。

达里雅博依人的裤子分为冬裤和夏裤两种，夏天的裤子一般用花布或粗布缝制，非常宽大，冬天的裤子多为黑色，布料较厚，要缝成棉裤。

---

① 买托合提·据来提：《新疆于田克里雅人社会习俗变迁研究——以达里雅博依乡为例》，硕士学位论文，西南大学，2011年，第6页。

腰带也是达里雅博依男性传统服饰的一种，用长 1.5—1.8 米、宽 0.5—1 米的不同颜色的布条制成。达里雅博依人男性长外衣没有扣子，所以在穿的时候腰带就起到很重要的作用。腰带除了是一种服饰以外，还有其他的价值。如牧民外出放羊时，可在腰带中存放食物或其他零星物件并绑在腰上，随用随取，十分方便。

从材料来看，达里雅博依人的冬装主要以牲畜的皮毛做原料，此类衣服在冬季可以起到御寒的作用，夏天的衣服则是用棉布制作，多为白色，有避暑的作用。此外，当人们在设计和缝制服饰时，在很大程度上都是以适应生存环境的气候特征为前提，例如，不论是外衣还是内衣都比较宽松，衣袖和裤腿较长，袖口和裤边较窄，一般情况下胳臂和腿部都不会暴露出来。这也是为适应特殊的沙漠气候及从事畜牧生产劳动而设计的。人类学家 E.F. 莫兰写道："最合适的服饰款式与环境条件和体力劳动等级有密切的关系，休息的时候或正常劳动时，穿比较宽松的衣服是比较合适的；在做很重的体力劳动时穿少一点的衣服或不穿衣服是比较好的。宽松一点的衣服有助于汗的蒸发，并有利于衣服和皮肤之间产生隔绝大气的一个空气层。"[1] 在塔克拉玛干沙漠腹地，夏天十分炎热，6—8 月气温特别高，尤其是 7 月最高气温达 40℃ 以上，日照特别强烈，气候极其干燥，并且伴有热风。炎热的天气是世界绝大多数沙漠地区居民所面临的一种环境压力，达里雅博依人也不能幸免。夏天热风也时有发生，热风会加速身体水分的蒸发且减少抵御热空气的能力，如果这种现象出现得太快会使人变得非常虚弱并且会危及生命。因此，在这样极端的气候条件下，人们依靠衣服的材料和设计来应对这种气候压力。达里雅博依人所穿的服饰一般多用棉料或毛料，衣服比较宽大可以覆盖全身。达里雅博依人服饰文化中所体现出的以上特点与居住在撒哈拉沙漠居民的服饰特点有共同之处。他们的"服饰是用比较薄的原料，服饰设计得比较宽大且比较长，裤腿口比较窄，这可以预防热空气的进入，同时穿着也很容易"[2]。

达里雅博依人的另一个穿衣习惯则是在春秋季两季穿得较厚一些。达里雅博依乡四季分明，因此达里雅博依人的穿衣习惯也与季节有密切的联

---

① Emilio F. Moran, *Human adaptability: An Introduction to Ecological Anthropology*, Boulder, Colorado: Westview Press, 2000, p. 181.

② Ibid. .

系。由于达里雅博依地区最为明显的气候特征之一就是日夜温差大，白天
热、夜晚凉，春秋多风，天气多变。据于田县气象局资料统计结果，"于
田县多年平均日较差 14.7℃，各季平均日较差为：春季 15.2℃，夏季
15.1℃，秋季 16.2℃，冬季 12.5℃。秋季气温日较差最大，尤其是 10 月
份可达 17.2℃，个别年份高达 18.9℃"[①]。地处塔克拉玛干沙漠腹地的达
里雅博依乡的日较差比于田县更大。住在这里的达里雅博依人为了适应这
种特殊的气候环境，习惯多穿戴一些衣服，以免伤风得病。

足服：达里雅博依人的传统足服种类较多，主要有皮窝子、皮靴、毡
靴、皮袜、毡袜、羊毛裹脚布等。多以羊皮、山羊皮或羊毛制作，这也与
达里雅博依人的畜牧业生产方式有密切的关系。作为裹在脚上的一块兽
皮，皮窝子被视为人类最原始的鞋类。皮窝子（维吾尔语说"乔如克"）
是达里雅博依人自己就可以制作的一种简易皮鞋，先按脚的大小剪一块山
羊皮，在皮子的周围剪出若干个小洞，再用事先准备好的皮条或毛线，依
次从小洞穿过系在脚上。这种鞋子制作简单、轻便耐用、易于行路，非常
适合在田野放牧时穿。达里雅博依男女老少一年四季都穿用。

皮窝子一般与毡袜、羊毛袜、裹腿皮、羊毛裹脚布一起来穿，达里
雅博依人自己就会制作这些足服。毡袜一般以毛毡作为原料缝制而成。
毛袜是把羊毛先织成线再织成袜子，而羊毛裹脚布是用羊毛织成的布制
成。裹腿皮则是一种用山羊皮制成并裹在小腿上御寒的服饰，一般是穿
好皮窝子再将其裹在小腿上，并用羊毛线将其固定起来。此外，皮靴和
毡靴也是在冬季穿着的足服。但由于靴子需要专业的人来制作，所以达
里雅博依人一般到于田县去购买。以上提到的鞋类直到 20 世纪 80—90
年代在达里雅博依人中普及。如今，这些鞋类只有很少的人穿用。在这
里需要提一下的是达里雅博依人有赤脚的习惯，除了冬天以外通常他们
都赤脚走路。这是因为达里雅博依的土壤以沙土为主，即使不穿鞋子赤
脚行走也不会伤到脚。只有在夏天最热的时候，地温达 60℃ 左右，才
穿鞋子。

从以上资料可以看出，达里雅博依人的服饰文化反映了他们对所处的
环境和所从事的生计方式的适应性。以皮窝子为例，它同样也是塔克拉玛

---

① 和田行署气象处农气区划办公室、于田县气象站编：《新疆维吾尔自治区于田县农业气
候手册》，内部资料，1984 年，第 5 页。

干沙漠罗布泊地区靠游牧和狩猎为生的罗布人穿着的一种鞋类。公元前后曾生活在塔克拉玛干沙漠的古代居民也穿过皮窝子。关于这一点，英国探险家斯坦因在其专著《沙埋和阗废墟记》中记载："从这个废墟找到的所有文书纸片上的年代，都确切地表明是公元 8 世纪末被废弃。在统一建筑中，发现了保存完好、非常有趣的同时代绘画，提供了无可怀疑的年代证据。（在画上）骑驼人的面部，部分已模糊不清，卷曲的短头发上戴着一顶奇怪的圆锥形帽子，宽边向上卷成锯齿形，帽子是由带斑点的皮料制成。骑者穿着长而宽大的长袍，膝盖以下收拢在宽大靴子或无硬底软鞋的鞋筒上端，这种类似'丘如克'的鞋，至今仍为整个塔里木盆地居民所穿着，特别在冬季的时节里。"[①]

佩饰：过去，达里雅博依男性都剃光头。女性的发型则是辨别女子婚姻状况的一种标示。如脑后辫着 7—21 根辫子，额头留有刘海的一般是未婚少女；头发辫成两根辫子垂在背后，前面的头发剪短盖在两颊中部的则是已婚妇女；30 岁以上的已婚妇女举行过"成年妇女仪式"之后，头发也编成两股辫子，但额头上不留刘海。在首饰方面，当地妇女除佩戴金、银、铜等金属制作的戒指、手镯、耳环等首饰之外，也佩戴由银币制成的戒指和各种串珠，其中有一种金环，当地人叫"苏卡"（sökä），是结婚时必备的彩礼。当地的女孩子在 5—6 岁时就会打耳洞，佩戴耳环。

第三节　居住文化与环境

林耀华先生在解释经济文化类型这一概念时强调："经济文化类型不是单纯的经济类型，而是经济和文化相互联系的综合体。这是因为经济发展方面和地理环境在很大程度上决定着各种人群的物质文化的特点，决定着他们的居住地域和住房类型，交通工具和搬运货物的方式，以及饮食和用具、衣服、鞋帽和装饰等。"[②] 我国处于不同生态地区并属于不同经济文化类型的诸多民族，为了达到使自然环境和生产活动相协调、相适应的目的，在传统居住文化上具有了各自的民族特色和地域特色。同样，

---

① ［英］马克·奥里尔·斯坦因：《沙埋和阗废墟记》，殷晴、剧世华、张南、殷小娟译，新疆美术摄影出版社 1994 年版，第 202—203 页。

② 林耀华主编：《民族学通论》，中央民族大学出版社 1997 年版，第 80 页。

作为我国西北干旱地区居民的达里雅博依人在传统居住文化方面也具有独特性，其住所选址、居住模式、建筑设计等都与他们生活的环境密不可分。住房是人与环境关系的显著反映，达里雅博依人的传统居住文化最能体现他们与环境之间的互动关系以及他们所处的整个自然环境和社会环境中的各种因素的交互作用（见图3-4）。通过达里雅博依人的居住文化能够充分地了解到干旱地区的人们对干旱地区的特有环境的创造性适应过程。

图3-4　达里雅博依人的居住文化与环境的关系

具体来讲，达里雅博依人的住所中显示出的文化与环境之间的关系主要表现在以下几个方面。

一　住所选址：沿河而居

达里雅博依人选择住所的标准是水源充足、地势较高、气候凉爽、土质干净、环境优美等。这一系列的标准与水资源、地形、自然资源、气候条件、自然灾害等自然环境因素有密切的关系，这也表现了自然环境因素对人类住房选址所产生的影响。对于生活在沙漠地区的居民来说，饮用水就是先要解决的问题。所以达里雅博依人的住宅多是临近水源而建。达里雅博依人可利用的水资源包括克里雅河的地表水和由河水渗到沙子中形成的地下水。他们一般把住宅建在河流两岸（见图3-5），所以他们被称为"达里雅博依人"（"达里雅博依"是维吾尔语"河沿"之意）。克里雅河属于季节性的河流，只有在夏天的洪水期，河水才能流经下端的支流河段，其他的季节，达里雅博依人主要依靠地下水。一般情况下他们通过在临近河流的岸边或在河道内打井来获取所需的水源，解决饮水问题。不过，在达里雅博依地区既可以在其他地方找到水资源，也可以在沙漠深处找到水资源，地下水的一个优点是越靠近河流水它的含盐量越低，越远离河流的地下水含盐量越高。所以，当地人在选房址的时候尽量选择在可以挖出淡水的地方来建造房屋。在达里雅博依人中广泛流传的"离河流越近越容易取水"这一俗语也能充分说明他们在选房址时会把临近水源作为首先要考虑的因素，这是他们居住文化最突出的特点。

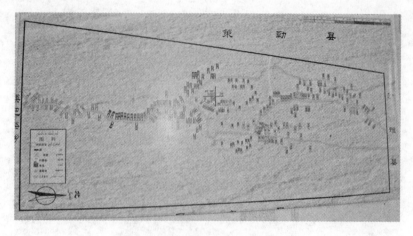

图 3 - 5　达里雅博依乡居民分布

　　达里雅博依人选房址需要特别注意的，是要选择地势较高且洪水达不到的地方，因为在发生洪灾的年代，洪水常常给牧民的房屋造成不同程度的破坏。因此，达里雅博依人常常将住房建在沿河地带的沙丘上或沙丘旁边，通常房后与沙丘连接，屋口朝向胡杨林。就达里雅博依的气候条件而言，夏天非常炎热，高温天气较多。因此，他们将房子甚至牲畜棚都建在胡杨林中，或者房子周围起码得有几棵胡杨树（见图 3 - 6）。这样夏天不仅能避暑而且春季还能起到防风防沙的作用。虽然上述提到的几种自然环境因素都对达里雅博依人选房址产生了影响，但其中决定性的因素还是水源。达里雅博依人面对这种缺水的干旱地区生态环境的文化适应特征在卡拉哈里沙漠的桑人中也是存在的。"11000 平方千米的范围之内只有 9 个稳定或半稳定水源，桑人在每年的 4—5 月份很大的程度上就依靠这些水源，把临时居住地安置在离水源较近的地方。一天的活动范围离住地不超过 15 千米（直线距离）。因此，持续的缺乏水源对他们来说是最大的限制性因素。"[①] 逐水而居不仅是沙漠居民居住文化的一个显著特点，而且也是世界上生活在任何一种生态系统的人群都共有的居住特征。在我国东北地区以狩猎为生的鄂伦春人一般会根据季节的变化、野兽的多寡、牧场的好坏等情况而迁移，住所也一般选择靠近山、水、树林的地方，这主要就是为了狩猎、放马、饮水和打柴的方便等[②]。简言之，水资源是影响世界各地不同人类群体居住文化最主要的因素。

图 3 - 6　胡杨树下的达里雅博依人住房

二　居住模式与畜牧生计

美国人类学家斯图尔德注重研究环境对人类群体分布的影响，他在对美国大盆地土著人的研究中，将水、海拔、气温、地理障碍以及可利用食

---

① Edited by Richard B. Lee, Irven DeVore, *Kalahari Hunter – Gatherers: Studies of the ! Kung San and Their Neighbors*, Boston: Harvard University Press, 1976. p. 43.

② 何群：《环境与小民族生存——鄂伦春文化的变迁》，社会科学文献出版社 2006 年版，第 225 页。

物资源的年度变化视为影响人类群体分布的决定性因素。聚落模式是指人类群体与自然条件和社会环境相关联的分布形态。影响聚落的因素众多，"包括诸如自然障碍、技术和生计、政治组织、亲属关系、战争和意识形态以及象征符号等。这些变量中复杂的相互作用都影响到一个种群的实际分布情况"[①]。影响人类群体聚落形态的因素实在太多，但是，这些因素对不同人类群体聚落形态的影响程度是不同的。

达里雅博依人居住模式最鲜明的特征是分散性和分布不均匀性，此特点是由他们生活的自然环境和在这种环境中形成的游牧生产的需求所决定的。与居住在塔克拉玛干沙漠边缘绿洲地带的维吾尔族人所不同的是：达里雅博依人分布十分分散，通常两家之间的距离近则几千米，远则数十千米。达里雅博依人的房子就像星星一样分散，广阔的胡杨林内有时只居住着一两户人家。人类的生计方式在很大的程度上影响着人类的居住模式。由于畜牧业生产需要的空间远远比农业所需要的空间大，塔克拉玛干沙漠的达里雅博依人在长期的放牧过程中形成了分散居住的习惯。众所周知，分散居住是世界上各游牧民族的共同特征，这是由于游牧业需要足够大的草场，这对于游牧业来说是先决条件。游牧者分散居住的目的是占据较多的土地资源，为放牧提供足够的水草。

达里雅博依人的草场类型属低地草甸草场，主要植物仅有芦苇、胡杨和红柳，其中可做牧草的芦苇"覆盖度24%"[②]"草场载畜量为11.5亩/一只羊"[③]。于田县山地草原草场"草群覆盖率30%—70%，主要有昆仑针茅、黄芪、刺草、昆仑蒿、高山紫苑、天山鸢等，植物种类多"[④]。达里雅博依一带植被种类少且稀疏，牧场载畜量比平原和山地地区的要少得多。这种情况自然增加了畜牧业对草原面积的需求，从而形成达里雅博依人居住模式的分散性和分布不均衡性。此外，这些原因与可利用的植物资源缺乏等一起影响了该地区居住人口的规模和密度。达里雅博依乡总面积为15344.59平方千米，1949年有55户310口人，平均约每280平方千米有一户或约每50平方千米有一人。达里雅博依乡总面积中沙漠占地多，

---

① ［美］唐纳德·L.哈德斯蒂：《生态人类学》，郭凡、邹和译，文物出版社2002年版，第10页。

② 于田县史志编纂委员会编：《于田县志》，新疆人民出版社2008年版，第208页。

③ 此数据来自于田县草场管理局提供的内部资料。

④ 于田县史志编纂委员会编：《于田县志》，新疆人民出版社2008年版，第207页。

但人们主要居住在绿洲一带。达里雅博依绿洲长 350 余千米，在绿洲地带上，平均每 7 千米长的地段有 1 户或平均每 1 千米长的地段有 1 人。虽然随着人口的增长，人口密度也有所增加，但达里雅博依人还是保持着分散居住的模式。

达里雅博依人在适应塔克拉玛干沙漠的特殊环境过程中形成的这种分散居住的模式，与其他沙漠地区居民具有共性。人类学家理查德·李在 20 世纪 60 年代对卡拉哈里沙漠的桑人的研究表明，"卡拉哈里沙漠的生态系统每一平方英里能够养育 40—100 人。这地区的主要限制因素是水源，在卡拉哈里沙漠井与井之间的距离超过 100 英里。在降水正常的情况下每个水井每年只能提供 30 个人的饮水（干旱期更少）。所以，卡拉哈里沙漠的居民形成了分成若干个小组分散居住的特点"①。此外，人类学家斯图尔德 20 世纪 30 年代对美国西部干旱地区的休松尼印第安人关于文化与环境关系的相关研究表明，"休松尼人所利用的自然环境极为有限，所以人口分布极端分散。在这些区域中土地比较肥沃的地区，也许 5 平方英里有一个人；而在没有水源的地区，50 或 100 平方英里才有一个人，整个区域的平均值是 20 到 30 平方英里才有一个人"②。

从以上的例子中我们可以了解到，世界上各个干旱地区居民的居处模式在很大程度上都受到水、植被和动物等自然资源的分布及资源利用方式的影响。

达里雅博依人聚落模式的另一个显著特点就是分布不均匀。据达里雅博依乡政府 2009 年的相关统计显示：在克里雅河下游上段一带共分布 65 户（主要包括第一、第二小队的居民），占全乡总户数的 22.3%。全乡人口集中分布在克里雅河下游中段一带，共有 177 户（主要包括第三、第四、第五小队），占全乡总户数的 60.6%。其中第一、第二小队的居民分布最为分散。据一位在达里雅博依和于田县城之间 10 年以来从事运输业的司机介绍：

---

① Damiel G. Bates, Elliot M. Fratkin, *Cultural Anthropology* (3ʳᵈ ed), Boston: Allyn and Bacon, 2003, p. 102.

② ［美］史徒华：《文化变迁的理论》，张恭启译，台北：远流出版事业股份有限公司 1989 年版，第 121 页。

　　个案：（库尔班·玉素普，男，28岁，第三小队居民）第一、第二小队人家的房子主要布局在河的两岸。车也沿河流行驶。第一户就是第一小队的阿不力孜·卡日的家，之后的顺序和家户之间的距离分别：阿不力孜·卡日→巴克·台克（4—5千米）→买买提明·帕西塔克（4千米）→买提托合提·喀日木（1千米）→赛迪·巴热克（7千米）→买提吐尔逊·赛迪（3千米）→阿布都拉·努尔（8千米）→努日·库尔班（5千米）→买提斯迪克·托格（10千米）→买提玉素甫·买提斯迪克（10千米）→巴热提·托格（15千米）→买买提·巴热克（5千米）→买提托合提·克热木（20千米）；第二小队各家顺序和距离是：买提托合提·克热木→托合提·亚格（15千米）→买提斯迪克·阿布都热依木（4—5千米）→买提托合提（10千米）→买提吐尔地·伊明（15千米）→苏皮·玉尔嘎（10千米）→艾里木·毛拉（1.5千米）→哈斯木·克热木（1千米）[①]。

　　从以上的实际情况可以看出，达里雅博依地区的居民居住十分分散，尤其是第一小队的居民更是如此。相距最远的两户之间差不多有20千米。以上讲到的是达里雅博依地区2012年的人口分布情况。为了解达里雅博依人20世纪80年代之前的分布情况，只能以现在的分布状况为基础而进行推测。因为关于这方面没有任何的历史文献记载。

　　综上所述，达里雅博依人的居住具有分布不均匀的特点。那么是什么原因造成水资源较丰富的上游人家稀少、而季节性河水地段家户较为密集呢？对于沙漠地带的牧民来说水的重要性是不言而喻的。那么造成这一特征的主要因素就应该是对畜牧业极为重要的植被资源及其分布的情况。对于达里雅博依的牧业而言最主要的饲料就来自胡杨树、芦苇、红柳三种植物。其中芦苇就长在比较潮湿、水源丰富的地带，所以在乡境内河流上游一段分布较广，而上游胡杨较少。胡杨和红柳抗旱能力强，好几年没水也不会枯萎，这些植物主要分布在夏季洪水能流经的下游中下段一带，并形成茂密的树林。在过去，达里雅博依人夏季用砍下的胡杨枝喂牲畜，冬季就用秋天储备好的被晒干的胡杨树枝和树叶作为牲畜的饲料。胡杨树极为耐旱，在降水少甚至干旱的时期也能为牲畜提供稳定的饲料。此外，胡杨

---

① 2012年1月20日笔者电话访谈记录。

树还是牧民家里主要的建筑材料和燃料，所以达里雅博依的牧民主要居住在胡杨多的地方。而胡杨分布较少的地带居住的人也少。

除了上述的这些影响达里雅博依人传统居住模式的因素以外，还需要提到血缘关系的影响。达里雅博依人虽然居住分散，但他们基本上和亲属相邻而居。

三　民居的生态设计

人类的居住格局普遍受到自然地理环境条件的制约，居屋样式往往表现出明显的地域差别。江帆认为，"民居格局的设计不是来自专业建筑师的绘图，而是来自民众集体记忆中的传承，是一种没有专业建筑师设计的建筑。民居的格局与当地的地理条件和拥有的建筑材料有密切的关系。由于房屋材料的形式与性质普遍受制于自然资源条件的影响，不同的人类群体所处的自然环境不同，所获取的资料有所区别，因而必然折射出所处的自然地理风貌和资源特点，且带有鲜明的大自然印记"①。首先，可利用的地方性自然资源在当地住房形式中表现特别明显。地方资源对建筑风格的影响在达里雅博依人的传统居住文化中也能够集中体现出来。达里雅博依地区的土壤结构以沙土为主，当地没有像塔克拉玛干沙漠边缘地区维吾尔族人那样以土为原材料，用土坯盖房的可能性。因此，他们只能合理使用所拥有的胡杨树、红柳、芦苇等地方资源来解决他们的建筑材料问题。达里雅博依人的居住类型主要有以下几类：

1. 窝棚式房屋：胡杨、芦苇、红柳是达里雅博依人最主要的建筑材料，当地人将用这些材料建的窝棚式房屋称为"萨特玛"（satma）。达里雅博依人中"萨特玛"一词有两种意义，一是指墙体和屋顶都是用芦苇、胡杨树枝或红柳条捆扎而成的棚屋；二是当地人的整个住宅的统称。按建筑材料的不同，"萨特玛"可分为芦苇棚（qomush satma）、红柳枝棚（yulghun satma）、芦苇红柳混合棚（arilash satma）和胡杨木屋（toghraq satma/baldag satma）四种。其中前三种的建造方式相同，先用较粗的胡杨木做房架，然后把芦苇、红柳枝或两者混合起来竖插入沙土里，上部、中部和下部都用绳索捆绑（见图 3-7 右边第一，第二张）。当地房屋的墙体分为芦苇墙、红柳枝墙和混合墙。胡杨木屋的结构与前三种房屋有点不

---

① 江帆：《生态民俗学》，黑龙江人民出版社 2003 年版，第 175、181 页。

同，这种房屋的四壁都是排列竖起的直径10—15厘米的胡杨木椽子。屋顶上用较粗的胡杨木做屋梁，然后再铺上芦苇、胡杨树枝等（见图3－7左）。"萨特玛"没有窗户，只在屋顶上开一个天窗采光，也用作烟囱。屋门多用半面空心的大胡杨树干做成。

图3－7　达里雅博依人的萨特玛（satma）

从上述三种建筑材料的分布特点来看，克里雅河在达里雅博依境内的上游地带芦苇分布较广，胡杨和红柳较少，因此这一带的居民以芦苇做主要的建筑材料。中下游地段胡杨树和红柳较多，所以中下游的居民多住在胡杨木屋和红柳棚屋里。

2. 木骨泥墙式房屋：其实，这种房屋就是在"萨特玛"的墙抹上一层泥而建成的。即用沙子、淤泥、牲畜的粪便和芦苇屑合成的泥巴涂抹"萨特玛"的内外墙。当地人称这种房屋为"öy"。建造这种房屋的另一种方式是，将红柳干或跟红柳枝一样粗的胡杨树枝竖着埋进土里，并在这些树枝缝隙里面塞泥巴来做墙。屋顶也是用树枝盖上后再用同样的方法建成。屋内布置也跟"萨特玛"一样有炕和火塘。此种房屋具有悠久的历史，从达里雅博依乡境内的古城遗址中就发掘出了这种建筑。从"喀拉墩古城居民遗址建筑结构来看，即现在地面埋置的排列有序的胡杨立柱，作为房屋的主体框架，然后在立柱上编扎芦苇和树枝，最后抹泥进行塑筑，即木骨泥墙形式。房屋内存有喀拉墩人当时使用的炉灶、烟道、土坑等"[①]。以上两种房屋类型我们可以从地处塔克拉玛干沙漠中的民丰县亚

----

　　① 伊弟利斯、高亨娜·迪班娜·法兰克福、刘国瑞、张玉忠：《新疆克里雅河流域考古调查概述》，《考古学报》1998年第12期。

通古斯村和尉犁县喀尔曲尕乡维吾尔族人的居住文化中找到。

　　3. 地窝式房屋：除了以上两种主要房屋类型之外，达里雅博依人还曾有过地窝式的房屋，当地人叫"盖买"（gämä），它的结构如下：首先选择土质较硬的地方，挖一个长3—4米、宽2—3米、深1.5—2米的地穴。挖好地基以后，四角立起胡杨柱子，再用芦苇、红柳或胡杨枝扎墙。这种房屋也没有窗户，屋顶上只开一个天窗。这种房屋主要是在寒冷的冬季为御寒过冬而使用。

　　从民居的布局来看，达里雅博依人对住房按照不同的使用目的而进行布局，总的可分为住房、配房和羊圈三个部分。住房又包括厨房、前厅、客厅、内屋等3—4间屋子，这些房屋都是紧挨着建造或以其中一个房屋为中心在周围环绕建造的。各房屋在不同的季节有着不同的用途。一般用作厨房的"萨特玛"是当地人家庭生活的主要场所，一般在萨特玛里做饭、吃饭、休息，有时也用于待客。前厅用于夏季起居，客厅、前厅用于接待客人，内屋主要用于冬季起居。配房则包括库房、柴棚、屠宰棚、大厨房（在婚礼、葬礼等特殊场合下才用）、垃圾房、污水沟、厕所等不同用途的简易房间。达里雅博依人特别注意垃圾房、屠宰棚、污水沟、牲畜棚、厕所等这些配房与住房之间保持一定的距离。"宗教信仰也对住宅的形

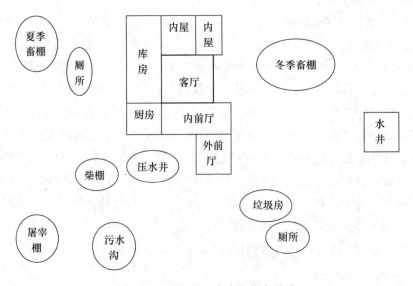

图 3-8　买买提·台克的住宅设计

式、布局和位置起到一定的影响"①。由于达里雅博依人认为污水沟和屠宰棚是妖魔出没的地方，会将其建到离住房数十米或一百多米处。此外，达里雅博依人住宅的布局与其生态观也有密切的关系。他们习惯将不同类型的垃圾用不同的方法处理，一般将灰烬和垃圾放入垃圾房里，污水和吃剩的骨头倒入污水沟里，绝不会随地乱扔垃圾。

羊圈是达里雅博依人住宅的重要组成部分，由于他们以牧业为主，所以家家都有专门的羊圈，这些羊圈也用胡杨和红柳枝围成，分冬季羊圈和夏季羊圈两类。还分成绵羊圈和山羊圈。冬季时为了方便饲养，将羊圈建在住房附近阳光充足的地方，冬季羊圈的墙较厚，上面用树枝和干草棚住。夏季羊圈通常在胡杨林里较为阴凉的地方，这种羊圈没有棚（见图3-9）。

图3-9 达里雅博依人的冬夏季羊圈

作为一个游牧群体，达里雅博依人居住文化最显著的特点在于流动性，游牧的生计方式造就了他们拥有两种住宅类型。一种是长久性住宅，建在有稳定自然资源的夏季草场，用于长期居住，由住房和配房组成。另一种是临时性住宅，建在冬季草场，只有1—2间简单的"萨特玛"。20世纪50年代前达里雅博依地区人口少，分布十分分散，每户所占的草地面积很广，都有夏季和冬季草场。冬夏两季住在不同的草场上，进行牧业生产。此种居住模式至今仍在部分牧民当中存在。

---

① Emilio F. Moran, *Human Adaptability: An Introduction to Ecological Anthropology*, Boulder, Colorado: Westview Press, 2000, p. 96.

　　干旱区的气候对房子的设计起着重要的影响，这里的气候因素主要包括气温、地温、风、雨和日照等。塔克拉玛干沙漠的气候属于温带大陆性干旱沙漠气候，夏季炎热，冬季寒冷。因此，达里雅博依人盖房时会以一间大房子为中心，在四周环绕着修建其他房屋。这就使得处在中间的房屋或内屋夏天的时候因为隔开了炎热而很凉快，冬季的时候又因为被包在最里面，四周被其他房屋遮挡，所以相对较暖和。虽然冬季房屋的建造方式与夏季房屋相同，但冬季房屋的墙一般都要厚而且隔风。此外，当地人采用以下的方法来应对炎热和酷冷等气候压力。

　　塔克拉玛干沙漠在7—8月时气候非常炎热，气温通常超过40℃，阳光照射时间长而强烈，夏季乌鲁木齐时间5点左右天亮，晚上7—8点才天黑。尤其是上午9：30至下午5：30之间阳光最强烈。这种情况下，达里雅博依人利用以下的方式来避暑：一是每天在屋子里洒水1—2次来降低屋内温度。二是合理调整劳动时间，每天早晨4—5点钟起床，赶着牲畜去草场吃草饮水，太阳升起气温升高的时候就回屋休息，基本上中午睡两个小时。下午等天气稍凉了再劳动。达里雅博依乡冬季很冷，寒冷的天气从12月开始要到次年2月中旬才结束。这段时间的光照时间较短，大概上午8点至8：20左右日出，下午5：30至6点左右日落。达里雅博依人御寒的措施如下：（1）寒冷的季节在地窝子里过冬。（2）冬季为了抵御寒风，用胡杨树皮来巩固墙，使得墙和屋顶密不透风。（3）在屋内生火并在火堆旁相互依偎着睡觉。（4）合理调整冬季的劳动时间。达里雅博依人在冬天也起得比较早（早晨5—6点），等到9—10点日出气温升高后，再给牲畜喂饲料，饮水。可以说住宅对他们避暑御寒、适应自然环境起到了很重要的作用。

　　火塘是达里雅博依人房屋设计中比较特殊的一种东西，它的设计也能展现达里雅博依人适应所处气候环境的一种有效策略。炉灶文化是世界许多民族居住文化里共有的。比如，"火坑是我国东北居屋建筑中的一项必备的生活设施，为了适应严峻的气候环境，东北各民族民众还创造出地火龙、暖阁、火炉、火盆等多种取暖设施，与居屋和炕协调配置，构成了寒冷地带独特的居住习俗"[①]。卡拉哈里沙漠的桑人"每户都有为做饭、取

---

① 江帆：《生态民俗学》，黑龙江人民出版社2003年版，第185页。

暖用的火并安置在房屋的前部"①。火是桑人防寒的重要工具：（1）当他们睡觉之前先在房屋前面生起一堆火。（2）他们平时一家人或三四个同性一块儿睡。（3）如果冻得实在睡不着就去火堆旁边烤一会儿回来再睡或一直烤火到天亮②。从以上的例子中可见，火和炉的使用反映的是世界各地不同人类群体对其所处环境中气候条件的适应策略。同样，达里雅博依人在房屋设计中给火塘也留出了特殊的位置，一般情况下位于"萨特玛"的中央。形状为长方形，长1—1.5米，宽0.8—1米（见图3—10）。火塘的上部铺上一层沙子，周围用泥巴糊成台阶。达里雅博依人的日常生活都在有火塘的萨特玛里进行。做饭、吃饭、聊天、取暖、休息、待客等活动都在萨特玛的火塘的周围进行。甚至可以说，达里雅博依人生命一半以上的时间都是在火塘旁边度过的。在过去，由于他们的房屋以窝棚式房屋（萨特玛）为主，对于墙有缝隙的房屋来说，有火塘是必要的。一般是在火坑里燃起一个大树桩，然后全家人就睡在火塘旁边。多数情况下成年人或男人紧挨着火塘睡，孩子和妇女睡在外侧。此外，他们还利用火塘的光来照明，这种习俗在电力不稳的达里雅博依乡仍然延续至今。

火塘　　　　　　　　　　为了御寒而堵风口的萨特玛

图3—10　达里雅博依人的房屋设计与对寒冷的适应

达里雅博依人住房的一些设计特点，如房屋的大小、高度和形式等反

---

① Edited by Richard B. Lee and Irven DeVore, *Kalahari Hunter - Gatherers：Studies of the ! Kung San and Their Neighbors* , Harvard University Press，1976，pp. 67 - 68.

② Edited by Richard Borshay Lee, *The ! Kung San：Men，Women，and Work in a Foraging Society*，Cambridge University Press，1979，p. 107.

映了对气候的适应性。达里雅博依地区的房屋高度一般在 2—2.5 米，有时候要以作为建筑材料的芦苇和红柳的自然高度为标准。通常芦苇的高度为 2—2.5 米，红柳的高度为 1.5—2 米左右。总体来说，达里雅博依人的房屋都比较矮，这种房子具有夏凉冬暖、昼凉夜暖的特点。由于这里的气候干燥，降雨量少，平常建"萨特玛"时屋顶不用上房泥，只用树枝和干草盖住即可。由于沙漠多风，达里雅博依人就用红柳枝或胡杨干来做成一米高的篱笆墙将住房围起来。通过此种办法能够减少风沙对房屋的损坏。在达里雅博依乡气候条件和自然灾害也缩短房屋的寿命。由于阳光特别强烈，当地人的木屋极易晒坏。加之频繁的大风也能损坏房屋，此外，每年的洪水都会冲毁第二、第五小队的一些牧民的住宅，迫使他们重建房屋。对这种由自然环境导致的损失达里雅博依人也只能重建房屋，别无良策。

> 个案：（买提库尔班·买提热依木，男，59 岁，第三小队居民）现在的房子是我们第三次建的房屋，也就是我分家之后第三次建的房屋。第一个被洪水冲毁了，第二个因为大风和暴晒的原因，已经变得破旧不堪。通常一套房子能住 15 至 20 年。比较穷的人也有住 30—40 年的，有钱的人家每 15—20 年重建一次①。

从房屋形式来说，达里雅博依人的房屋一般为平顶长方形平房，长方形设计具有许多特点："第一，能提高内部空间的使用率，而且比圆形住房更易于分隔成不同用途的房间。这一点也适应于土地的使用和分配。第二，长方形住房比圆形住房更容易扩建。人们可以利用已有的墙在原来的长方形住房上加建住房。第三，长方形的住房更容易建造大型的房屋，因为长方形住房在力、负荷和设计特性方面可以按半独立的部分来建造。"②

人类学家 E.F. 莫兰关于居住习俗与环境的关系上指出："居住模式体现出人类对自然资源的分布以及相关社会和文化因素的适应。婚姻模式也影响人类的居住模式。此外，可利用的自然资源和气候条件也是影响房

---

① 2010 年 8 月 18 日笔者在达里雅博依乡的访谈记录。
② ［美］欧·奥尔特曼、马·切默斯：《文化与环境》，骆林生、王静译，东方出版社 1991 年版，第 253—254 页。

屋的建造方式的因素。"① 从中可见，不光是自然资源、气候等自然环境因素在住房设计中起着作用，而且建造技术、宗教信仰、社会关系、生态观等文化因素对住房设计也有一定的影响。

至 20 世纪 90 年代，达里雅博依人中都没有木匠，所以房屋都是自己修建，建成的房屋简单而粗糙。建房时用捆绑树枝等技术含量较低的方法来建房子。在连接柱子和横梁时主要选用带杈的树枝作为柱子，将横梁放在树杈柱子上或用红柳做钉子连接在一起。建造"萨特玛"时，用羊毛绳子来代替铁丝绑系树枝做成墙壁。据笔者在调查中观察到，在所有材料都备齐的情况下三到四个人用一两天的时间就能建好一间"萨特玛"。此外，床在达里雅博依人的生活中是比较罕见的，一般都是在每个房屋砌上炕。炕很矮，高度为 20—30 厘米，是先用一定长度的胡杨树干来固定，再把沙子倒进夯实而成的。这种土炕的高度不超过确定炕位置的胡杨树干高度。此外，达里雅博依人还运来洪水过后沉淀于河床的淤泥，垒成 20 厘米左右的炕沿。除了以上的例子外，我们还可以从达里雅博依人房门的设计中看出技术因素在住宅中的影响。

木栅门（gharal）　　　　　　榛子门（baldaq）　　　　　　胡杨木门（kongtäy ishik）

图 3 - 11　达里雅博依人住房的门

胡杨木门（kongtäy ishik）：将直径在 1 米左右的大胡杨树干从中砍成两半，将中间掏空，形成木盆形状后用绳子系在门上，当作"萨特玛"的门。

---

① Emilio F. Moran, *Human Adaptability: An Introduction to Ecological Anthropology*, Boulder, Colorado: Westview Press, 2000, p. 96.

木栅门（gharal）：用几根胡杨干制成，高1.20米，长1.30米左右。多数情况下用作院子或羊圈的门。

橼子门（baldaq）：在两边竖着放的树干之间将胡杨橼子横着整齐地摆放至1—1.5米高做成。做这种门通常用15—20根长1.5—2米的橼子。这种门多用作羊圈的门或小山羊棚的门。与木栅门相比，橼子门的橼子摆放比较密集，幼畜无法从中穿过，而且这种门的开关也很简单，也就是摆放橼子来关门，去掉橼子来开门。这正好反映了他们有限的技术对他们住宅设计的影响。

在这里还特别值得一提的是，达里雅博依人的房门是不上锁的，如果他们要出远门的话把房门关上就行。当地人民风淳朴、路不拾遗，当主人不在家的时候，如果有行人需要住宿就可以推门而入，吃饱肚子并住上一宿。这种事情在达里雅博依地区很普遍。

达里雅博依人的住宅设计与社会关系、风俗习惯有密切的关系。具体来说，达里雅博依人的房屋数量比较多且房间宽敞，这主要是为招待来参加婚礼或葬礼的客人准备的。在20世纪60—70年代，达里雅博依乡人口极少，每家只有3—4间住房，如今每家都有6—8间住房。他们除了自己使用的房子之外还要多建造2—4间客厅。当谁家有红白喜事的时候，全村的人都会聚到这家人的家里。婚礼大概要举办两三天，所以客人们也要住一到两天。此外，由于他们居住得特别分散，不能经常见面，所以他们常常趁着这些机会进行信息交流。风俗习惯、社会交往的因素、封闭的生活环境形成的好客的性格等特征都对他们的居住文化产生了一定的影响。2010年在达里雅博依乡进行的首次实地调查当中，笔者采访了居住在第五小队亚曲西坎（yachüshkän）名叫达曼·托克逊的一家人，这家人房子的前厅长11米、宽9米且有3个土炕，客厅约有100平方米且有2个大土炕，这样的房子至少能容纳40—50人，达里雅博人的房子非常宽敞，而且家家都会准备很多的被褥，就是为了在有红白喜事的时候招待客人用。

综上所述，通过对达里雅博依人的居住文化进行考察可以发现，人类及其文化是如何与环境发生关系的。地理位置、气候条件、自然资源等自然环境因素以及这些因素决定的畜牧业生计方式和宗教信仰、民俗习惯、生态观等文化因素对达里雅博依人的居住习俗都具有重要的影响，而且达里雅博依人通过住房这一文化策略来有效地适应了其所处的特殊环境。

第四节 达里雅博依人的工具文化

人类学家通常认为生产工具是人类所特有的，是人区别于动物的一个重要标志。关于这方面，人类学家泰勒更明确地提出了人的最好定义："人不是使用工具的生物，而是制作工具的生物。"① 的确，人可以借助工具、依靠技术来维持自己的生存，并支配他所生活的环境。在漫长的生产和生活实践过程当中，世界各地人类群体创造了与其所处的环境和从事的生计方式相适应的工具和其他物质设备，并且积累了如何制造和使用工具的经验。

达里雅博依人的畜牧、狩猎生产活动和日常生活都离不开各种工具。他们合理使用身边的自然资源制造出了所需的各种工具。此外，一些铁制工具则是从其他地区买回来作为补充。达里雅博依人常用的生产和生活工具见表 3 - 2。

表 3 - 2 　　　　　　　　　达里雅博依人的常用传统工具

顺序	工具名称	材料						备注
		胡杨	红柳	芦苇	淤泥	家畜产物	金属和其他	
1	斧头 *						√	
2	长柄镰刀 *						√	用于修胡杨枝
3	镰刀 *						√	用于割草
4	砍砍 *						√	
5	磨刀机	√				√	√	
6	绳子					√		
7	木钩	√						装货后用来拉紧绳子
8	独木梯	√						
9	树杈梯	√						

---

① [英] 爱德华·B. 泰勒：《人类学》，连树声译，广西师范大学出版社2004年版，第158页。

顺序	工具名称	材料						备注
		胡杨	红柳	芦苇	淤泥	家畜产物	金属和其他	
10	红柳钉		√					
11	板车	√						
12	抬把子	√						
13	木四脚架板1	√						用于晒草
14	牲畜饮水槽	√						
15	树形木架	√						用于挂胡杨枝叶喂幼畜
16	头羊铃铛＊						√	
17	羊毛刀＊						√	
18	山羊绒梳＊						√	
19	坎土曼＊						√	
20	挖掘棒＊						√	用于挖大芸
21	捕兽夹＊						√	
22	木棍	√	√					狩猎工具
23	圆柱木箱	√						
24	木桶	√						
25	木缸	√						
26	木箱	√						
27	木碗	√						
28	木盘	√						
29	汤勺	√						
30	小勺	√						
31	烤肉扦子		√					
32	笊篱		√					
33	篮子		√					
34	挂肉钩	√	√					
35	水壶＊						√	
36	铜壶＊						√	
37	铸铁锅＊						√	
38	长凳子	√						

续表

顺序	工具名称	材料						备注
		胡杨	红柳	芦苇	淤泥	家畜产物	金属和其他	
39	圆柱木板	√						
40	木板	√						
41	麻袋					√		
42	皮囊					√		
43	淤泥灶				√			
44	铁三脚灶*						√	
45	木三脚灶	√						
46	火棍		√					
47	毛毡					√		
48	毛毯					√		
49	被褥					√		
50	擦脚皮					√		
51	衣架	√						
52	摇篮					√		
53	木四脚架板2	√						用于摆放被褥
54	胡杨箱子	√						
55	芦苇扫帚			√				
56	红柳扫帚		√					
57	木盆	√						用于洗衣服
58	油灯					√		
59	手杖	√	√					
60	礼拜垫					√		
61	灵床		√					
62	胡杨棺材	√						

　　资料来源：笔者根据调查资料整理。

　　备注：其中1—22是牧业和狩猎工具，23—62是生活工具，其中33—46是厨具，47—62是其他家具。带*号是从外地买来的工具。

　　据笔者在调查中观察到，达里雅博依人的传统生产和生活工具有60

多种，其种类和数量都不多，这与他们所从事的生计方式有关或者说是由他们的游牧生活方式所决定的。美国人类学家哈维兰认为"一个社会使用的工具数目和种类——连同关于如何制作和使用这些工具的知识构成其技术（technology）——是与社会成员的生活方式相联系的。寻食者和游牧的牧民，他们频繁迁徙，与不太迁徙的牧民相比，往往拥有比较少和比较简单的工具，部分原因在于大量复杂的工具会妨碍他们流动"①。此外，这又是由他们所拥有的自然资源决定的。从达里雅博依人所使用工具的材料来看，主要有胡杨木、红柳木、芦苇秆、淤泥、畜牧产品和金属等几种，其中有 14 种工具属于金属类，都从于田县城买来的或是由外地的铁匠到达里雅博依乡制作的，剩下的都是当地人利用地方资源制作的工具，其中有 29 种是用胡杨木做成的，10 种是用红柳木做的，一种是用芦苇做成的，一种是用淤泥做成的，12 种是用畜牧产品为原料制成的。以胡杨木做原料的工具占多数，其次是以畜牧产品为原料制成的工具。在达里雅博依乡分布较广的植物有胡杨树、芦苇和红柳三种，要数胡杨树分布最广泛。胡杨木质坚硬，具有耐水、抗腐蚀等特点。胡杨木成为当地人制造木质工具的主要原材料。材料、工具和用器与他们所从事的生计方式有直接关系，皮、毛和羊油等畜牧产品成为达里雅博依人常用的生产生活工具的主要原料之一。此外，淤泥也是当地可利用的一种建筑材料，同时淤泥在制造工具和用器中也会用到。淤泥一般在洪水过后的河床中形成，当地人等淤泥干了以后拿回去糊炉灶和墙壁。

从制作方法来看，达里雅博依人的工具和用器比较简单，为了更好地理解其特点我们将在下面介绍几种生产生活工具的制造方法。

独木梯：在直径 20—25 厘米、长 2—7 米的一根胡杨木上，每隔 20—30 厘米用斧头或凿子挖出一个能站住脚的豁口，一般情况下这种独木梯是放在井里取水时使用，上树砍胡杨枝或上房顶晒大芸时也能用得上。

树杈梯：用长 3—4 米且带杈枝的胡杨树枝制成，在每隔 30 厘米处用横木棒进行固定，这种树杈梯是给牲畜准备饲料时必不可少的生产工具。

挂肉钩：达里雅博依人把它称为"sächä"，是他们主要的厨具之一。

---

① ［美］威廉·A. 哈维兰：《文化人类学》，瞿铁鹏、张钰译，上海社会科学院出版社 2005 年版，第 202 页。

通常都用胡杨枝或红柳枝中带叉的枝做成。一般有 4—8 个叉，要用小刀将其削尖。木钩的叉子平均长度为 15—20 厘米，当地的男女都会制作。多数挂钩都用绳子挂在房梁上，主要用来挂肉。

筐子：用红柳的嫩枝编织而成，有大有小，形状呈圆形，主要用来装食物。

磨刀机：用胡杨椽子、砂轮和绳子等制成，磨刀机是牧民磨斧头、砍刀、刀子、羊毛刀和镰刀等生产生活工具时必不可少的工具。磨刀机的使用需要两个人的配合，一个人通过拉动绳子使砂轮转起来，另一个人则在砂轮上将刀具磨得锋利。

芦苇扫帚：7—8 月是芦苇抽穗的季节，这时妇女们连带穗头割下长度 50—60 厘米的芦苇，将胳膊粗细的一捆扎在一起做成扫把。这种扫把主要用来清扫毡子和地毯。

淤泥炉：当洪水过后当地人就把河床上沉淀下来的淤泥运回来，用它垒成 30 厘米高的炉子。这种炉子一般用来在野外放牧时做饭。

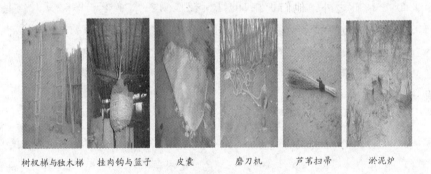

　树杈梯与独木梯　挂肉钩与篮子　皮囊　磨刀机　芦苇扫帚　淤泥炉

图 3 - 12　达里雅博依人的常用工具

毛绳：用山羊毛（去掉山羊绒所剩下的毛）捻成的绳子。通常有两种：一种比较短，长 3—4 米。另外一种长 6—7 米。当地的男女都会捻毛绳。

木钩：用胡杨或红柳的树杈制作，用小刀将两个叉枝的一个削尖，长度在 30 厘米左右，一般和毛绳一起使用，即装货后用来拉紧绳子。

木盆：木盆制作起来十分简单，把胡杨树中间凿空即可。大的用于洗衣服，小的用于和面。

木三脚灶：将 3 根长度为 60—70 厘米的胡杨枝固定在地上制作而成。

一般为比较多的人准备饭时才使用。

圆柱木箱：用胡杨树干做成的圆柱形的木箱子，先把树干的中间掏空，再在上面开一个 30 厘米长正方形的口，这个口是用来放东西或取东西用的，这种木箱主要用来存放玉米或面粉。

斧头：用斧头砍胡杨枝喂牲畜是达里雅博依人主要的畜牧生产劳动。达里雅博依人的生产生活都离不开斧头，可以用于砍树枝、劈柴火、制造工具等。他们所使用的斧头长为 60—70 厘米，通常都是从县城购买。

从中我们可以看出，达里雅博依人的生产和生活工具多数是自己用斧头、刀子等简单的工具来制作的，其制作简单、样式粗糙，甚至有些工具和用器没有经过任何的加工就直接使用。一些研究者将这种类型的工具称为"自然工具"（naturefacts），并给它定义为"从自然环境中直接得到的工具或没有进行改造就使用的工具"①。类似的工具在达里雅博依人传统工具和用器中占有一定的比例。例如，一般情况下，较大的胡杨树树干都是空心的，当地人就把附近的空心胡杨树作为存放生产或生活工具的箱子来使用。除此之外，他们把弯曲的红柳枝作为挑火或烤"库麦其"时使用的工具，还用一个胡杨树墩作为放置水桶、水壶或锅碗瓢盆的搁物板。

除以上提到的木质用器之外，还有许多的厨具都是以胡杨木作为原材料，通过对胡杨木进行刻、削、挖、凿等方式来制成，这种工具直到 20 世纪 60—70 年代一直在使用。

> 个案：（买提库尔班·买提热依木，男，59 岁，第三小队居民）以前水桶都是用胡杨木做成的，碗也是用胡杨木做成的，这种木碗被称为"jam"。吃饭的勺子也可以用胡杨木或红柳木做。现在这种用胡杨木做成的餐具只有在一些老人家里找到。当我们还是孩子的时候，就用这种餐具，后来结婚了就开始使用铁制的餐具②。

在金属和塑料制品普及之前，当地牧民的生产生活工具多为木制品或皮革制品，这当然是对生存环境和游牧生计的适应。随着陶瓷、铁器和各

---

① Wendell H. Oswalt, *Habitat and Technology*, New York, London: Holt, Rinehart and Winston, 1973, p. 14.

② 2010 年 8 月 18 日笔者在达里雅博依乡的访谈记录。

种塑料制品的大量上市，当地人也开始使用此类生活用品了。

本章小结

　　本章主要描述了达里雅博依人对沙漠环境适应的主要文化策略——饮食、服饰、居住和工具文化等，并分析了干旱地区的人与环境的互动关系。生存环境决定着人们的生计方式及其文化特性。达里雅博依人所处的独特的生存环境及其所决定的畜牧生计在很大程度上影响着他们的物质文化的各方面。"萨特玛"是达里雅博依人适应塔克拉玛干沙漠的极端气候条件和地方资源而产生的一种创作。分散的居住模式也显著地体现了达里雅博依人对自然资源稀少和分布不均衡这一自然环境特征及畜牧业生产的自然要求的适应性。达里雅博依人的传统服饰和饮食文化也反映了他们对特殊的沙漠环境和他们所从事的畜牧生计模式的适应。达里雅博依人的传统饮食、服饰、居住和工具文化等均充分体现出达里雅博依人与其特有的生存环境之间的互动关系。达里雅博依人特有的生存环境不但决定他们的生计和生活方式，也形成和保留了他们文化的独特性。达里雅博依人的传统物质文化作为他们适应塔克拉玛干沙漠特有环境的产物，有着自己的特性，那就是简单性、适应性、自然性和地域性。

第四章

精神生活的文化透视

像任何其他动物一样，人类以生理适应实现对其所处环境的适应，但他们在很大程度上依靠文化适应策略。即使他们所处的环境如此的恶劣和危险，但人类以文化媒介，能够具有强大的生存能力。人类通过采集食物、狩猎动物和培育农作物等手段来获取粮食，用各种服饰和居住方式来应对来自环境的压力，与邻近群体进行贸易互换来换取所需的物品。但是在理解人类适应时，这些技术方面的文化行为做出的相关反应不是唯一应该考虑的问题，人类的文化适应还包括人类文化行为的制度和精神层面上的适应性。人类学家唐纳德·L. 哈迪斯特认为"适应被看作由三种文化行为的变化（技术、制度和思想）而产生。技术是人类用以寻求食物、获得保护和进行繁殖的'工具箱'，包括从简单地使用棍棒到核电站的各种事物。制度文化是群体中有关个人社会地位和作用的网络，它包括亲属关系、社会等级以及各阶级的社团和政治等。思想是包括'价值、规范、知识、哲学和宗教信仰、情感、道德准则、世界观等'的一种规程"①。除了技术之外，意识形态也与环境相互作用。风俗习惯、社会组织、宗教信仰、知识、仪式、自然观、心理性格——所有这些文化措施都促进了人类的生存和发展。这一章主要讨论达里雅博依人在精神生活方面表现出的文化适应策略。

---

① ［美］唐纳德·L. 哈迪斯特：《生态人类学》，郭凡、邹和译，文物出版社 2002 年版，第 18 页。

第一节　达里雅博依人的社会习俗

一　婚姻家庭

　　婚姻形式是一种特殊的社会关系，可以为人类的生存与发展提供适宜的条件。韦斯特·马克（Edward Westermark）对婚姻从人类学角度给出了这样的定义："婚姻是习得的习俗或法律承认的一男或数男与一女或数女相结合的关系，并包括他们在婚配期间相互具有的以及他们对所生子女所具有的一定的权利和义务。"① 任何一个人类群体的婚俗都是该群体的历史发展、地理环境、宗教信仰、文化传统等社会和自然因素交错而生的结果。达里雅博依人在所处的独特的生存环境和具有浓厚地域性的文化传统的影响下，也形成独具特色的婚姻习俗。尤其是特有的自然环境和社会环境对达里雅博依人的婚姻习俗产生了很大的影响。达里雅博依人婚俗的特殊之处显著地表现在本群内部通婚、近亲结婚、早婚等诸多方面。

　　达里雅博依人的婚姻是一夫一妻制，一般是在夫方居住的形式，即妻子到丈夫家生活。达里雅博依人的联姻范围只限于本地，即以本群体内部通婚为主。一直以来都是达里雅博依的小伙子不娶外地女子，姑娘也不嫁外地男子。究其原因，首先与达里雅博依人生活空间的偏僻以及所产生的封闭的社会环境有密切的关系。达里雅博依乡地处塔克拉玛干沙漠腹地，离最近的于田县也有 250 多千米，这种偏僻的地理位置以及交通险阻使得达里雅博依人几乎与世隔绝，因此直到 20 世纪 80 年代末达里雅博依乡成立之后，交通才发展起来，当地人也与外界有了一些接触。这种闭塞的生活使得达里雅博依人形成了本群体内部通婚的婚俗习惯。因此，族群内婚制已成为达里雅博依人的一种传统文化策略。此外，达里雅博依人传统婚俗的另一个主要特点是，近亲婚被达里雅博依人认为是最理想的婚姻即优先婚。达里雅博依人中的近亲婚在平表和交表兄弟姐妹之间却存在。这种婚俗现象直到达里雅博依乡成立，政府干涉后，才有所减少。对于这一点当地人说道：

　　　　个案一：（买提库尔班·买提热依木，男，60 岁，第三小队居民）

---

　　① 转引自庄孔韶主编《人类学通论》，山西教育出版社 2005 年版，第 271 页。

我们这里表兄弟姐妹之间成婚的有 50 多桩, 表兄弟姐妹的儿女之间结亲的就要更多了①。

个案二: (阿布都拉·克热木, 男, 60 岁, 达里雅博依乡前任乡长) 表亲之间结婚的人可能要占 30%。从 1994 年开始不允许表兄弟姐妹之间通婚了。近几年来, 表兄弟姐妹的儿女之间也不能结婚了②。

笔者在 2011 年的调查中共统计到表亲婚达 30 多桩, 这当然不是完全的统计数据。表 4-1 是笔者在调查中所记录的达里雅博依乡两个家族的近亲婚情况。

表 4-1　　　　　　　托克孙家族和托格家族近亲婚的状况

托克孙家族		
兄弟姐妹	孩子辈	近亲婚
老大: 哈斯亚提汗·托克孙	1 个孩子: 1 女	1. 老大的女儿与老三的长子 (该女儿难产死)
老二: 买提库万·托克孙	5 个孩子: 4 男 1 女	2. 老二与其妻子 (姨表婚) 3. 老二的二儿子与老四的长女 4. 老二的三儿子与老五的长女
老三: 买提吐尔逊·托克孙	7 个孩子: 3 男 4 女	5. 老三的长女与老四的长子
老四: 买买提明·托克孙	7 个孩子: 4 男 3 女	6. 老四的长子与老七的长女 (离婚)
老五: 达曼·托克孙	7 个孩子: 4 男 3 女	
老六: 尼牙孜汗·托克孙	4 个孩子: 1 男 3 女	7. 老六与其前夫 (表亲)
老七: 热依木汗·托克孙	3 个孩子: 1 男 2 女	
托格家族		
老二: 喀斯木·托格	7 个孩子: 4 男 3 女	1. 老二的二儿子与老四的二女儿 2. 老二的四儿子与老三的女儿
老三: 努热汗·托格	4 个孩子: 3 男 1 女	3. 老三的长子与老四的长女 4. 老三的小儿子与老二的小女儿
老四: 萨带提汗·托格	5 个孩子: 1 男 4 女	

资料来源: 笔者根据田野调查资料整理。

---

① 2011 年 10 月 14 日笔者在达里雅博依乡的访谈记录。
② 2011 年 10 月 17 日笔者在达里雅博依乡的访谈记录。

　　将这些数据跟以上当地人的叙述相联系，我们不难推测出达里雅博依人之间的近亲结婚现象在当地的近 250 户人家中占大多数。是什么原因促成这种现象的形成呢？首先，与达里雅博依乡人口稀少、居住分散、人与人之间接触少有着直接的关系。

　　　　个案：（喀斯木·伊斯拉木，男，50 岁，第五小队居民）我们这儿的人口少，以前的时候更少，没有太多的择偶余地，所以只能亲戚和亲戚结亲。还有一个原因就是觉得近亲结婚是亲上加亲。如果亲戚里面有合适的人选，父母就不会给儿子娶别家的女子，也不愿意将女儿嫁给外人。老人们觉得再亲的外人终究是外人。因此有"姑舅亲姑表亲，打断骨头连着筋"这样的说法①。

　　达里雅博依乡 1949 年有 55 户 310 人，以放牧为生的达里雅博依人为了占据较多的草场，分散居住在 350 余千米长的绿洲上。他们以家庭为一个生产单位，在自家广阔的草场上进行单独的活动，因此形成了非常分散的居住习惯。达里雅博依乡按照 1949 年将整个绿洲平分给 55 户的算法来算，平均每 6.5 千米长的范围内居住着一户人家。再加上以前交通不便，人们之间的交往也不多，只有在红白喜事和节日这样的时候才能有大规模聚在一起的机会。从达里雅博依人居住的特点来看，一般都是亲戚们相邻而居，虽然跟别人的接触不多，但是却能够常常跟相邻而居的亲戚们保持来往，并且会在逢年过节的时候互相串门拜年。因此适婚的男女青年在这种环境里较多接触到的也就是亲戚家的同龄人。父母较为熟悉的也是亲戚家的子女们。这种环境上的限制使得达里雅博依人在择偶时首先考虑亲戚。

　　其次，达里雅博依人的婚姻以家族之内的联姻为主，这自然也是达里雅博依人之间的这种近亲结婚的习俗形成的。正如在第一章中所讲到的那样，从达里雅博依人的来源来看，现在的达里雅博依人是几百年前从今于田县加依乡和木尕拉镇迁来的名为尤木拉克·巴热克和艾买·台克的两个人以及他们的子孙繁衍而来的，他们在达里雅博依地区形成了巴热克和台

――――――――――――

　　①　2011 年 10 月 22 日笔者在达里雅博依乡的访谈记录。

克两大家族，"2003 年达里雅博依乡共有 252 户，1306 人，其中 172 户，925 人来自巴热克家族，剩下的 80 户，381 人是台克家族的"①。但是直到 20 世纪 50 年代，两大家族之间都很少联姻。其原因据相关资料记载：

> 几百年前卡尔玛克人②侵入达里雅博依时，尤木拉克·巴热克和艾买·台克两大家族曾商议过共同抗敌的策略。艾买·台克一方因为贪生怕死提出了投降，但是尤木拉克·巴热克家族的人则决定誓死将敌人赶出自己的家园。两家族都各持己见。最后尤木拉克·巴热克家族与敌人进行了殊死的战争。卡尔玛克人退去后，尤木拉克·巴热克家族因为艾买·台克没有一起抗敌，与他们绝交，并且规定子女们世代不得与其通婚。自此开始，这两大家族之间就很少有男娶女嫁的事情，这种现象一直持续到了 50 年代。后来开始了减免赋税、土地改革等运动，通过下派的工作人员做工作，两个家族之间渐渐有了联姻③。

正是因为上述的原因，使得达里雅博依人大都在家族范围内选择结婚对象。正如上面所说，达里雅博依人是由尤木拉克·巴热克家族和艾买·台克家族以及他们的子孙们繁衍而来的，属于每一家族人们之间有一定的亲属关系。这也是达里雅博依人形成近亲联姻习俗的一个原因。

再次，近亲联姻的产生与加强亲戚之间的联系和财产继嗣密切相关。关于父方平表兄弟姐妹婚姻的产生，人类学家哈维兰写道："在某些社人，优先婚是男子娶他父亲兄弟的女儿。这被称为平表兄弟姐妹婚姻。从历史上来看，阿拉伯人一直喜爱这种婚姻方式，古代以色列人以及古希腊人也对此情有独钟。所有这些社会在性质上都属于等级制的——即某些人比其他人拥有更多的财产，而且尽管强调男性统治和继嗣，但男性享有的那份财产既可由儿子也可由女儿继承。因此，当一个男子娶其堂姊妹（或从女子的角度看，她嫁给堂兄弟），财产依然可以留在单一男性世系

---

① 吾买尔江·伊明：《塔里木心中的火》（维文），新疆人民出版社 2006 年版，第 75 页。

② 在当地人语言中是指 17 世纪侵入今于田县一带的准噶尔人。

③ 参见阿不都热夏提·木沙江《塔克拉玛干沙漠腹地的自然绿洲——达里雅博依乡》，载阿布都拉·苏莱曼编《天下只有一个和田——文化故迹、绿洲与生态》（维文），新疆人民出版社 2003 年版，第 340 页。

内。在这类社会中，可以说，财产越多，这种形式的平表兄弟姐妹婚姻就越容易产生"①。通过近亲婚姻达里雅博依人不仅能够拉近亲戚之间的关系，而且还能使得财产继续留在家族内。在上述多种原因的共同作用下，近亲联姻的婚俗习惯在达里雅博依人中比较盛行。

达里雅博依人的近亲联姻在平表、姑表、姨表、舅表兄弟姐妹间都会进行，其中父方平表兄弟姐妹婚（patrilateral parallel-cousin marriage）较多。

达里雅博依人婚俗的另一特点是早婚。至于婚姻年龄，据调查，过去男子 16—17 岁、女子 14—15 岁就成家。由此可见，他们的初婚年龄是男16 岁、女 14 岁。当地人曾有早婚的习俗，这在一定程度上与阿拉伯伊斯兰文化的影响有关系。"维吾尔族人以前的时候，一般男子在 16—17 岁，女子 15—16 岁就成婚，这是因为阿拉伯半岛天气炎热，男子在 11—12岁，女子在 9 岁左右就发育成熟了，就可以成婚，维吾尔族人正是因为受到从阿拉伯半岛传播的伊斯兰教的影响，在有些地区也形成了早婚的习俗"②，达里雅博依维吾尔族人中之所以有这种现象，除了这个原因之外，还因为人们在生理和文化方面的早熟。

有位学者认为"文化生态适应的另一个文化和生物要素是人的生长过程。年龄和环境因素以不同的方式影响行为模式。肖肖尼小孩虽然不能捕获大型的猎物，但是可以抓兔子；东非地区的孩子虽然不能参与战争，但是可以养牛；美国的孩子则要在学校上几年的学。各个地方的结婚年龄都由当地人的生理发育、文化和环境的适应能力来决定的"③ 生产生活经验有一定的关系。

个案：（布尼牙孜汗·买提热依木，女，54 岁，第四小队居民）
在早些的时候，父母从 6 岁就开始让我干活。那时候又不去学校，就跟在牲口的后面放牧。现在的孩子 7 岁就开始上学了，也就不干活

---

① ［美］威廉·A. 哈维兰：《文化人类学》（第十版），瞿铁鹏、张钰译，上海社会科学院出版社 2005 年版，第 251 页。

② 阿布都克里木·热合曼：《维吾尔民俗学概论》（维文），新疆人民出版社 1989 年版，第372 页。

③ Edited by Jane C. Steward, Rober F. Murphy, *Evolution and Ecology*: *Essays on Social Transformation by Julian H. Steward*, University of Illinois Press, 1977, p. 47.

了。这里的女孩子从 7 岁开始就干家务。除了烤馕、打扫房子以外，还要学会喂牲口、劈柴火、换火塘中的沙土、打水等家务活。一般 7—8 岁的女孩就会烤馕，9—10 岁就会放牧，将羊羔与母羊分开，给牲畜喂水等。男孩子在 12 岁左右就已经能够独自放牧、采挖肉苁蓉了①。

直到 1989 年乡政府成立，达里雅博依人中几乎没有普及学校教育，因此这里的孩子到了一定的岁数后，就开始跟着父母从事畜牧劳动。如果从 7 岁开始算，每天都参与一定的生产或生活劳动，到了 14—15 岁基本生产劳动都会做了。除此之外，早婚现象的形成也受到了自然环境的影响。日本学者石田英一郎等认为"发育的类型有人种的差异，即使是同一人种也受环境的影响。例如，女性初潮的年龄印度人一般是 8 岁，而在北欧则是 18 岁。日本人现在平均是 14.92 岁"②。从以上的例子中我们可以看出，气候也是影响人类生长发育的一大要素，生活在热带的人们发育要早一些。塔克拉玛干沙漠炎热、干旱的气候使得这里的女孩在 15—16 岁的时候就已发育成熟。因此，她们的适婚年龄也是由上述几个因素来决定的。

据达里雅博依乡计划生育服务站 2011 年的人口统计，达里雅博依乡早婚人口为 452 人，占已婚总人口的约 75.9%，早婚率很高。直到 20 世纪 90 年代婚姻法实行，这里早婚和近亲婚的现象一直普遍存在。

按照达里雅博依人的习俗，缔结婚姻要经过择偶、说媒、定亲、成婚等几个阶段：结婚的对象一般由父母来选择。这一地区在地理位置的偏僻性和闭塞性对人们的择偶习惯也产生了影响。达里雅博依乡地处塔克拉玛干沙漠的腹地，这使得这一地区大环境上几乎与世隔绝，从其分散居住的习惯从小环境来看人们也过着相对闭塞的生活。这就使得人们互相接触的机会非常少，很大程度上限制了青年男女的择偶范围。当地人在这种客观条件下又是如何选择配偶的呢？这里的人家离得非常远，姑娘小伙子们一个月甚至一年都碰不上一次面，只有在全达里雅博依人都要参加的红白喜事时，青年男女们才有相识的机会，或者父母们才有为儿女们择偶的机

---

① 2011 年 10 月 5 日笔者在达里雅博依乡的访谈记录。
② ［日］石田英一郎等：《人类学》，金莎萍译，民族出版社 2008 年版，第 180 页。

会。虽然这时候男男女女们可以见上面，但是因为忌讳于各种规矩，年轻人都不敢示爱。这与民族传统以及宗教道德观有直接的关系。在于田维吾尔族中有这样一个道德观念："已经成年的女子不能独自外出，尤其是不能与男性接触或与男性对视，这是一个女孩子必须要严守的妇道；男女之间的恋爱都是偷偷摸摸进行的，如果被别人知道了，女孩子就会被认为是道德败坏的。"① 这些思想在作为于田维吾尔族一个分支的达里雅博依人当中同样也存在，因此，择偶一般是父母的事情。从前，子女到了14—15 岁，父母就开始先在亲戚以及家族的范围里选择，没有合适的话，再将择偶的范围扩大一些。有了合适的人选后，男方会请媒人到女方家做媒。女方若是同意，男方的父母、亲戚等几个人就带上布料之类的礼物到女方家里拜访，这样做的目的是双方的父母、亲戚们见个面，男方还要答谢女方的父母培养了一个好女儿，这一仪式称为"答谢礼"（barikallisini qilish）。这次见面就要将彩礼的数量和婚礼的时间确定下来。

达里雅博依人的彩礼主要有以下三种：一是为新娘准备5—6 块布料、鞋、头巾、耳坠等物品；二是为女方的父母家人及亲戚准备的礼物，多为布料或衣物；三是女方办婚宴所需的食物，多为一两只绵羊或山羊、食油、面粉、食盐等。一般情况下，女方的家庭嫁女儿意味着丧失了一名劳动力，为了补偿这一"损失"，男方家还要以"聘礼"的名义赔给新娘家一些补偿。"在很多社会中，聘礼的重要性在于建立了一个可以贯穿婚姻始终的互惠关系。"② 达里雅博依人的彩礼相对简单，这与他们较低的生活水平相符，但是在促进两家长期保持和谐的关系、进行互相协作等方面却起到很大的作用。通过联姻在两家之间会建立起一种特殊的亲戚关系。姻亲关系在当地人的社会关系中占有非常重要的地位。

婚礼在男女双方的家里都要举办，邀请所有的乡亲，这是因为达里雅博依人之间大都有亲属关系，这一现象被当地人称作"达里雅博依没有外人"。人与人之间的这种亲属关系，一是通过血缘的关系体现，另一种就是以联姻的方式形成的，自然也就包括亲家亲。因此，达里雅博依人之

① 政协于田县委员会编：《于田县文史资料》（5）（维文），内部资料，2010 年，第85—86 页。
② [美]卢克·拉斯特：《人类学的邀请》，王媛、徐默译，北京大学出版社 2008 年版，第184 页。

间或多或少都有一些亲属关系。这也就是为什么有红白喜事时全乡人都要
参加的原因。达里雅博依人在 20 世纪 80 年代以前，居住得比现在更分
散，想要邀请全乡的人就成为一件难事，当时的人们会提前 10—15 天骑
上马先通知最远的人家，再通过一家传一家的方法通知到每家每户。接到
消息的人们，会根据路程的远近提前一两天或步行或骑牲口出发。不论谁
家有喜事，对于达里雅博依人来说都是一件大事，牧民们将牲畜赶到草场
上，然后带着全家老小来参加婚礼。不管是老的少的还是男的女的，这时
都欢聚在一起。即使是谁有什么别的事情，也会暂时放在一边，赶上几天
的路来参加婚礼，因为借这个机会人们可以见到好久没见的族人、亲戚、
好友，互相之间可以叙叙旧、聊聊天，交流一些信息。笔者在 2011 年的调
查中，曾参加了达里雅博依人的一场婚礼，发现此种习俗一直延续至今。

　　前来参加婚礼的所有客人都睡在主人家，亲戚或朋友们会睡在一处，
睡不下的则会在户外点起篝火围坐在一起聊天，瞌睡了就睡在篝火旁。对
于达里雅博依人来说，婚礼是调节社会关系、形成新的人际关系的最佳时
机。在达里雅博依乡，婚礼具有很重要的社会作用，有些人可以在婚礼当
天众人聚集起来的时候，通知下次举办一些仪式的时间和地点。近几年
来，甚至连开会、选举这样的政府工作也是在婚礼期间进行的。婚礼还可
以给人们提供买卖贸易的平台，在举办婚礼的地方有些商人会摆上地摊，
形成一个小型的市场。当地人在这种市场上购置自己所需的物品。因此，
对于生存环境非常特殊的达里雅博依人来说，婚礼早已远远超出了只是一
种仪式的意义范畴。

图 4 - 1　婚礼时聚在一起并围坐在篝火旁聊天过夜

　　直到 20 世纪 90 年代，达里雅博依人的婚礼都要举办两天甚至还要久一些。婚礼第一天在女方家举办，第二天在男方家举办。如果男女两家离得太远，则是女方办完婚事一两天后再到男方家举办。这样做的目的是，让参加了女方婚礼的客人们有时间赶到男方家。

　　简而言之，自然环境和生计方式在某种程度上也决定了达里雅博依人的婚俗习惯。生活环境对于达里雅博依人的婚俗习惯产生的影响除了以上说到的邀请客人、婚礼举行时间等方面以外，同样在客人参加婚礼的时间上亦有所体现。早先人们居住分散、交通极度不便时，客人会提前一两天赶到要举办婚礼的人家，这是因为婚礼前后都有一些其他的仪式，路途的遥远就使得客人们不可能往返几次来参加这些仪式，主人家会趁着客人们都聚齐的时候将这些仪式一起举办了。笔者在调查中观察到，现在，也会将原本把新娘迎娶到男方家后再举办的"掀脸仪式"，提前在女方家的时候就进行完。因为如果在新郎家举办的话，还需要许多客人赶到男方家。同样本该婚礼第二天在女方家举办的"看新娘"（婚礼第二天男方将新娘送回娘家，让新娘的父母看看）的仪式也改在结婚的当天完成，即将新娘娶出门走出一段路后再返回，让新娘的父母亲戚们看过后，正式地娶出门。婚俗中的这些独特之处，正是由于人们居住分散、路途遥远等原因造成的，而居住分散这一特点又是由沙漠畜牧业所需的水源、植被等自然资源的缺乏而决定的。居住形式对婚礼等社会习俗的影响是，在自然环境的影响下形成的一种文化因素作为一种社会环境因素影响另外一种文化的体现。这也是自然环境对文化的一种间接的影响。环境对文化的影响分为两种，一是直接影响，一是间接影响。例如，达里雅博依人赖以生存的畜牧业所需的自然资源的或缺直接影响了他们的居住模式，这属于直接影响。而这种居住模式对于当地人婚俗习惯所产生的影响则是间接的。

　　综上所述，生态环境是民俗建构的重要基础。"生态环境不仅是人类赖以生产、生活的基础，制约着人类的物质生活，也在很大程度上影响和规约着人类的精神生活以及所创造的文化模式。"①

　　达里雅博依人的婚姻关系由伊斯兰教宗教人士在婚礼当天举办"念

---

① 江帆：《生态民俗学》，黑龙江人民出版社 2003 年版，第 45 页。

尼卡哈仪式"① 后才被承认。乡政府成立后，人们也开始领结婚证。但是在婚礼当天仍要举行"念尼卡哈仪式"。

根据在调查中掌握的材料，以前的时候用肉和库麦其来招待客人。库麦其是婚礼上必备的食物，一般都要准备几个大的库麦其馕，还要根据客人的人数宰杀几只甚至十几只羊。老人们说，"60—70 年前达里雅博依人用玉米面烤成的库麦其招待参加婚礼的客人，后来开始用夹了肉的库麦其待客，再后来结婚的时候就准备米粥或者抓饭。1980 年以后，婚礼上人们都开始用大锅做抓饭了"②。来参加婚礼的客人会分别为新郎家和新娘家送上礼物，这被称为"shokum qilish"。礼物会根据关系的远近和送礼人的经济状况而有所不同，关系近一点的亲戚会送上一两只山羊或绵羊，其他人则送上毛毯、毛毡或布料等。据 1966 年曾到过达里雅博依的一些于田县人的回忆，婚礼当天客人们"有些送一根毛绳，条件好一点的送两根毛绳"③。由此可以看出，那时送的礼物大都是畜牧产品。可以说畜牧业对达里雅博依人的婚俗习惯产生的影响较多。此外，先前，婚礼期间人们还会举办赛马、叼羊等具有畜牧民族特色的娱乐活动。

> 个案：（布沙热汗·买提托合提，女，54 岁，第二小队居民）以前的时候用马来迎娶新娘。准备好两匹马，在马脖子上系上红布条。新郎和新娘各骑一匹马。新郎的马由伴郎牵着，新娘的马则由新娘的弟弟或哥哥牵着走。现在迎亲用的都是汽车。以前结婚的时候还要搞一些叼羊、赛马的活动④。

除此之外，从达里雅博依人举办婚礼的时间也可看出自然气候和生计方式对当地的风俗习惯的影响。达里雅博依人多在秋季举办婚礼，也就是10—11 月。从达里雅博依的气候来说，冬季的 12 月至来年的 2 月都非常寒冷，春季较长，多风并且常有沙尘暴，夏季 6 月至 8 月底天气酷热难

---

① 尼卡哈仪式是穆斯林人婚礼中一项特殊的重要仪式，是请伊斯兰教的宗教人士——阿訇念"尼卡哈"（阿拉伯语音译，意为"结合"，即征婚词）。

② 买提赛迪·买提卡斯木：《达里雅博依人独特的风俗习惯》，《美拉斯》2010 年第 3 期。

③ 买提吐尔逊·苏莱曼：《关于达里雅博依的杂谈》，《阔克布拉克》（天泉）2005 年第 2期。

④ 2011 年 9 月 28 日笔者在达里雅博依乡的访谈记录。

耐，只有秋季天气晴朗，不冷不热，是达里雅博依最好的时节。除此之外，秋季还是达里雅博依第二个产羔旺季，这时牲畜大量产羔，可以收获很多羊毛和羊绒。可以增加达里雅博依人收入的肉苁蓉也在这个季节成熟。鉴于以上的这些原因，婚礼等这种仪式大都会选择在 10 月或 11 月举办。

达里雅博依人的家庭一般包括祖孙三代以内的直系亲属，家庭形式主要有核心家庭和扩大家庭，多以核心家庭为主。在达里雅博依人的家庭里，父母对子女有抚养、教育及成家的义务，子女对父母有赡养的义务。在子女众多的家庭中，除了小儿子之外，其他儿女们成婚后都分家出去，另立门户，组成独立的核心家庭。新婚的夫妻，先要在男方家与男方的父母共同生活半年到一年，再分开另过。分家时，男方的父母要建好房子、置办家具，并且分给小两口一定数量的牲畜，为他们开始独立的生活创造一定的条件。除此之外，女方的父母还要给已经结了婚的女儿举办分家的仪式，被称作 "bäläklikini qilish"。这一仪式一般在女儿成婚，有了一两个子女后由女方的父母举办。即时男女双方的亲朋好友都要带着牲畜、毛毯、毛毡、被褥、锅碗等生活必需品作为礼物送给年轻夫妇，祝贺他们开始了新的生活。女方的父母会根据自家的经济状况分给他们 4—15 只牲畜，以及毛毡、毛毯、生活用品等东西。最小的儿子结婚后不分家，要担起赡养父母的重任。由父母、最小的儿子、儿媳以及他们的孩子组成一个扩大家庭。

在达里雅博依人社会中，散居的家庭组织既是他们的主要生产单位和社会单位，又是他们的生态适应单位。任何一个人类群体的社会组织是由生态和社会因素共同塑造而成。斯图尔德认为生态适应的需求产生各种社会组织，他在《文化变迁的理论》中写道：

　　　　环境不只是对技术有许可性与抑制性影响，地方性的环境特色甚至可能决定某些有巨大影响的社会性适应。因此，拥有相同狩猎技术，如弓箭、斜坡、陷阱等的社会，就可能因为地形与动物相对的性质而有不同的社会制度。如果主要猎物是群居性的，如野牛与驯鹿，则合作式的狩猎较为有利。一般许多人可能终年生活在一起，但猎物若非季节性的，也不爱好群居，则由一小群熟悉环境的人来狩猎较为有利。狩猎工具可能一样。但在第一个例子中一个社会群体是由几个家族或几个世系群组成的，如加拿大的阿沙巴斯坎族与阿尔共金族。而在第二个例子中一个社会群体是由地域化的父系世系群或对群所组成，如布须曼人、刚果矮黑人、澳洲土著、塔斯马尼亚人、火地岛人等。其他拥有相似技术设备的社会也可能展现不同的社会模式，因为环境可能差异到一个地步以至于文化适应不得不有所差异。例如爱斯基摩人使用弓箭、陷阱等普遍使用的技术设备，但因为鱼类与海洋哺乳动物数量有限，他们的人口极为稀少，合作式的狩猎甚为不宜，以致他们一般都生活于个别的家族群体中①。

斯图尔德有关世界各地诸多采集狩猎群体的社会组织的研究说明了这一点：社会组织是特定文化生态适应所造成的。类似推测，达里雅博依人以核心家庭为主的社会组织是他们对特有的居住环境以及在此基础上他们所选择的生计模式适应的正常结果。牧业生产的进行要求有较大的活动空间，水资源和植物资源是畜牧业生产的物质基础，但是达里雅博依人生存环境所拥有的水资源、植物资源都极为缺乏。再者，"放牧本来就是单独进行的活动"②，达里雅博依地区的畜牧业由个别的家庭来从事较为有利。达里雅博依人的生存环境和生计模式很大程度上限制了由几个家庭组成的联合组织的构成，而产生了极为分散的个别家庭组织的构成。"人类学家将人口多寡视为是导致社会组织多样性的一个要素"③，达里雅博依人口的稀少也造成了他们社会组织模式的单一性。

二 社会交往：合作与互助

伴随着人类社会的出现，也形成了不同形式的社会关系。"人类种群之间的关系各式各样，包括捕食、竞争、合作、互助，其中的任何一种都不可被认为是独立存在的，他们是互为关联的。例如，通常认为竞争与合

---

① ［美］史徒华：《文化变迁的理论》，张恭启译，台北：远流出版事业股份有限公司1989年版，第46—47页。

② James W. Vanstone, *Athapaskan Adaptation: Hunters and Fishermen of Subarctic Forests*, Chicago: Aldine Publishing Company, 1974, p. 101.

③ Donald L. Hardesty, *Ecological Anthropology*, Toronto: John Willey & Sons, 1977, p. 127.

作的相互作用促进了文明的发展。"① 人类群体之间的相互作用是人类群体的生存和发展的社会基础。从社会关系的形成而言，它一定程度上和自然环境有关联，即在不同人类群体中最普遍存在的竞争、互助、合作等主要社交模式的产生和发展与人类对其所在的生存环境的适应有一定的关系。如竞争是在自然资源缺乏的地区中普遍存在的一种社会关系，且常表现为战争的形式。同样，合作和互助中也有自然环境的影响，合作主要是为了共同克服各种自然环境压力和社会困难，从而更好地去适应生存环境。人类种群之间的以上主要关系不但存在于不同人类群体间，而且还存在于一个群体之内的个人、家庭、家族和其他形式的社会单位之间。

从达里雅博依人与其邻近人类群体的社会交往而言，他们所处的生存环境的封闭性在很大程度上限制了他们与其他群体之间的社会交往。直到20世纪80—90年代，他们与外地人群的社会交往都主要集中于他们与于田县维吾尔族人一年进行几次的贸易交换。在这种几乎与世隔绝的环境下，他们的社会关系主要是本群体内部的社会交往关系。长期以来，达里雅博依人在适应恶劣的自然环境和封闭的社会环境的过程当中形成了较为独特的社交模式。就达里雅博依人群体内的社会交往而言，其内容丰富、表现形式繁多，主要表现在见面、拜访、请客、争斗、邻里习俗等方面的社交习俗上。值得一提的是，虽然生活在自然资源缺乏的条件下，但竞争不是达里雅博依人中普遍存在的一种社会关系模式。

个案一：（买提库尔班·买提热依木，男，60岁，第三小队居民）在我们小的时候，有过因为争夺草场而打架的事情。我们的父亲用黄金换来了这片草场。后来政府统一收回后又分给了每家，现在也有争夺草场的事情，但是比较少②。

个案二：（买提肉孜·买提热依木，男，57岁，达里雅博依乡的警察）从1976年到现在参加工作已经有34年了。当了21年的警察，在这个有着一千多口人的乡村里从来没有发生过什么案件，警察就没有办过案。2004年的《新疆日报》将我称为"世界上最闲的警察"。

① ［美］唐纳德·L.哈迪斯特：《生态人类学》，郭凡译，文物出版社2002年版，第125页。

② 2011年10月14日笔者在达里雅博依乡的访谈记录。

一直以来治安都很好，只是偶尔为争夺草场发生纠纷，对于这样的情况只要进行简单的调解就行了，打架致伤的事情从未发生过①。

由以上例子中，尤其是从达里雅博依乡的警察买提肉孜的讲述中可以了解到，虽然达里雅博依人的社会关系也包括所有人类群体中普遍存在的竞争这一面，但毕竟不是达里雅博依人社会关系的主要方面。为有效地适应当地特殊的生存环境并进一步维持生存和发展，他们将互助和合作作为他们社会关系最主要的方面。

沙漠环境中可利用资源的缺乏和畜牧业的生计方式无法给达里雅博依人提供足够的食物，而且因为粮食需要从邻近的农耕地区运来，所以有些人家常会断粮。在这种生存条件下，达里雅博依人之间就形成了相互借粮食或是凑粮帮助困难户的习俗。

个案：（吾布勒山·阿克萨卡尔，男，80岁，第五小队居民）以前的时候人很少，人们会经常相互拜访，到了某个地方如果肚子饿了，就直接到别人家做客，吃点馕喝点酸奶再继续走。这里从没有饿死过人，以前粮食紧张的时候谁家断了粮就先从别人家借上，等有粮了再还上。有粮大家一起吃②。

除了粮食以外，如果达里雅博依人为牲畜储备的冬草不够时，也会互借。达里雅博依地区牧业所需的芦苇和胡杨两种植物因为分布不均，使得有些人家冬草储备得不足，这时也要到他人的草场上割些牧草来应急。在自然资源缺乏的生存环境下，达里雅博依人之间的互助是非常必要的。互助是达里雅博依人社交关系的重要内容，而邻里关系则是其最主要的表现形式。

个案：（买提库尔班·恰肯，男，85岁，第二小队居民）8到10天我们就要跟邻居们联系一下，因为离得远，如果面粉或其他的生活必需品用完了，就先到邻居家借上。我们这里都是有什么东西一起分

---

① 2010年8月21日笔者在达里雅博依乡的访谈记录。
② 2011年10月23日笔者在达里雅博依乡的访谈记录。

享。自己没有的东西，就先从别人那里借上。宰了羊也是全家人一起吃，有肉一起吃，没人吃独食。邻居是最亲的人，哪怕做的是汤饭也应该邀请邻居一起吃①。

　　达里雅博依人居住分散，无法像其他地区的居民那样与邻里之间保持密切的往来，但是他们每过几天或十几天就要跟邻居联系一次。每次会互相送饭菜并且聚在一起聊天。当地人的邻里关系在葬礼和婚礼中表现得尤为突出，办丧事时邻居可以帮着将噩耗通知给死者的亲戚、协助做棺架、挖墓穴、做丧饭等。举办婚礼时，邻居也帮助传递喜讯、准备喜宴、接待客人。除此之外，据笔者的调查，如果家人出远门，家中只留下了一人，亲戚朋友或者邻居们就会来做伴，或可以住到附近的邻居家里。甚至有些家里的男主人有事外出，家里的砍树枝、喂羊、割芦苇、给牲畜喂水等重体力活也由男亲戚或者男邻居帮助完成。

表 4 - 2　　　　　塞迪尼沙汗家庭的被访问情况（2011 年 10 月）　　　单位：人

日期	4	5	6	7	8	9	10	11	12
子女	3		3		2				1
亲属	1	1	6			2	7		
邻居	1	2					2	1	
其他人						1			
合计	5	3	9		2	3	9	1	1
留宿人数	5	5	12		2		10		

资料来源：根据笔者田野调查资料编制。

　　笔者通过对塞迪尼沙汗独自在家的九个晚上邻居和亲戚们对她的探望情况调查总结出，达里雅博依人的社会关系中的互助模式较多地体现在了亲属和邻里之间。对于居住分散的达里雅博依人来说，接触最多的就是相邻草场上的人家。实际上选择相邻而居的许多人家大都也是亲戚。总而言之，生活环境使达里雅博依人的社交关系具有了上述的特点。

_____

① 2010 年 8 月 17 日笔者在达里雅博依乡的访谈记录。

除此之外，达里雅博依地区多发生洪灾和火灾，从笔者掌握的资料来看，2010 年有 15 户人家遭受了洪灾的侵害，2 户人家发生了火灾。2011 年 11 户人家遭受了洪灾，3 户人家发生了火灾。洪灾与火灾每年都发生，人们对于遭受了灾害的人家都会主动地伸出援手。

　　个案：（海丽且木汗，女，32 岁，三小队居民）这是 2005 年发生的事情，白天的时候家里突然着了火，屋里还有三岁和五岁大的两个孩子，我们大人当时在外面。二三十个人帮着灭火，两口井的水都打干了，但是火还是没有扑灭。在我们这里一旦着火就很难扑灭，因为房子都是用木头造的，火势蔓延得非常快，再加上缺水，四间房子一间萨特玛共五间房子和我的两个孩子都被烧成了灰烬。后来我们又建了两间房子。火灾发生后，亲戚和邻居们也送来了毛毯、毛毡、被褥、锅碗等物慰问了我们。在建好房子之前，我们暂时住在我妈的一间房子里。水火无情，对于洪灾和火灾我们没有什么好的办法①。

不管是洪灾还是火灾，都会给达里雅博依人带来较大的经济损失。很多时候人们的房子会被洪水冲走或者被火烧毁，其他人则会帮助受灾的人家重建房屋，除此之外，差不多全乡的人都会送去毛毡毛毯、被褥衣物等生活用品进行慰问。

生活在闭塞环境中的达里雅博依人遇到天灾时，非常需要集体的力量。达里雅博依人的集体协作主要体现在应对洪灾和野猪泛滥时，每年汛期到来之前，达里雅博依人都会组织起来一起修建堤坝，另外还会几家联合起来为浇灌自家的草场而修渠。在达里雅博依野猪成灾的年份里，十几个人会联合起来一起打野猪，以免野猪给人们造成伤害。

畜牧业生产的一个主要特征就是逐水草而居和居住分散，正是这种居住方式，使得达里雅博依人的相互接触比起其他地区的人们要少得多，但是在这种闭塞的生活条件下，人与人之间的交往又具有特别的意义。达里雅博依人主要在婚丧嫁娶、节日和礼拜天进行大规模的聚集，因此这些礼仪在他们的社会交往中起着非常重要的作用。举办婚事与丧事的时候，全

---

① 2011 年 10 月 10 日笔者在达里雅博依乡的访谈记录。

乡的男女老少都要聚集起来。而在节日或星期五的集体礼拜上全乡的男性可以聚在一起，人们会趁着这些机会聊天谈心，最重要的是，在这样的时候人们可以就乡里发生的一些事情进行信息交流，也可以帮助困难家庭或受灾家庭，或者安排一些集体劳动。

相互拜访是达里雅博依人之间的重要的社交模式，他们非常注重相互拜访。人们之间的相互拜访包括看望病人、探望亲戚、拜访邻居、慰问死者家属、探望新婚夫妇、互相拜年等。不论是何种形式的拜访，人们都会视情况给主人送上自家做的食物、肉制品、奶制品、毛绳、毛毡等礼物。主人家也会宰羊或者用最好的食物招待客人，有时也会给客人回赠礼物。例如，笔者在 2011 年的调查中曾跟随当地人探望了一位病人，人们给病人带去了库麦其、大米、钱等礼物。当时还有另外几个人也去看望病人，他们带来了自家的饭菜和钱。主人家宰羊招待了客人并且给客人回赠了羊肉、饭菜等。在探望病人的路上，有些人还顺路看望了附近的两三户人家，因为这对于居住分散的人们来说是一个难得见面的机会。

图 4 - 2　在去看望病人的路上

食物分享和送礼物是达里雅博依人相互拜访的主要内容。"分享和送

礼物是人类适应策略的主要因素"①，无论从经济或礼仪的角度来看，这
种形式的交换对他们都是非常重要的。达里雅博依人群体内的交换制度不
仅起到了加强社会联系的作用，也促进了经济产品的流通。关于合作和互
助在人类群体适应所处环境中的作用，人类学家唐纳德在其著作《生态
人类学》中写道："人类群体的合作通常采取'交换网'的形式，即分配
能源、物质和信息。现在人们特别强调信息交流的作用；交换被看成社会
交流，而交换形式'对参与者传达了有关他们的社会和空间位置的信
息'。"②

达里雅博依人趁着互相拜访的机会，聊聊自己生活中发生的事情，同
时也从别人那里获得一些其他的信息。例如，从县城来的商人们的情况，
他们什么时候来，带什么商品来之类的。对于主要依靠与外地贸易交换获
取所需食物和其他生活用品的达里雅博依人来说，商人们的相关信息对他
们至关重要。社会关系对不同人类群体的生存和发展具有很大的作用。相
关研究成果表明，非洲的"亢人（Kung）就非常重视人与人之间的社会
交往，亢人拜访别人的这种习俗与他们的生计方式密切相关，并且有利于
散居的小群体之间关于狩猎和其他一些信息的交流。亢人还会与来访者之
间就降雨量、水资源、成熟的瓜果和猎物的足迹等方面进行交流"③。

简言之，通过合作人类首先可以解决最基本的生存问题。作为达里雅
博依人社会关系的核心，合作和互助进一步加强了他们对生存环境的适应
能力。

三　沙漠中的丧葬

值得注意的是，达里雅博依人的丧葬习俗和婚姻习俗一样，也表现出
了明显的生态适应特征。无论是墓地位置的选择还是丧葬方式或送葬仪
式，从中我们都不难发现达里雅博依人文化生态适应的各种表现。达里雅
博依人的丧葬方式是一种特殊形式的土葬，由于土壤结构的差异，与沙漠

---

① Daniel G. Bates, Fred Plog, *Human Adaptive Strategies*, New York: McGraw-Hill, 1991, p. 36.

② ［美］唐纳德·L. 哈迪斯特：《生态人类学》，郭凡译，文物出版社 2002 年版，第 128 页。

③ Daniel G. Bates, Fred Plog, *Human Adaptive Strategies*, New York: McGraw-Hill, 1991, p. 47.

边缘绿洲维吾尔族的土葬习俗有点不同。但达里雅博依人的整个送葬仪式也和其他地区的维吾尔族一样按照伊斯兰教的教义进行。

　　在达里雅博依地区，墓地都选在干燥、地势较高的地方或者沙丘之上，这样就可以避免汛期时洪水流进墓地。从丧葬方式而言，由于达里雅博依人的居住环境——塔克拉玛干沙漠深处一带的土壤以沙土为主，土壤结构具有易坍塌的特点，因而不适合按照伊斯兰教的教规将尸体直接埋入地下下葬。为了适应这一特殊的环境条件，达里雅博依人中出现了将死者放在胡杨树棺木中下葬的丧葬习俗。达里雅博依人的丧葬方式具体如下：达里雅博依老人如果预感到自己时日不多，会提前准备胡杨棺木，这种用胡杨木凿制的槽形棺木被当地人称为"kongtäy"。

图 4－3　百岁老人买提托合提·哈热提为
自己准备的胡杨棺木（kongtäy）

　　成年人的棺木一般长为 2.5—3 米，小孩的棺木长为 1.8—2 米，用粗壮的胡杨树干制成。制作时先到自家的胡杨林挑选周长为 3—4 米的大胡杨树，再将其砍成合适的长度，凿空树干，形成槽形。如果有人突然去世，下葬的棺木就由众人一起合力制成。在墓地上挖长 3—4 米、宽 2—3 米、深 1.5—2 米的竖穴。墓穴深度不超过 2 米，在沙漠中有些地方，有时只要向下挖一到两米，就有可能涌出地下水，另外在沙地挖墓穴时因为沙土不断落下也不可能深挖，因此达里雅博依的墓穴多为 1.5 米深，最深的也不过 2 米。下葬时，安放遗体，死者面朝西葬在墓穴里，然后在遗体上盖上胡杨棺木，再用胡杨木板封上棺木的两头，接缝处抹泥，最后填土，再在地上堆起 15—20 厘米高度的坟堆。因为这里多风沙，怕时间长了将坟堆吹散，因此人们会用淤泥将坟堆糊住或用胡杨枝编成栅栏将坟墓圈起来，再在墓上插上一根胡杨枝，这叫作"哈达"（hada）。达里雅博依人虽然居住分散，但是某一范围内的人们都会在同一麻扎下葬。达里雅博依差不多有 10 个麻扎。

图 4 - 4　达里雅博依人的墓葬与掘墓的达里雅博依人
资料来源：右边第一张照片由于田县文化局的阿不都热夏提·木沙江提供。

　　达里雅博依人的丧葬习俗跟 19 世纪的罗布人非常相似，罗布人也有过将死者放在胡杨树棺或胡杨树做成的木舟（独木舟）中下葬的习俗。另外，用胡杨木棺下葬的习俗在塔里木盆地的古代居民中也非常盛行。在塔克拉玛干沙漠中的楼兰古城、尼雅古城、圆沙古城遗址中都发掘出了同样的墓葬遗址。根据瑞典考古学家贝格曼在新疆的考古发掘，在罗布泊南端的墓地出土的棺木"是一节一分为二、长为 2.1 米的胡杨树干，中部凿空，两头用小木板挡住，棺盖由两块长木板拼成"[1]。此外，据今达里雅博依乡境内的圆沙古城的考古发现，当地的墓葬有"（1）胡杨树棺葬，均已暴露于地表，即把胡杨树中心掏空成棺，人葬其中。（2）竖穴土坑树棺葬，即在呈南北方向的长方形土坑内，置掏空的胡杨树棺，人葬棺内，其中一例为头南脚北"[2]。从中可知，属于不同时代的人类群体在同一个环境生活过程中创造出同样的适应方式，也可以说，他们在同一个或

---

① ［瑞典］贝格曼：《新疆考古记》（维文），新疆人民出版社 2000 年版，第 577 页。
② 伊弟利斯、高亨娜·迪班娜·法兰克福、刘国瑞、张玉忠：《新疆克里雅河流域考古调查概述》，《考古学报》1998 年第 12 期。

相似的环境下的相似的适应方式使他们形成了相似的文化特征。

　　塔克拉玛干沙漠中干燥的气候使得尸体保存完好，除此之外，埋葬尸体所使用的胡杨棺木也起到了很大的作用。由于胡杨的材质比较坚硬，具有耐水防腐蚀的特征。因此，胡杨棺木在一定程度上也可以避免尸体腐烂。笔者在调查过程中听到一件事情也可以说明这点：2010 年洪水淹了达里雅博依的一处墓地，人们挖开坟墓准备将尸骨迁到别处时发现，几年前埋葬的尸体竟然没有腐烂，保存得非常完好。因此可以知道，在塔克拉玛干沙漠发掘出的干尸之所以保存完好就是当地人发明的这种墓葬方式起到的作用。塔克拉玛干沙漠居民一直延续下来的这种胡杨棺木丧葬方式其实是一种特殊的生态适应策略。

　　达里雅博依气候炎热，死者的遗体停留时间不得超过一晚，要尽快下葬。一般是在死后当天或次日埋葬。送葬的步骤按照伊斯兰教的教规进行，即下葬之前，将死者身体冲洗干净并裹上白布，然后，男人们集体做礼拜，这叫送葬礼拜。参加葬礼的所有男人在伊玛目的主持下做礼拜，为死者后世的幸福而祈祷。下葬的当天一至两名阿訇或毛拉在死者的坟头为死者诵经一天。送葬以后，三日、七日、二十日、四十日、周年时，死者家属或亲属都要举行纪念活动——"乃孜尔"①。由于特殊的分散式居住格局，本该在死者下葬三天后举办的"三天乃孜尔"，也会提前到送葬的当天举办。这也是环境对达里雅博依人的风俗习惯产生的影响之一。为死者举办七天、二十天、四十天和周年"乃孜尔"的时候，亲戚们都要去上坟，诵念《古兰经》，还要在坟头上插上新鲜的胡杨枝，这叫作"更换哈达"。除此之外，每个星期四人们都要给亲人们上坟、诵经祈祷。

第二节　达里雅博依人的地方性知识

　　一般来讲，在特定的自然生态系统中人类进行所有生产生活都需要具备一定的经验知识和掌握特定的技术技能，即通过狩猎采集、畜牧业、农业等任何一个生计方式获得食物，解决衣食住行的问题，制作生产生活工具、预防和治疗疾病等都离不开相关的知识和经验。这种知识和经验正是人类在生活实践过程中观察和掌握了一些规律后，逐渐积累下来的，具有

---

　　① 乃孜尔：穆斯林祭祀亡人的一种宗教仪式，仪式中请阿訇念经和请村民吃丧饭。

明显的地域特征。

"地域性知识"是人类学家吉尔兹提出并被广泛使用的一个概念。吉尔兹又称作"常识"。关于地域性知识及其在地方群体中的作用吉尔兹解释道：

> 一代又一代，阿赞德人通过延传其知识本体来建立起经济活动准则，在建筑、手工业方面也如同在农业和狩猎方面一样，谨遵其训。他们在对自然的关系中用丰富的生产知识来获得福利，……当然，他们的这些知识是经验性的、不完整的知识，不是系统地传授而是逐渐地、随意地经孩童时期和成年时期代代沿袭而来的。但这些对他们日常的劳作和四季的捕猎活动而言已是足够了①。

从中可见，特定地域内的人类群体需要拥有一些使其得以生存和延续的经验知识，而这些经验知识则是在漫长的历史过程中逐渐积累的。这种知识体系形成之后将会在人类的生产生活过程中继续沿用，即在特定的一类人群中世代相传并且在人类的不断发展中发挥重要作用。

因此，我们可以说，地方性知识是特定人类群体为适应自然生态环境，在长期生产生活实践中创造、积累、运用和传承的知识和技能的结合。地方性知识是相对于常规性知识而言的，超出一定的范围就不再适用。地方性知识具有地域性、自然性和实践性的特征。

地方性知识是传统精神文化重要的组成部分，它往往与该民族或地方群体的日常生活方式、资源管理、社会组织，甚至是伦理观点有机地结合在一起，充分地体现出人与环境的互动关系。"各民族的生态智慧与技能，究其实质，是相关民族对自身与所处生态系统之间制衡互动过程进行认识，并将这些认知积累下的结果。这些生态智慧与技能可以客观地反映这一制衡互动的过程，包括历史上不可复原的生态事实和社会事实都在各民族的生态智慧与技能中得到反映。"②

跟世界其他地方群体一样，达里雅博依人在适应沙漠干旱地区的生态

---

① ［美］克利福德·吉尔兹：《地方性知识：阐释人类学论文集》，王海龙、张家瑄译，中央编译出版社 2000 年版，第 102 页。

② 杨庭硕：《生态人类学导论》，民族出版社 2007 年版，第 99 页。

环境过程中，积累了较为丰富的生态知识，形成了与所处环境相符合的认知体系和行为方式并构成了他们的地方性知识。接下来笔者将对达里雅博依人的部分地方性知识进行分析。

一　胡杨文化

胡杨（populus euphratica），亦称胡桐，是干旱地区的一种耐旱性落叶乔木。胡杨是世界上最古老的一种杨树品种，在我国"库车千佛洞和敦煌的铁匠沟第三纪年新世地层中，都曾发现它的化石，距今约有6500万年的历史"[①]。它分布于北纬30°—50°的地带，除中亚、伊朗和北非的沙漠和干旱荒漠外，主要产于中国西北干旱地区，特别是在塔里木盆地的塔克拉玛干大沙漠中。据相关资料记载，我国"胡杨林面积的91.1%分布在新疆"[②]。塔里木盆地的塔里木河、叶尔羌河、和田河、克里雅河、安迪尔河等内陆河两岸均有大面积的原始胡杨林。塔里木盆地得天独厚的胡杨树资源一直以来给该地区的居民提供了丰富的生产生活原料，从而使生活在这个地区的人民与胡杨树结下了不解之缘。

达里雅博依人将克里雅河流下游的胡杨林作为自己的生存空间，以胡杨林为主的这片绿洲被学者们称为达里雅博依绿洲，比起其他的植物植被，胡杨树是这片绿洲中分布最广的一种树木，也是绿洲中最原始的植物资源。因此胡杨成为了生活在这片绿洲上的达里雅博依人生计中最重要和基本的资源。

长期以来，达里雅博依人在与胡杨相伴相生的过程中形成了一种具有浓厚地方特色的生态文化——胡杨文化。达里雅博依人在长期与胡杨相伴的过程中，掌握了胡杨树的生长规律和生长特点，并且进行了有效的利用。除此之外，为了维持生计也学会了如何栽培和保护胡杨树。达里雅博依人所掌握的地方性知识也较多地体现在了他们的胡杨文化中。

（一）对胡杨的认识

"不同的人和群体对环境的认识也可能不尽相同。例如，爱斯基摩人较之亚利桑那州图森区的图森市居民能够对雪进行更详细的分类。对图森

[①]　李现国：《新疆风土记》，新疆人民出版社1992年版，第81页。

[②]　高军：《新疆典型荒漠植物胡杨"肥岛"特征与生态学意义》，硕士学位论文，新疆农业大学，2008年，第2页。

市的居民来说雪是罕见的东西，只有一两种分类。但居住在冰天雪地中的爱斯基摩人，对雪却十分地熟悉，他们将雪分为重雪、粉末雪、碎雪、冰雪、'蹩脚'雪、新雪等。由此可见，不同地方的人对事物有着不同的复杂认识，这一切都取决于不同环境对他们产生的影响。"① 对世界上诸多采集民族来讲，植物在他们的生计活动中起到非常重要的作用，因此他们掌握的关于植物的知识也较多。譬如，"澳大利亚大陆的植物体系包括20000 余种植物，澳大利亚土著人较之欧洲人知道更多植物的名字，并且更懂得如何利用它们。每个土著部落中所掌握的关于植物的名称也非常的多"②。

任何一个人类群体都与环境有一定的联系，其中人与植物之间的关系构成了人与环境关系的一部分。对于达里雅博依人来说，与胡杨的关系已成为他们与环境关系中最重要的内容，这种关系体现在当地人与胡杨有关的特定词汇所蕴含的文化内涵之中。认知人类学认为"符号是能指代另一种关系的关系结构，语言是最典型的符号系统"③。在达里雅博依人的语言中仅次于有关畜牧词汇的就是与胡杨有关的词汇，这一点证明了当地人与胡杨树的密切联系以及他们地方性知识的丰富性。与胡杨有关的词汇主要涵盖了胡杨的种类、生长特点以及由胡杨制成的生产生活工具的名称等。

达里雅博依人像其他维吾尔族人一样称胡杨为"托格拉克"（toghraq）。塔克拉玛干沙漠的胡杨有两种：一是胡杨（当地人称"toghraq"或"bughday toghraq"），另一是灰杨（当地人称为"qapaq toghraq"）。达里雅博依人按照胡杨的不同生长阶段及每一生长阶段不同的外部特征，给了不同的名称：如，

"tal toghraq"（还没有 10 岁树龄的小树）

"bolja toghraq"（已经有了 10—20 岁树龄的胡杨）

"chatima toghraq"（有了 20—25 岁的树龄，可修枝权的胡杨）

---

① ［美］欧·奥尔特曼、马·切默斯：《文化与环境》，骆林生、王静译，东方出版社 1991 年版，第 73 页。

② Philip A. Clarke, *Aboriginal People and Their Plants*, Dural, N. S. W.：Rosenberg, 2007, pp. 8，12.

③ 庄孔韶主编：《人类学通论》，山西教育出版社 2005 年版，第 208 页。

"kona/qeri toghraq"（有了几十年或者几百年树龄的老胡杨）
"quy toghraq"（干枯的胡杨树）①

此外，他们根据胡杨树的其他生长特点还将胡杨树分为以下几种：

"qum toghraq"（沙漠地带生长的胡杨）
"chugh toghraq"（长在一起或离得较近的几棵或十几棵胡杨树）
"bix toghraq"（树皮和木质都非常坚硬的胡杨）
"seriq toghraq"（秋季树叶变黄了的胡杨）②

此外，在达里雅博依人的语言中还有许多关于胡杨树生长周期的词条。据当地人介绍，胡杨树的生长周期如下：每年 3 月 20 日开始萌芽，当地人叫作"mudulashti"，4 月初结花絮，当地人叫作"kuchuklidi"。随着花儿的凋谢（从 4 月 20 日起）胡杨树长出新叶，这称为"chashqan qulaqlidi"（因为新出的小叶就如老鼠的耳朵大小）。7—8 月果实成熟，这叫"munjaqlidi"，一般是蒴果三裂，吐出白絮，絮片随着风到处播撒种子，到了 10 月中旬，胡杨树的叶子就开始变黄，这叫作"toghraq sarghaydi"。

从中可见，植物作为一种自然景观，"对它们的命名与分类无疑与人类的思维过程密切相关，民间植物的命名与分类反映了原住民对植物的认知过程与认知结构"③。

（二）胡杨的利用

达里雅博依人根据以上说到的关于胡杨的知识有效地利用了这种树木，他们熟知胡杨树在不同的生长阶段有着怎样不同的利用价值，比如不满 10 年树龄的小胡杨树没有什么用处，长了十几年的胡杨树树干开始粗壮起来，枝叶也长得很繁茂了。这时的胡杨树枝叶可以当饲料、树干晒干后可以做木材，而且汁液较多。20—25 年树龄的胡杨树树皮增厚，枝叶

---

① 参见笔者 2012 年 1 月 28 日电话访谈记录。
② 参见笔者 2012 年 1 月 28 日的电话访谈记录。
③ 尹绍亭、〔日〕秋道智弥主编：《人类学生态环境史研究》，中国社会科学出版社 2006 年版，第 90 页。

更加茂密，人们每年开始修砍树枝用作草料，还可以做建筑材料。胡杨树越老树干就越粗，树皮也越厚。这种胡杨树可以做棺木、房门和圆柱木箱等。老了的胡杨树在离地面较近的树干部分会出现树洞，房屋附近的这种胡杨树树洞被人们用作储物箱。达里雅博依人认为，胡杨树浑身都是宝。他们对这一植物资源的利用方式和内容都非常的丰富（见表4—3），可以说非常充分地利用了当地的生态环境资源。

表4－3　　　　　　　　胡杨在达里雅博依人中的复合利用

胡杨树各部分	用途
树叶	饲料；用于保存遗体
嫩枝	饲料
树枝	用于筑萨特玛的墙和盖屋顶；制作独木梯、椽子门、仪式用品；充当柴火；用于储存羊毛和山羊绒
树干	用于制作棺木、水槽、圆柱箱子、屋门、大木盆；用作长凳
树杈	用于制作梯子、挂肉钩和木钩；当作柱子
树皮	用于筑冬季萨特玛的墙；充当柴火
树洞	用作储物箱
树汁	用于治疗胃病、风湿病
树胶	用于治疗胃病，制作发面；当作交换物品

胡杨文化作为达里雅博依人文化的重要内容之一，反映了他们物质和精神生活的诸多方面。

胡杨与畜牧生计　调查过程中笔者发现，在植物资源极为缺乏的沙漠环境里，胡杨林为达里雅博依人的传统畜牧生产提供了最稳定的饲草。胡杨树叶是牲畜最主要的草料。4—11月，当地人一直用胡杨的嫩叶饲养牲畜。被晒干的胡杨树则可以充作牲畜的冬季饲料。牧民们饲养牲畜一年四季都离不开胡杨树。胡杨碱在过去是当地人外销的产品之一。胡杨树在达里雅博依人的生计中具有特殊的意义。

胡杨与工具文化　其一，胡杨文化在达里雅博依人物质文化中最显著的表现就是"以胡杨木为屋"。胡杨的木质坚硬，是当地最主要的建筑材料。达里雅博依人房屋的墙体、屋梁、柱子、椽子、炕、房门、围墙等各个部分都用胡杨树的树干、树枝、树皮等制成。其二，达里雅博依人掌握

了用胡杨木制作各种生产生活用具的本领：如，制作水槽、棺木、四脚架
木板、梯子、挂钩、水桶、板凳、大木桶、箱子、衣架等。不同工具的制
作方法也不同，日常用具中的水槽、圆柱体箱子、棺木、大木桶、水桶等
用粗壮的胡杨树干凿空制作。胡杨木的最大特点是耐水抗湿力，在土中或
水中长时间不朽，不生虫，因此用胡杨木制作的用具十分耐用。达里雅博
依人熟知胡杨树的这一特性，因此会将羊毛、山羊绒等畜产品挂在屋子周
围的胡杨树上保存。

　　当地人院子中的胡杨树多是树干上有树洞的老胡杨树，他们经常把坎
土曼[①]、斧子、洗衣粉等生产工具和生活用品放在树洞中，将树洞当作储
物箱。

图 4 - 5　达里雅博依人之宝——胡杨树及树皮屋（qozaq satma）

　　胡杨与人生礼仪　就南疆地区的塔里木盆地而言，胡杨是普遍生长的
一种野生植物，其根系特别发达，能吸收地下十几米深的水分，耐干旱、
耐盐碱、耐风沙，其对干旱区环境有极强的适应力。因此，即使在年降水
量只有十几毫米的特干旱区，胡杨的一般寿命也长达几百年甚至几千年。
新疆的塔克拉玛干沙漠可以发现树龄已有千年的古胡杨树。如"安迪尔
河下游有一棵古老的胡杨树，被称为有千余年的历史"[②]。胡杨的这种适

---

　　① 维吾尔族的一种铁制农具，用于锄地、挖土等。
　　② Team of Integrated Scientific Investigation of the Taklimakan Desert, Chinese Academy of Sci-
ences, *Wondrous Taklimakan*: *Integrated Scientific Investigation of the Taklimakan Desert*, Beijing; New
York: Science Press, 1993, p. 146.

应力和生命力强的特征深深影响了与胡杨生活在同一个自然环境的达里雅博依人。因此，在达里雅博依人的心目中胡杨已成为生命和长寿命的象征。胡杨树被达里雅博依人称为"沙漠英雄树"，他们有句谚语："胡杨长着千年不死，死了千年不倒，倒了千年不烂。"胡杨树的这种强大生命力的精神似乎就是达里雅博依人适应极为恶劣的环境的一种象征。达里雅博依乡调查访谈对象买提肉孜告诉笔者，达里雅博依人相信，胡杨树中有一种当地人称为"muku süyi"的液体，使能人健康，"长生不老"。因此，达里雅博依人将长寿人称为"喝 muku süyi 的人"。实际上，胡杨树和达里雅博依人都生活在特干旱地区这种相同的生态环境中。在达里雅博依人的心目中，不论是胡杨树还是胡杨树的汁液和树枝都是不朽的象征。因此他们会在死者的坟头上插上一根新鲜的胡杨枝，希望死者也能像胡杨树一样不朽。在为死者举办的三天、七天、二十天、四十天和周年乃孜尔时也要在坟头上换上新鲜的胡杨枝。

胡杨与治病　根据达里雅博依人关于胡杨的相关认识，胡杨树成年以后，胡杨的木质部分能分泌出大量水分。生长了十几、二十年的胡杨树分泌这种液体较多，其颜色为白色，而老胡杨树的液体多为暗棕色。从树干裂缝中渗出的液体遇到空气后，水分蒸发，凝成块状，形成了胡杨树脂。胡杨树脂也具有一定的疗效，多用于治疗关节炎和胃痛病。

（三）胡杨保护习俗

如以上解释，胡杨树是沙漠深处达里雅博依人赖以生存的最基本资源。对于达里雅博依人来讲，胡杨不但具有重要的经济价值，而且对防风固沙、调节气候和改善生态环境有很大的生态意义。因此，他们在生产和生活实践当中积累如何保护胡杨的一系列经验知识。

其一，修枝。达里雅博依人认为当胡杨树长成之后就要经常砍去一些枝杈，不然就会影响树的生长甚至会导致树枯死。因此当地就有"不会给胡杨修枝的人，就不可能拥有丛林"这样的俗语。达里雅博依人在胡杨树长到20—25 年后，就年年修剪枝杈，并用砍下来的树枝饲养牲畜。达里雅博依人认为每年的 4 月、5 月和 9 月、10 月是修剪胡杨树枝杈的最好时节。

其二，当地有些人通过种植胡杨树的方式来扩大胡杨林的面积。他们将自家胡杨林的一部分圈起来终年不让牲畜进入，这样一来新发出的胡杨枝就不会被牲畜践踏或啃食，只需等待几年就可以长成参天大树。2010

年的调查中笔者就曾参观了住在第五小队的牧民巴乌东·哈斯木的胡杨园林。听说，这里还有几户人家也有这样的胡杨园林。

其三，浇灌胡杨林。虽然胡杨是一种非常耐干旱的树种，但是也需要水分。根据当地人掌握的相关知识，生长在沙漠中的胡杨树即使是5—10年，甚至十几年缺水都不会干死。这种胡杨树比起生长在绿洲中的胡杨树更为抗旱，绿洲中的胡杨因为水源充足，所以一旦缺水很快就会干枯。牧民们一般每年都会引水浇灌胡杨林，为此每年汛期来临前一个月就开始修建堤坝，为将河水引入胡杨林做准备。从克里雅河流量的特点来看，每年的洪水就能够为绿洲提供足够的水，但是克里雅河水中含泥沙多，常年下来就会造成河床增高，因此大多数情况下洪水不是流向绿洲而是流进沙漠，无法给绿洲中的胡杨树提供水分。因此人们采用堵截洪水漫灌胡杨林的措施为自家的胡杨林引水。对达里雅博依人来说，拦河筑坝是一年一度最重要的劳动。

胡杨文化中蕴含的经验知识是达里雅博依人地方性知识的一部分，在达里雅博依人历史过程中与自然和谐相处起到一定的作用。

二　有关沙漠环境的知识

对任何一个人类群体来讲，环境知识对适应其生存环境、维持其生存和发展很重要。环境知识在长期的生产和生活实践当中逐渐积累。各人类群体的环境知识多与该群体的生计活动、资源利用和管理等方面有机地结合在一起。

长期以来，在塔克拉玛干沙漠腹地生活实践当中，达里雅博依人具有了与沙漠特有环境以及所从事的生计方式相适应的生态知识和技能。他们的经验知识，多与畜牧生活相关。畜牧业依赖于对家畜知识的了解，必须熟悉家畜的解剖学构造，牲畜各部分的利用价值，以及经济价值方面深奥的知识，也不能忽略放牧的地形、气候、牧草等方面的知识。达里雅博依人在牲畜的牧放、饲养、管理、防治野兽和自然灾难的损害以及牧场的利用和气候的观察等方面积累了丰富的经验并形成了独特的畜牧生产习俗。我们已在第二章对达里雅博依人的畜牧习俗进行过详细的描述，这些习俗所蕴含着的生态知识涉及地理、气候、植被、动物习性以及天文历法等诸多方面。从事畜牧业的人首先必须对自己饲养的不同家畜的习性、生长和活动规律有较好的了解。这对作为牧民生计中心的家畜的管理和利用很重要，对于这一点达里雅博依人有丰富的经验和知识。

　　个案：（买提库尔班·买提热依木，男，60 岁，第三小队居民）
绵羊和山羊 5 月、6 月出生，羊长到两齿左右的时候才会产羔，长到
两齿了，也就算两岁，四齿的羊就已到中年。从两齿到六齿就可以产
羔，但六齿的羊产羔就有些困难，绵羊和山羊一般只出六个齿，这种
算是老羊。八齿羊是最老的羊，太老的羊牙齿已经朽坏不能食草，这
种羊已经没有什么用途。羊一般生五胎，之后就老得没法生羊羔了。
一般在羊太老之前就卖掉或者吃掉①。

　　值得一提的还有一点是，宰羊也是达里雅博依人日常生活中较为重要
的一项劳动，由男性完成。宰羊时要对羊的身体结构非常了解，要将羊肉
按照羊骨构造卸下，一只羊可以卸成十大块，分别是两个前腿、两个后
腿、一个脖子、一个脊梁骨、两块扇肋骨、一块胯骨和一块胸骨。吃肉
时，每块肉可以按三个人的食量分配。

　　长期的游牧生活，迫使他们要熟悉自己畜牧区域和自己周围的自然
界。达里雅博依人对于周围的每一片胡杨林和每一个丘陵、每一条支流都
很熟悉，并且都给起了有特色的名字。在调查过程中笔者所记录的地名有
350 多个。从达里雅博依人地名的命名特点来看，大多数地名是用植物名
字及其生长状况命名的。例如：

　　　　qiyaqliq（禾草滩）
　　　　talliq（柳树生长的地方）
　　　　buyiliq（苦豆子生长的地方）
　　　　jigdilik eqin（有沙枣树的流道）
　　　　shapliq（眼子菜生长的地方）
　　　　yoghan jigdä（有大沙枣树的地方）
　　　　ushshaq jigdilik（小沙枣生长的地方）
　　　　yalghuz toghraq（一棵胡杨树生长的地方）
　　　　yoghan toghraqning qumi（有大胡杨树之处的沙丘）

---

① 2011 年 10 月 14 日笔者在达里雅博依乡的访谈记录。

有些地名用动物命名，譬如：

> tongghaz basti（野猪出没的地方）
>
> taylaq ölgän（小骆驼死去的地方）

还有一些地名因地貌和历史事件得名。如：

> yumulaqqum（有圆形沙丘的地方）
>
> papa qum（有矮小沙丘的地方）
>
> bala ölgän（小孩子死了的地方）
>
> kala ölgänning qumi（牛死了的地方的沙丘）
>
> ildöng（有人被吊死的地方）①
>
> sänätchi xät yazghan（演员写字的地方）

　　达里雅博依地广人少，达里雅博依人的生存空间特别大，他们具有非常浓厚的空间意识。除此之外，他们也将绿洲周围的沙漠深处一带作为挖玉石的活动空间，对沙漠深处无生命区的环境也非常熟悉。

　　生产生活的需要，使达里雅博依人产生了一些天文历法知识。他们白天根据太阳，晚上根据北斗星来辨别时间。同时，北斗星的周期变化规律成为区别季节和季节性生产活动的最显著的标志：

> 　　在达里雅博依地区北斗星 7 月上旬的时候每天凌晨时分出现在天空，8 月开始凌晨 4 点出现，一个小时左右就又消失了。9 月 20 日开始晚上 11 点时出现，凌晨 5 点之后落下。11 月开始晚上 7 点半左右升起。12 月中旬达里雅博依的河水开始结冰，达里雅博依人正是根据北斗星的升落时间来推测出河面结冰的时间。如果北斗星晚上 11

---

　　① 据当地人说，卡尔玛克人（准噶尔人）侵入达里雅博依，掠夺他们的食物和牲畜。卡尔玛克人抓住巴热克家族的族长——尤木拉克·巴热克并把他绑了起来。后来尤木拉克·巴热克伺机逃走。于是卡尔玛克人抓住尤木拉克·巴热克的妻子并在一个沙岗旁边的胡杨树上吊死了她。此后，此处被称为"额勒墩"（ildöng）

点升起 3 点落下，就说明到了剪羊毛的时间，人们在这个时候开始剪羊毛。而 6 月一直没有出现的北斗星到了 7 月上旬又出现在夜空时，达里雅博依人就开始割芦苇①。

当地人还会通过观察启明星来推算时间，在当地启明星一般凌晨 4 点出现，对于达里雅博依人来说，这时就是一天的开始。根据北斗星的以上变动规律，就能辨别出季节的变化。在观察天气方面，他们根据当天的天气和云的变化能够预测出未来几天的气候变化。达里雅博依人中有"早晨云发红晚上生火，傍晚云发红次天出太阳"这样的谚语。这是说早晨云朵发红，天气就不好，会降温。傍晚云发红，第二天天气会晴朗。除此之外，他们还会预测夏季特别炎热，即有沙尘天气，而冬季忽然气温升高即意味着要下雪。

达里雅博依人生计方式中的生态知识还包括采集沙生药用植物的经验知识。采挖出售大芸（肉苁蓉）是达里雅博依人一种辅助的生计方式。在这方面他们有着一系列经验知识。他们掌握了大芸的生长特点和分布情况，熟知在哪个沙丘或者哪棵红柳周围可以找到大芸，并且还知道在什么时候采挖到品质最好的大芸。

达里雅博依人的生态智慧和技能还具体表现在他们利用资源的方面。胡杨和沙子是达里雅博依人所处的自然环境中最丰富的两种资源。在漫长的历史发展过程中，达里雅博依人在创造独特的胡杨文化的同时，也具有了复合利用沙子的技巧。沙子在达里雅博依人中具有不同的使用价值，它不但是达里雅博依人重要的建筑材料，而且还是他们主要的生活必需品。沙烤是达里雅博依人最主要的烹制方法，而且当地人储存食物也离不开沙子。达里雅博依人很早之间有将粮食、水埋在沙子里储存的习惯，现在将蔬菜也用这种方法储存。达里雅博依人还用沙子擦洗烧黑的水壶锅底，而用沙子洗较油腻的锅碗瓢盆，则可以起到清洁球的作用。需要清洗手上的油污时，也可以将沙子当作肥皂使用。深入沙漠腹地寻找玉石的人们，因为水源稀少，因此饭后会用沙子擦洗碗筷。沙子在达里雅博依人中还有一种独特的使用方式就是利用沙子烘干潮湿的衣物，在秋冬季节为了使衣物尽快晾干，会将洗好的衣物铺在沙子上，当地的沙子特别干净，不会粘在

---

① 吾买尔江·伊明：《塔里木心中的火》（维文），新疆人民出版社 2006 年版，第 203 页。

衣物上。最令人称奇的就是达里雅博依妇女能"用沙子制成卫生巾"① 和婴儿尿布，即在一块布里裹上沙子后就可以使用。

达里雅博依人有着惊人的辨别足迹的本领。他们只需根据一个蹄印或脚印就能说出是哪个牲畜或哪个人留下的。访谈对象买提库万·艾来木介绍了自己这一方面的经验：

个案：（买提库尔班·买提热依木，男，60 岁，第三小队居民）我们达里雅博依人都非常熟悉别人的足迹。赤脚留下的脚印我们看一下就能知道是谁的，我们是根据每个人脚上的特点和走路的特点来辨认的。比如说，有些人走路是内八字，有些人是外八字。脚部的一些特征我们也能看得出来，谁家丢了东西看脚印就可以找出小偷。牲畜的话根据有些牲畜蹄子的特点和行走的特点也可以认出足迹。有些牲畜因为冬天冻伤，蹄子变了形，特别好认。每年剪两次羊毛的时候我们就将每只羊的蹄子特征记下来，之后我们看着足迹就能知道是哪只羊。刚留下的足迹保存得比较完好，时间长了就模糊了。如果足迹踩在露水上就说明是刚走过，如果足迹上落了露水就可以知道是昨天留下的了②。

综上所述，达里雅博依人辨别足迹的方法可以归纳成两点，首先，需要掌握人或牲畜的足部特征以及走路特征，这是辨别足迹的前提条件，只有根据这个线索才能知道足迹是由哪个人或者哪只羊留下的。达里雅博依人常年赤脚行走，因此人们都熟知他人的足迹。而牲畜的蹄子特征则是在剪羊毛、刮羊绒和平时放牧时观察到的。其次，判断足迹留下的时间。这是辨别足迹时比较细微的一个环节，足迹保留的程度将作为推断时间的关键。影响足迹保留程度的因素有风、露水和尘土等。可以通过观察风对足迹的破坏程度、露水形成的时间和足迹上尘土的厚薄来进行推断。辨别足迹是当地牧民必须掌握的一门技术，在查看羊群、寻找丢失的牲畜时都能用得上。因为达里雅博依人都非常善于分辨足迹，因此这里几乎没有

---

① 参见吾买尔江·伊明《塔里木心中的火》（维文），新疆人民出版社 2006 年版，第 105 页。

② 2011 年 10 月 18 日笔者在达里雅博依乡的访谈记录。

小偷。

关于达里雅博依人非常熟悉沙漠中的环境,特别善于在沙漠中寻道,有较强的环境适应能力,这些都使他们成为了沙漠中的最理想的向导。从事这个行业的人一般都具有相关的专业知识和丰富的经验。

个案:(买买提·阿布拉,男,35 岁,第三小队居民)我们家人干沙漠向导这一行已经有 20 多年了。在沙漠中寻道和辨别方向非常困难,我们走路时都以胡杨树、红柳丛或沙丘作为标识,有时也要看太阳。在沙漠中有些潮湿的地方生长着胡杨树和红柳丛,地下 1—1.5 米处可以挖出水,在沙漠中可以在胡杨树或红柳丛四周挖水井。沙漠中一旦起风就无法识别方向了,极容易迷路,这时就需要看着太阳定位[①]。

驼工和沙漠向导是沙漠地带特有的行业。随着国内外沙漠探险考察旅游者的频繁造访,驼工业成为有些达里雅博依人的主要生计手段。

简言之,在不同的生态环境中生活的不同民族有着与自然环境相适应的一系列经验知识,这样才能维持生存和发展。在长期的生产实践中,人们不断总结经验,逐渐掌握自然规律,从而总结出与大自然相适应的行为准则,营造人与自然和谐发展的环境。

三 疾病与民间医学知识

关于达里雅博依人常见的疾病及其起因,笔者先后采访了达里雅博依乡医务所的两名医生和曾在达里雅博依乡当过赤脚医生的一名当地人。

个案一:(布再奈夫古丽,女,29 岁,达里雅博依乡医务所所长)这里胃炎、肺结核、风湿病、气管炎和高血压最为常见。胃炎都与饮食有关,他们一天三顿吃库麦其,其寒气太大。肺炎、气管炎和当地多风沙和尘土有关,尘土中有七种细菌。另外,和别的乡村相比,这里的妇女多见的妇科疾病为宫颈炎、宫内膜炎、阴道炎等。其原因与早婚、个人卫生和饮食中食用的库麦其、山羊肉寒气过重等有

---

① 2011 年 10 月 20 日笔者在达里雅博依乡的访谈记录。

关；当地人们多发的高血压多与饮食有关；达里雅博依乡新出生的婴儿多见缺钙现象。这和日照不足、营养不良有关；当地每年出生18—22个婴儿，其中1—2个死亡。2007年因贫血使得两个孩子死亡；当地还多有口腔疾病，这和当地饮用水里多氟和盐有关，牙齿容易变黄并因氟中毒而脱落；营养不良引起的贫血里缺铁性贫血较多。水果、蔬菜多含铁元素，但是当地缺少这类果蔬等，当地人吃不到或者很少吃水果蔬菜，从而引起缺铁①。

个案二：（吾布里喀斯木，男，达里雅博依乡医务所医生）这里的人水果蔬菜吃得很少，身体缺少水分，所以都很瘦。以前伤寒很多，这是由于缺乏营养。由于免疫力低下，即便是很小的感冒，都会转化成伤寒。这里还多见胆囊炎，这是由于饮用水中多含沙、碱，容易形成结石；小孩多患肺炎，而且不怎么食用果蔬，造成免疫力低下，容易得病。小孩子头上多长头癣，是因为环境多沙尘，污染严重②。

个案三：（乌买尔·达吾提，男，60岁，第五小队居民）直到2002年，33年来一直从事本地的医疗工作。在建乡之前，本地有赤脚医生到牧民家里看病。当时背着个药箱去牧民家看病。这里人容易患感冒、伤寒和肚子疼。妇女中子宫疾病较多。此外高血压、风湿病也多见。儿童中多见肺炎和喉炎③。

此外，笔者在调查过程中还发现，当地老年人中患老年性失明和老年性皮肤太阳斑④者非常多，患老年性失明者多为男性。根据笔者相关的统计调查，目前达里雅博依乡70岁以上的老年人中有7个是失明患者，占70岁以上总人口的37%（2010年70岁以上的老人共有19人），其中男性6人、女性1人，男性占大多数。究其原因，当地人的解释是，因为长

---

① 2011年9月26日笔者在达里雅博依乡的访谈记录。
② 2011年10月18日笔者在达里雅博依乡的访谈记录。
③ 2010年8月19日笔者在达里雅博依乡的访谈记录。
④ 有些老人的身上会长出黑斑，尤其脸部特别明显。

期坐在火塘边眼睛受到刺激所致。根据相关研究成果，"缺乏维生素有可能导致失明和神经损伤"[①]。此外，不论男女老少坐车都容易晕车、呕吐。还需要强调的两点就是：其一，达里雅博依人中残疾人较多，"2011 年残疾人数为 52 人"[②]，平均每 20 人中就有一名残疾人。关于这一点，达里雅博依乡医务所的医生解释说，残疾人中大都是先天性残疾，以智障、智力低下为主。这与妇女在怀孕期间乱服药和营养不良有很大的关系。据新疆维吾尔自治区医院的一名医学专家的介绍，先天性残疾也与当地环境的污染有一定的联系。其二，达里雅博依乡几乎没有因交通事故而死亡的人（只有 2010 年在于田县发生的交通事故中死亡一人），由于当地交通不便，一直到 2000 年牧民的出行仍然要靠马、驴和骆驼等牲畜，因此当地很少出现交通事故，到医院里治疗骨折等病的人也很少。

综上所述，达里雅博依常见的疾病和病因可以总结出这样两点：第一，达里雅博依人的病因大都受到了自然环境的影响，如支气管炎、肺炎、尘肺等呼吸道疾病以及一些皮肤病都与这里常见的浮尘天气有关。据统计，达里雅博依乡年平均浮尘天气可达 208 天。从气候特征来看，达里雅博依乡冬季极寒，早晚温差大，春季和秋季的晚上也很冷，达里雅博依人冬天晚上就睡在四壁都进风的木屋里，白天则在野外放牧。因此因为着风、着凉等原因，也极易患上关节炎、风湿病等疾病。此外，达里雅博依人在日常生活中主要饮用地下水，而这里的地下水矿化度很高，并且含有大量的氟物质，严重损坏了他们的牙齿和骨骼，还容易导致胆囊炎和高血压。第二，部分疾病的形成与他们的饮食习惯和营养搭配也有关系。达里雅博依人饲养的畜种以山羊为主，当地人多食用山羊肉，而山羊肉、山羊奶以及用山羊奶制成的奶制品都为寒性。此外，达里雅博依人的主食——库麦其也属寒性，食用后不易消化，容易导致胃炎。另外一个原因就是达里雅博依人的传统饮食极为单一，食物以肉和面类为主，几乎不吃水果和蔬菜，就连现在也吃得很少。这样一来，因为营养搭配不合理也引发一些疾病。

从达里雅博依人的卫生保健方面来看，直到 1960 年，当地都没有任

---

① William A. Stini, *Ecology and Human Adaptation*, Dubuque, Lowa: W. C. Brown Co., 1975, p. 65.

② 达里雅博依乡政府提供的内部资料。

何医疗机构和医疗人员，从《于田县志》的记载来看，"1960 年从喀群公社①来的买合木提·尼亚孜和阿不都热伊姆·萨迪克两个大夫在这种缺医少药、没有任何治疗条件的情况下工作了 18 年，1982 年在达里雅博依建起了第一所治疗站"②。由此可见，直到 1989 年成立了乡医务所为止达里雅博依乡的医疗条件都非常差，在治疗疾病和预防疾病方面主要靠当地人的一些土方法。

长期的畜牧、狩猎和采集活动，使得达里雅博依人积累了相当丰富的动物、植物生长规律、习性方面的知识，还掌握了一些植物在治疗疾病方面的疗效。根据实地调查，达里雅博依人常用的治病方法有以下几种：

1. 利用沙生植物治疗。达里雅博依人常用的药用植物有胡杨、红柳、骆驼刺、甘草、苦豆子和沙枣等。胡杨分泌出的树脂，称"胡杨碱"或"胡杨泪"，当地人称之为"toghrigha""具有清热解毒、止酸、止痛之效"③。当地人为了祛胃寒，把胡杨碱泡到茶水中饮用，将胡杨碱涂抹到腿部还可治疗风湿病。此外，胡杨水也具有一定的药效，可用于治疗风湿病，当地人用胡杨水擦洗腿脚。因此，当地有"胡杨水可以延长人的寿命"这样的说法。

> 个案：关于甘草、骆驼刺、苦豆子等植物的药效，访谈对象热依木汗（女，25 岁，第三小队居民）介绍道："我们这里有些人将甘草煮水喝下，用于治疗咳嗽。骆驼刺的花煮水或者拌上砂糖制成糖膏，对痔疮有很好的治疗效果，有人尝试过。用苦豆子的籽煮水洗头，可以去头屑。"④

此外，达里雅博依人还认为在腹痛、腹泻时，吃点沙枣，就有止痛、止泻的功效。沙枣是当地唯一可以食用的植物，其"树皮、果实及花入

---

① 喀群公社：人民公社时期，于田的一个行政区，指今木尕拉镇一带。

② 政协于田县委员会编：《于田县文史资料卫生志》（6）（维文），内部资料，2011 年，第 265—266 页。

③ 中国科学院兰州沙漠研究所编辑：《中国沙漠植物志》第一卷，科学出版社 1985 年版，第 252 页。

④ 2012 年 1 月 29 日笔者电话访谈记录。

药。性味功能：果实味甘性凉，止泻、镇静"①。达里雅博依人还熟知红柳枝的药用功效。

> 个案：(×××，女，34 岁，第三小队居民) 这里有叫"特维力"(tewel)② 的一种红柳，其树脂暑气大，将它泡到茶水中饮用，可以避孕。这是我从老辈们那里得知的③。

当地人治疗风湿引起的各种创伤或溃烂以及身体上的疙瘩时，会将杏仁烧黑至出油涂抹到病痛部位，这种疗法称为 "yaghliq qara etish"。直到现在为止人们都沿用着。治疗时所用的杏仁一般是从于田县城买来的。

图 4-6　杏仁烧黑至出油治疗创伤（yaghliq qara etish）

2. 沙疗法。对于风湿病、关节炎及全身疼痛等疾病，当地人通过在干净无污染的沙地（此中沙土被当地人称为 "qizilqum"）埋沙的方法进

---

① 中国科学院、甘肃省冰川冻土沙漠研究所研究室编：《中国沙漠地区药用植物》，甘肃人民出版社 1973 年版，第 612 页。
② 红柳的一种，生于达里雅博依绿洲的边缘和塔克拉玛干沙漠内部一带较高的沙丘上。
③ 2011 年 10 月 24 日笔者在达里雅博依乡的访谈记录。

行治疗。据说沙子能够祛除身体里的湿气，从而达到治病的效果。

3. 用畜牧产品治病。据达里雅博依妇女们的叙述，如果小孩子不停哭泣，大人着凉、起风团再或者伤风感冒了，就用公羊的尾巴油涂抹在患者的后背、手心、脚心、太阳穴等处，可以减轻病人的痛苦。这种治病方法被当地人称为"uwilash"，是一种比较普遍的土方法。

4. 食疗。食物疗法指的是根据患者的病情进行合理的食物进补或者对某些食物忌口的方式来达到治病效果的办法。达里雅博依人给病人专门烤制发面库麦其，这种库麦其比当地人每天食用的死面库麦其（用没有发过的面烤制的）要容易消化。据当地人介绍，他们还有通过喝酸奶水（凝固好的酸奶上漂浮着的一层黄色液体）治疗腹痛，夏天喝酸奶解热消暑，喝花山羊（背部有黄黑色花纹的山羊）奶来治愈肺病，喝盐开水治愈腹痛、腹泻等治病的方法。此外，他们还根据不同家畜肉的属性，在不同的季节进行不同搭配的方式来达到预防疾病的目的。

个案：（海丽且木汗·买提库尔班，女，52岁，第三小队居民）六齿的山羊就算是老山羊了，食用这种山羊肉容易造成气滞，因此我们不常吃老山羊的肉。年轻山羊的肉又好吃又大补。绵羊肉属于热性食物，比较适合冬季食用。山羊肉性寒，夏天的时候可以多吃山羊肉①。

5. 使用宗教方式治病。萨满教认为疾病由恶灵导致，因此将致疾之鬼灵祛除即能治病。达里雅博依人中仍保留着一些用萨满教的避邪术和除疾术来治病的习俗。比如，为了防止婴幼儿中毒眼，会在他们的脖颈或手臂上佩挂据说能防毒眼的玛瑙或护身符。对那些受到惊吓、哭闹不止的孩子，经常用"isriq selish"②的巫术来治愈。此外，还通过念经、祷告的方法治疗疾病。访谈对象赛迪尼沙汗告诉我们：如果小孩嘴角溃烂，心中

① 2011年10月11日笔者在达里雅博依乡的访谈记录。
② 用骆驼蓬和从街头捡的柴火烟熏小孩的脸且口念"isriq isriq"（意思是要妖邪退避）来祛除导致疾病之鬼灵的与萨满教有关的一种除疾术。

默念三遍"法提哈"① 祷告并对着患处吹气，不久溃烂就会痊愈。除了以上提到的几种疗法之外，当地人还通过别的方法来治病，如婴儿或者两三岁的幼儿，如果经常哭闹不止，人们就会准备旧铜钱和伯祖噶（一种药用植物）等一些药材，将小碗倒扣，碗底倒入一些水，用铜钱蘸着碗底中的水从孩子额头开始，向上贴着面庞，滑动铜钱，经过脑、后背直到屁股。最后还要把这种水涂抹到孩子的太阳穴、手心和足底。这一过程笔者在调查中亲眼见到过。当地还有用鸡蛋黄中的油或者芥菜油涂抹疗疮，用其他妇女的乳汁涂抹后背、手心、脚底和双鬓的办法治疗小孩哭泣等土办法。除此之外，达里雅博依人还曾经"用棉线将坏齿拔掉，并且通过按压滚烫的烤肉的方法来止血止痛"②。

达里雅博依人中没有民间医生或巫医。人们只是利用有限的自然资源通过上述的方法来在一定程度上减轻病痛。病情严重的患者只能到县里去买药或者到县里医院接受治疗，但是会有些病人因得不到正规的治疗而死亡。

　　个案一：（买提肉孜·买提热依木，男，57 岁，第三小队居民）以前的时候药物非常缺乏。我母亲生病的时候，一个大夫告诉我只有在四天内从县里买来药品，才能够保住母亲的命。因此我走了一天一夜赶到了县城。在县城准备药用了两天时间，其中一种药没有就托人从和田带了过来。在回家的路上走到英巴格乡（离于田县约 20 千米）时打碎了五瓶药，没办法又托人带了五瓶。我背着 10 多公斤的药又走了一天一夜才回来。正是这些药治好了我母亲的病，使她又活了 7 年③。

　　个案二：（赛迪·肉孜，男，60 岁，第二小队居民）以前的时

---

　　① 法提哈是《古兰经》的第一章，在礼拜、祈祷中，都是必读的、首要的一章。其主要内容是：赞颂归于安拉——养育宇宙万类的主，普慈、特慈的主，掌管报应日的主！我们只崇拜你，我们只向你求助。求你指引我们正路——爱你施恩者的路。不是你所恼怒者的路，也不是执迷不悟者的路。

　　② 乌买尔江·伊明：《塔里木心中的火》（维文），新疆人民出版社 2006 年版，第 208 页。

　　③ 2010 年 8 月 21 日笔者在达里雅博依乡的访谈记录。

候，有人得了重病，就让病人躺在吉尕（jigha）① 上，用毛驴拉着送到于田县去治病。一般随行的有四人，最多十几人，一路要走七八天。由于路途遥远，有些病人还没到医院，就死了。这种情况下，就将尸体临时放在最近的一户人家中，举办简单的送葬仪式。死者的亲属需要连夜制作出胡杨木的棺木②。

个案三：（海丽且木汗·买提库尔班，女，52 岁，第三小队居民）40 年前，我的母亲在喂羊时，被羊圈掉下来的木头砸断了一条腿，最后伤处发炎化脓。但是由于没有医疗条件，在三个月后去世了③。

医学人类学认为"人类的身体健康是衡量其适应环境是否成功的一个标准"④。虽然达里雅博依人遭受许多病痛的折磨，而其缺乏医疗条件，但是他们的健康状况普遍良好，长寿者较多。据有位学者 1997 年在达里雅博依乡的相关调查，当时那里"有百岁老人和年龄近百岁者 15 人"⑤。这组数据在当地的 1000 人（2000 年达里雅博依有 1118 人口）占较高的比例。达里雅博依人在自然条件恶劣、食物单一和紧张的环境下，仍然生活得健康长寿，这不能不说是个奇迹。究其原因，这与他们在熟知自然规律并积极适应的过程中形成的生活习惯是分不开的。第一，达里雅博依人非常爱干净。即使当地沙尘天气频繁，人们还是非常注重环境卫生和个人卫生。第二，生活非常有规律。夏季早晨乌鲁木齐时间 4—5 点天一亮就起床，晚上 8—9 点准时睡觉。每天都做一些体力劳动。除了夏天和秋天两个最繁忙的季节之外，平时他们也做一些查看牲畜、给羊喂水、喂草这样的事情，做完这些事情需要五六个小时，其余的时间就是吃饭、歇息。

---

① 吉尕：一头或二头毛驴在前面，一头或二头毛驴在后面，用两个胡杨长木，用绳子拴紧，类似形成抬架，在抬架上铺上毯子，被子，上面再躺病人。当时没有任何运输工具，就制作简单的吉尕。

② 2011 年 10 月 14 日笔者在达里雅博依乡的访谈记录。

③ 2011 年 10 月 11 日笔者在达里雅博依乡的访谈记录。

④ Ann McElroy, Patricia K. Townsend, *Medical Anthropology in Ecological Perspective*, Belmont: Wadsworth Inc., 1979, p. 13.

⑤ 阿布都热合曼·卡哈尔：《远方的人》（维文），新疆人民出版社 1999 年版，第 215 页。

当地有"寂寞的时候就烤火"这样的谚语,因此,家人或亲朋好友会围在火塘旁通过聊天谈心的方法来打发无聊的时间。他们习惯于通过这种方法来调整在封闭性环境中的心理平衡。第三,达里雅博依人虽然物质生活十分简单,但是生活无忧无虑。他们没有现代大城市人的物质享受与欲望,也没有过多的精神烦恼。他们的生存有着自己的特性:自然性、简单性和适应性。达里雅博依人的生活在一些人看来是"清贫"。如段然惠在《亲历大河沿》一文中写道:"我离开达里雅博依后,我问自己:你是否可以每天一日三餐都是干馕就着咸茶水;你是否可以没有邻居没有朋友;你是否可以没有电,没有电脑和 mp3;你是否可以每天没有娱乐活动天一黑就睡觉——我的所有答案都是否定的。"① 而另一些人看来是"简约"。如鲁莽在《沙漠原始村落探秘》一文中写道:"在我们看来严酷到无法生存的自然环境里,他们以自己的方式生存、生活。他们大约不会有兴趣按照北京、上海、广州人的标准去讨论什么是幸福的问题,他们只是走自己的路,过自己单纯而原始性的生活。"② 笔者认为,当达里雅博依人的物质受到限制时,他们的欲望同样也受到限制。据笔者在调查过程中了解到,大多数达里雅博依人认为他们在那里生活得很好。

总而言之,达里雅博依人所积累的地方性知识对他们适应其所处的生存环境,并且维持自身的存在和发展发挥着非常重要的作用。

第三节 达里雅博依人的生态观

任何一个人类群体中文化和环境的关系还反映在其生态观念上。对于人类的环境世界观,人类学家弗洛伦斯·克拉克洪认为,不同文化和不同历史时期的人对自然大致有三种取向:"(1)人屈服于自然,生活为强有力和不妥协的自然所支配;(2)人凌驾于自然之上,支配、利用和控制环境;(3)人是自然固有的一部分,像动物,树木和河流一样,设法与环境和谐相处。"③ 虽然这三种观点中的某一种取向都在某个特定的群

---

① 段然惠:《亲历大河沿》,《华夏人文地理》2004 年第 9 期。

② 鲁莽:《沙漠原始村落探秘》,《海内与海外》2000 年第 2 期。

③ [美]欧·奥尔特曼、马·切默斯:《文化与环境》,骆林生、王静译,东方出版社 1991 年版,第 23—24 页。

体中占支配地位，但任何一种取向都可能包括另外两种观点的成分。

　　达里雅博依人的文化体系中我们可以观察到许多他们与其所处沙漠环境和睦相处的例子。达里雅博依人"与自然和睦相处"的思想具体表现在他们的民间信仰和生活习俗中。首先，达里雅博依人生态观念的形成与他们所信仰的宗教是分不开的。从历史的角度来看，新疆地区是历史上丝绸之路的重要交通要道，其有利的地理位置使它成为世界上罕见的多种民族、多种文化的融合区，其最显著的一个例子就是佛教、摩尼教、景教和伊斯兰教等多种世界性宗教在该地区接触，互相作用并共同发展。这一特征具体体现在维吾尔族的宗教文化中。从维吾尔族的宗教历史来看，维吾尔族曾信仰过、萨满教、拜火教、佛教、摩尼教和伊斯兰教。虽然伊斯兰教早已成为维吾尔族的全民性宗教，但是在伊斯兰教环境中还存在着以前的诸多宗教的一些遗迹。其中民间遗存较多并且继续发挥作用的就是他们土生土长的原始宗教信仰——萨满教。"自然是萨满教的主要崇拜对象，其中最主要的是动植物的崇拜。"[①] 在萨满教的自然观中，自然是神化的观念体系，这种原始自然观体现在达里雅博依人中存在的与水、植物和动物有关的民间禁忌。

一　对水的观念与禁忌

　　从绿洲生态系统的角度来看，水是绿洲的存在基础，是干旱区环境中最活跃的因素。一定数量的水资源能孕育一定面积的绿洲，水源枯竭使绿洲的土地很容易沙漠化，导致绿洲由兴盛逐渐衰落。因此，水不仅是绿洲形成的首要条件，也是发展和稳定的基础。正因为如此，我们说"塔克拉玛干的人类活动史，即是一部典型的'水文明'和'水文化'的盛衰史"[②]。水是绿洲最珍贵的自然资源，对于沙漠腹地的绿洲更是如此。笔者在地处塔克拉玛干沙漠腹地的达里雅博依乡进行田野调查时深刻地意识到：有水则绿洲、无水则沙漠。对于特干旱区的达里雅博依人来说，水是沙漠中所有生命的源泉。水为达里雅博依人和作为他们生活中心的牲畜提供了赖以生存的环境。因此，达里雅博依人有句俗语："如果有水，种金

　　① 迪木拉提·奥玛尔：《阿尔泰语系诸民族萨满教研究》，新疆人民出版社1995年版，第20页。

　　② 胡文康：《走进塔克拉玛干》，新疆人民出版社2000年版，第29页。

子也行。"由此可见，达里雅博依人从历代的生活实践中已经充分认识到水的重要性，有水才有绿洲才有生命。在塔克拉玛干沙漠深处沿河而居的达里雅博依人像其他沙漠边缘绿洲的维吾尔族人一样遵循着许多水的禁忌，诸如：

> 严禁往水里倒污水、垃圾或污秽物。
> 严禁往水里大小便、吐痰或擤鼻涕，否则身上会长脓包。
> 不得在井边洗衣服。
> 不得浪费水，要节约用水。
> 必须用干净的桶从井里打水。
> 严禁在水边作污秽之事。

这些行为准则适用于他们生存环境拥有的任何一种水源，如水井、河流、湖泊和小海子等。笔者在调查中发现达里雅博依妇女有一种特殊习惯：妇女们在日常生活中都非常节约用水，在洗碗时尽量少用水。除此之外，当地人还非常注意保持水的清洁，这一点在他们的房屋布局上也能体现出来，通常会将牲口圈、厕所、垃圾坑盖在离水井较远的地方，并且很注重水井和水井四周的卫生。

这些禁忌的形成与他们曾经信仰的萨满教的原始自然观和伊斯兰教的自然生态观以及他们的现实生存条件均有密切的关系。首先，水与人类的生存息息相关，人类对水的依赖远远超过任何其他自然物，因而水便成为人类最早产生并延续最久远的自然崇拜之一，对水的崇拜反映出原始宗教的原始性生态观。其次，对水与水源的保护是伊斯兰教生态观的主要内容。《古兰经》强调："你们应当吃，应当喝，但不要过分，真主的确是不喜欢过分者的。"（7：31）伊斯兰教主张适度消费，有节制地生活。再次，达里雅博依人所处的特干旱区，年降水量仅有14毫米，这样的环境条件也迫使人们注重水资源的合理利用和管理。

达里雅博依人中普遍存在的与水有关的禁忌多以保持水源的清洁、节约用水和保护生存环境为出发点，但这些禁忌还反映出人们对作为生命之源的水的崇敬以及相关的环境保护意识。这些禁忌早就成为达里雅博依人日常的行为准则，为合理利用和保护水资源产生了生态实效。

二　动植物观念和禁忌

人类为了生存，必须在最大限度上为适应其所处环境做出一定的调节。生态民俗学认为："自然环境与社会生态为人类文化的形成提供了物质的基础，文化正是这一过程的历史凝聚。这个历史过程导致了不同的文化选择。民间信仰的主要功能就是调节和维持人和自然环境之间的和谐关系。"[1]

民间有些禁忌与观念的产生又与一定群体所处的生存环境及生活方式有关。在任何一个生态系统中，有绿色植物，也就有绿色植物赖以生存的动物，并因而形成"生态链"。因此，人与植物关系早已成为人与自然关系的重要内容。对于以畜牧业作为主要生计方式的达里雅博依人来说，植物与他们有着更为密切的联系，这种联系体现在他们生活的各个方面。首先，植物是牧民生存依赖的畜牧业的基础。其次，植物是他们食物的来源。再次，植物可以作为住房和生活器物的重要材料。可以说，没有植物也就没有达里雅博依人及其牲畜的存在。此外，在达里雅博依这样特干旱的沙漠绿洲，绿色植物是水资源的物质化表征，同时又具有储水和保护水的功能。以胡杨为主的沙漠林带更是水资源的仓库，也是抗击风沙的绿色屏障。尤其是生态环境极为脆弱的沙漠绿洲，植物发挥着不可估量的作用。由于植物对达里雅博依人所处的生态环境是至关重要的，为了确保与自我生存有关的植物资源能生生不息、源源不断，达里雅博依人中产生了与植物有关的诸多禁忌和谚语，如：

> 折断幼苗的人会夭折或断手。
> 不得折弯、折断或砍伐胡杨树幼苗。
> 不得砍伐老胡杨树或者独个胡杨树的枝杈，不然则会遭到鬼怪的
> 报复。

除此之外，当地人认为几棵或十几棵胡杨树聚集的地方会有鬼怪出没，不能砍伐这里的树木。他们还认为育树苗、栽树、浇树都是积德行善的事情。除了这些禁忌外，他们还有一些谚语可以表达与植物的密切关系

---

① 江帆：《生态民俗学》，黑龙江人民出版社 2003 年版，第 248 页。

以及保护植物的意识，如：

> 不会给胡杨修枝的人，就不可能拥有丛林。
> 砍一栽十，砍十栽千。
> 砍树不如砍手。
> 树不修不成材。
> 集沙成山，集树成林。
> 草要常除，树要常修。
> 有树的人家兴旺，没树的人家衰败。
> 种树树成林，砍树沙成山。
> 一年之计种粮，十年之计种树。
> 有树的人家是巴扎、没树的人家是麻扎。

从以上以敬树、爱树、养树、护树为主要内容的禁忌和谚语中可以看出，有些考虑到了树木的利用价值，有些是原始崇拜的遗存，还有些则以保护生态环境为出发点。但是不论如何，这些禁忌与谚语都是人与植物、人与自然之间关系的产物，是自然环境在达里雅博依人主观意识上的反映。达里雅博依人与沙生植物之间的这种关系中，既有人类利用植物的功利性一面，也有爱护植物、保护绿洲生命的生态伦理在内。

对于从事畜牧业的民族来说，家畜与他们有着更为密切的联系。这种联系充分体现在衣食住行等生活的各个方面。动物的肉和乳汁可以作为主要的食物，动物皮毛可以遮羞御寒，同时也是住房和生活器物的主要的原材料，而大畜则是最方便的交通工具。可以说，畜牧民族的生存离不开牲畜。牲畜是他们主要的生产对象，也是他们赖以生存的主要对象。为了使家畜远离灾难和疾病，迅速地繁衍壮大，达里雅博依人中就产生了诸多相关的禁忌民俗，如：

> 不得打骂和踢羊。
> 不能折磨家畜。
> 不得把吃过的骨头乱放乱扔。
> 不能焚烧骨头，只能将其放在胡杨树洞里或者专门扔骨头的
> 坑里。

严禁在牲口圈里大小便。

不能往牲口圈里倒污水垃圾。

要时常保持牲口圈的干净。

不能在羊圈里吹口哨。

不能让牲口饿着、渴着，一定要按时喂牲口。

不得杀怀胎的母畜和小畜。

宰杀牲畜时要用锋利的刀，不得折磨致死。

从以上种种禁忌中可以看出，达里雅博依人把牲畜神化了，因此一些与牲畜有关的事物也被视作是神圣的。如有关牲畜的骨头和牲口圈的一些禁忌就说明了这一点，在这些禁忌中主要以保护畜群使其繁衍壮大为目的，但同时也表现出了达里雅博依人"动物也是自然界重要的一部分"的生态观念。在伊斯兰教义中讲到，所有的动物都是安拉创造的。因此，达里雅博依人认为动物和鸟类都是安拉创造的生命，要善待它们，不得折磨和虐待。这种爱护动物的禁忌不光用于牧民家里的家畜，而且适用于大自然中所有的野生动物上。达里雅博依人生存的这片沙漠绿洲上生活着的野生动物主要有野兽、鸟类、沙漠爬行动物、昆虫和鱼类等，达里雅博依人将任何折磨、虐待、杀害动物的行为都视作恶行，而救助离群的、受伤的、带仔的动物则是善行。他们还认为故意破坏鸟窝、打碎鸟蛋就会得手抖的病。不论是家畜还是野兽飞禽的尸体，都会将其深深地埋起来。达里雅博依人不会随便猎杀动物，虽然他们有捕捉兔子、狐狸、黄羊的习惯，但是却从来不射杀鸟类。达里雅博依人与动物和谐相处的关系还表现在他们喜欢饲养猫这一方面。根据笔者观察，当地每家至少都养了两只猫，最多的甚至养了八只。

民间普遍存在的动植物方面的禁忌和谚语是，达里雅博依人所信仰的宗教生态观和他们从现实生活中总结出的经验知识在语言和行为上的一种表达。达里雅博依人在这种民间禁忌的影响下，有节制地利用和保护动植物资源，获得了保护生态环境的功效。更为重要的是，在形成各种民间禁忌和宗教信仰观念来约束行为的同时，在达里雅博依人的内心世界中也不知不觉地产生了一种保护生态环境的"自觉性"。

正如江帆强调，"这些被人们尊崇的动物、植物，都是特定的人类族群生活环境中的物象。从精神层面来看，人类对其的崇信是思维观念的产物；但从物质层面来看，又是客观的自然生态环境的产物，是‘自然界的结构在民族精神上的印记’”①。一个特定人群如何看待动植物是其生态观的一个重要内容。较为原始的与自然崇拜有关的民间禁忌和宗教信仰观念是达里雅博依人精神生活的一个特殊内容，也是达里雅博依人生态保护意识的一种表现形式。

三　生活习俗中的环保意识

（一）讲究卫生的习惯

由于沙漠中严重缺水，这种客观条件使大多数人对达里雅博依人的清洁习俗产生了误解。例如从有些相关文章中我们可以看到，"在达里雅博依，女人们总是在夏季丰水期浣洗一年乃至多年未曾洗的衣物。达里雅博依人一生只洗三次澡，第一次是出生时的洗礼，第二次是成婚之时，最后的沐浴则是人死之后，而这三次沐浴所需的水还不够城市人洗浴一次"②之类的说法。但是实际情况却并非如此。达里雅博依人都非常爱干净，他们一般在家里盆浴。达里雅博依人认为"干净的地方会招福"，因此非常注重个人卫生、衣物的干净和环境卫生。即使他们的衣物都很简朴但却洗得干干净净。在沙尘常常满天飞的环境下，每家每户的房子也都收拾得整齐干净，收拾房子是当地妇女们最重要的一项家务活，每天早晨起来后做的第一件事情就是洒水扫院子。达里雅博依到处都是沙子，甚至连屋里的地面都是沙地，因此就需要洒很多的水进行清扫。在这方面达里雅博依人有自己的办法。当地传统的水井离住所较远，几十米至几百米不等。从水井里打水再挑回住所也是一件相当辛苦的工作，往屋子里和院子里洒水最少需要十几桶水。有些人家一天还要打扫两次房屋。女孩从小就要学着打扫卫生，爱干净是女孩子必须要具备的一种品行。达里雅博依的男子会将熟悉家务活和讲究卫生作为选妻子的首要条件。此外，虽然达里雅博依人的房屋比较简陋，家具也很简单，但是却收拾得非常整洁干净，进门的地上还会专门放上一块用于蹭掉鞋底沙子的山羊皮。他们不仅讲究个人卫生和环境卫生，同时还非常注重牲畜的饲养环境和卫生条件。他们习惯于定期打扫牲畜棚。

---

① 江帆：《生态民俗学》，黑龙江人民出版社 2003 年版，第 247 页。
② 尚昌平：《克里雅闻所未闻的故事》，《风景名胜》2004 年第 12 期。

（二）居住习俗与环境保护意识

建筑是人类的文化创造，也是人与自然的一种文化对话方式。达里雅博依人的居住习俗包含了他们的传统生态观和环境保护意识，具体表现在选择房址、建筑材料和住宅布局等方面。

1. 选择房址。达里雅博依人选择房址的标准：（1）水源充足之处。水是生命之源，水养育了绿洲生命，孕育了绿洲文明，达里雅博依人深知水对绿洲上所有生命的生存状态、生活质量所起的作用，他们非常关注水资源，因此就形成了逐水而居的选址思维定式。同时他们的这种居住形式也反映出达里雅博依人依赖水和关注水的心态。（2）绿色之地。与沙漠边缘绿洲相比，对四周被浩瀚沙漠围绕的沙漠绿洲来讲，绿色更为重要。绿色就是生命，也是在生命与死亡并存的沙漠深处生命的象征。因此，达里雅博依人的尚绿意识渗透在他们选择房址的行为中也是合乎情理的。他们将房子建在胡杨林中或起码得有几棵胡杨树之处，这样一来不仅夏天能避暑而且在春季可以起到防风防沙的作用。以上列举的选址标准体现出达里雅博依人敬水、尚绿、顺应自然的生态观念。

2. 建筑材料：在达里雅博依地区木头成为当地人最主要的建筑材料，多使用红柳、胡杨树枝和芦苇等。虽然胡杨树可以为人们提供最好的木材，但是达里雅博依人建房时多使用芦苇和红柳。这是因为胡杨是当地人赖以生存的树种，并且对于保持绿洲的生态平衡也是至关重要的。人们为了维持生计保持较稳定的生存环境而特别注重对胡杨树的保护和使用。

3. 住宅布局：建造房屋时，达里雅博依人将卫生与住宅布局的关系作为首要条件。达里雅博依人的住宅除住房外，还包括厕所、垃圾房、污水沟、宰羊房、倒骨头的地方等一系列配房。达里雅博依人有着将垃圾分类的习惯，一般将污水、骨头、煤灰、生活垃圾、血液等分别处理，因此在建房时，也会修建一些简单的用于盛垃圾的配房。当地人将扫地垃圾和煤灰倒在不同的地方，这是因为在当地有"如果将两种垃圾倒在一起就会使得婚礼和葬礼撞在同一天"的说法。宰羊也有专门的地方，流出来的羊血就当场处理掉。专门倾倒污水的地方叫作"亚拉克"。骨头也不能随便乱扔，有专门倒骨头的地方。以上说到的这些垃圾都会被分类埋掉。除此之外，达里雅博依人还严禁随地大小便，比如不得在"亚拉克"大小便，不然的话就会鬼怪附体。如果有人突然开始腿疼，别人就会认为他在宰羊房和污水沟里小便了。达里雅博依人在保护环境方面不光注重配备各种垃圾屋而且还特别注意这些垃圾屋的位置。他们严禁把厕所建在住房前或显眼的地方，一般尽量置于屋后或偏远僻静的角落。垃圾房、污水沟、宰羊房等忌离自己的住房太近，一般情况下，这种配房要离住房60—70米，甚至更远。除此之外，以畜牧业为生的达里雅博依人的住房布局还有一个特点，就是每家都有一套牲口圈。这些牲口圈一般都要与住房保持一定的距离。

图 4-7　达里雅博依人专门倒骨头的地方——亚拉克（yalaq）

（三）拉柴火

在达里雅博依胡杨和红柳等植物同样也是人们最主要的燃料。但是当地人不会为了获得燃料而去砍伐树木，而是收集干枯了的枝杈。干枯了的红柳枝和胡杨枝被称为"卡克夏力"（qaxshal）。一般用驴车或抬把子将戈壁上枯死的胡杨和红柳枝条运回家。这被称为"拾柴火"或"从灌木丛上拉柴火"。

这些都是达里雅博依人生活习俗中关于环境保护意识的真实写照，他们生活方式的实质是在寻找一条构建人与自然和谐关系的渠道。达里雅博依人能在如此恶劣的沙漠环境下维持生存正是人类积极适应自然环境，正确处理人与绿洲、人与自然之间的关系的结果。对于达里雅博依人而言，自然界中水、植物、动物和人等都拥有自己的特殊地位。饱含生态智慧的生活方式和保护环境的意识是达里雅博依人的一种自然生态观，深刻地体现了人类与大自然共生共存的特点，具有重要的生态意义。

第四节　达里雅博依人的心理性格

民族心理是一种文化现象。我国民族学家林耀华曾指出："由于各民族生存的自然条件和地理环境的不同、经济基础不同、文化水准不同、与外界接触和开放程度不同等种种因素，民族心理表现在各民族身上，总是具有各自的特点，这样就形成了不同的民族心理。"[①] 任何一个社会群体的心理特征都是在其长期的历史发展过程中形成的一种文化现象，也可称一种文化过程。它对该人类群体适应其所处的生存环境，并且保持自身的存在和发展发挥着极为重要的作用。

达里雅博依人几个世纪以来生活在自然条件极其恶劣的塔克拉玛干沙漠腹地，一直过着几乎与世隔绝的生活。就是在这种环境下，达里雅博依人具有了好客、开朗、诚实、团结、忍耐等优良的品质。这一点，20 年前从于田县来到达里雅博依乡，后来就在此定居的生意人玉素甫深有体会。

> 个案：（玉素普，男，73 岁，于田县城人）达里雅博依是一个非常安静的好地方。那里没有喝酒、打架的事情，人们都很善良。我们到那里也 20 年了。人们之间也偶尔吵架，但是从来没见人动过手。不管去谁家，如果你不急着离开，主人会留你过夜，给你铺上漂亮的褥子。如果着急离开，主人也会用库麦其招待你。近几年因为身体不好，想要离医院近一点，就搬回了县城的房子里。我出生在于田县，但是非常想回到达里雅博依。那里的人们都会辨认足迹，所以没人敢偷东西，也不会有人将别人的牲畜宰了吃[②]。

以上是笔者 2010 年第一次去达里雅博依乡进行调研时路过于田县从第一位受访者那里获得的信息。从 2010 年和 2011 年两次的调查中笔者对达里雅博依人的性格有了比较深切的体会。

热情好客。这是达里雅博依人性格中最明显的特征。这种性格的形成

---

① 林耀华主编：《民族学通论》，中央民族大学出版社 1997 年版，第 437 页。
② 2010 年 8 月 14 日笔者在于田县的访谈记录。

与达里雅博依人相对封闭的生活状态以及分散的居住形式有一定的关系。在闭塞的生活环境中，达里雅博依人很难接触到外界的人与物，而逐水草而居的生活方式使得牧民们之间也不能常常碰面。正是因为这种生存环境，让达里雅博依人觉得有机会见面是一件非常值得高兴的事情，这对于他们的生活意义非凡。因此，人们就形成了见面时互相尊重、热情好客的性格。好客是世界上大多畜牧民族都具有的一种性格特点，新疆地区的柯尔克孜族、哈萨克族、蒙古族、塔吉克族等也都是非常好客的民族。

笔者根据在调查过程中的总结认为，达里雅博依人的确很好客，他们认为"客人能带来幸福"，因此很尊敬客人。虽然达里雅博依人家中的家具很少，但是家家都备有招待客人用的碗筷和被褥，这种习俗的形成也是受到了尊重客人观念的影响。

达里雅博依人的待客方式独具特色，招待客人要用最好的东西和最丰富的饭菜。一般待客的食物有中间夹了肉的库麦其、抓饭或者羊肉。客人的洗手水要用热的，不得用有缺口的碗给客人盛饭，客人的茶水凉了要倒掉换成热茶，给客人倒茶时不能起沫子，男宾客的饭菜由男主人用托盘双手端上，女宾客的饭菜则由女主人用相同的方式端上。吃完饭后要挽留客人在家里过夜，如果客人走时要盛情邀请下次再来做客，并且全家老少一起将客人送到大门外。达里雅博依人还有给客人赠送礼物的习俗，如果来做客的是同村人，就会给客人送一些饭菜或者肉，如果是远方的客人，就会给客人赠送肉或者库麦其等地方特产品。谁家来了客人，当左右邻舍知道后也会邀请客人去家里做客。达里雅博依人的这种热情好客不光存在于他们的社会群体内部，而且对于外来的客人也是非常的友好。

个案：（买苏木江，于田县城人，达里雅博依乡乡长）这里的人们都非常热情，态度非常和蔼，而且很爱干净。如果你卖给他们一袋粮食，再住在人家家里吃喝，别说一袋粮食，就算吃完十袋粮食，主人家也不会嫌你住的时间长。客人吃好、喝好主人家就高兴。但是当地人太淳朴了，不管是对好人还是坏人都真心对待①。

达里雅博依人有句话俗语："这里只有柴火是免费的。"他们绝大多

① 2010年8月22日笔者在达里雅博依乡的访谈记录。

数的生活用品都是从外地买来的。达里雅博依人光靠畜牧业无法解决食物问题，但是这里的自然环境又不适合进行农耕，因此当地食物一直比较短缺。面粉作为当地人最主要的食物，常年以来都是从250千米以外的于田县城运购。20世纪90年代以后改用汽车运粮食，因为交通不便造成这里的面粉价格比其他地区高出许多。一袋面粉（25公斤）差不多是100—125元，其他种类的食物也很贵。如一个甜瓜或西瓜30元，蔬菜每公斤差不多10元钱，这些价钱远远超出了达里雅博依人的消费能力。即使是在这种情况下，达里雅博依人还是非常好客和宽容。笔者在2010年和2011年的调查过程中曾住在当地人的家中，其间就感受到了达里雅博依人的热情与好客。

> 个案：（卡迪尔·托克马克，男，75岁，第二小队居民）我们没有耕地，虽然房前屋后没有一棵玉米，但是家里来了人我们最起码会用库麦其招待客人，即使是毫不相识的人，就算住上一千天我们也不会嫌住得时间久了，或者嫌吃了我们的东西。我们对待客人都非常友善①。

达里雅博依人性格中的另一个特点就是诚实和淳朴。1964年至1984年曾在当地医疗机构工作的人员回忆道：

> 人们外出时，只将一把斧头靠在门上。那个时候达里雅博依的下段地方宽阔，人们大都居住在那里，住得特别分散。我骑着毛驴看病，从一个草场不停地走一两天才能到达另一个草场。有时天黑了就住在别人家，如果家里没人，我就自己烧茶做饭，晚上再住上一宿，第二天收拾好再接着上路。主人回来后根据脚印就能猜出谁来过。达里雅博依人认为偷东西是一件特别丢人的事情，牧民们转到别的草场放牧，房门也不锁，几个月后回来屋子里的东西一样都不会少。在饥荒年代，也没有出现过偷吃别人家面粉的事情。有一次我在看完病返回的路上将一件较新的毛衣丢了，因为已经走了很远了，估计也找不到了，所以也没返回去。之后的两年再都没有去那个地方看病。第三

---

① 2010年8月21日笔者在达里雅博依乡的访谈记录。

年路过那个草场的时候，发现当年丢失的那件毛衣挂在一棵胡杨树上，我就又拾了回来。这件事情我至今都还忘不掉①。

达里雅博依人有着日不锁门、夜不闭户、路不拾遗的淳朴民风。他们外出不锁门的习惯一直延续到 20 世纪末。在以前的时候，因为家户之间离得远，去参加婚丧嫁娶的事情来去最少要两天，有时候甚至要 15—20 天，即使是这么长时间不在家，也不会丢失东西。牧民们的牲口圈也是白天黑夜都不锁门，人们之间都非常信任，不会发生牲口被偷或者被偷宰了的事情。因此，就像在第二章中所讲到的那样，达里雅博依地区的牧民们也不会赶羊放牧，只将牲畜赶到草场上羊儿们就自行吃草。此外，家里如果来了客人或投宿者，即使主人不在，来者也可以自己烧水做饭或吃家里的现成食物，还可以借宿。达里雅博依乡的警察买提肉孜在从警生涯中，从未遇到过刑事案件或治安案件，他被誉为"世界上最清闲的警察"，这也是达里雅博依人诚实淳朴的一种表现。

达里雅博依人很团结也很有凝聚力，这是他们在与世隔绝的环境中，与同一社会群体的人们相互帮助、共同克服困难、团结协作的产物。达里雅博依人在遇到洪灾、兽灾时，就需要团结合作共同面对。遇到红白喜事时，也需要人们之间在物质和精神方面相互支持。因此，恶劣的生活条件，使得达里雅博依人具有了强大的凝聚力。

> 个案：（努尔提扎，男，洛浦县人，达里雅博依小学的教师）我在达里雅博依乡小学当老师有两三年了。之前在于田县第一中学当老师时曾教过达里雅博依的学生。这里的人让我非常敬佩的一点就是很团结、很有凝聚力。这里三年级以上的学生从 2007 年开始都就读于于田县的住宿制学校，学生们在学校里互相照顾、互相帮助，非常团结②。

达里雅博依人的性格特征受到了他们的生计方式的影响。正如林惠祥强调的那样，"家养动物又能够影响与人类的心理，如使鹿的民族使狗的

---

① 吾买尔江·伊明：《塔里木心中的火》（维文），新疆人民出版社 2006 年版，第 215 页。
② 2011 年 10 月 12 日笔者在达里雅博依乡的访谈记录。

民族较为温和，而畜马的民族也较富于勇敢的精神"①。从这句话中我们就可以知道，人们驯养的动物各异，在性格方面也会受到不同的影响。达里雅博依人大都饲养羊，羊习惯聚群吃草。因此达里雅博依人性格中的团结性和凝聚力也较为明显。还需要一提的是，虽然达里雅博依人相互之间很团结，但却很排斥外地人，这也许跟当地人长期与世隔绝的生活方式有关。何群在其相关研究中提到："鄂伦春人与外界的交往经验、交往能力，与狩猎的生存方式相关——环境的单一有直接关系。这样的生存环境和生活方式，容易造成性格上的孤僻、排外和欠缺交往能力。"②

这里要重点强调一番的是达里雅博依人坚韧和吃苦耐劳的精神。江帆认为，"自然生态环境和地理环境不但影响和作用于人的体质、形貌，也影响和作用于人的气质、情绪乃至性格和审美取向"③。塔克拉玛干沙漠不光影响了达里雅博依人的体质和生活方式，而且促使了当地人性格特征的形成。达里雅博依人几百年来生活在挑战人类极限的塔克拉玛干沙漠的最深处，在适应自然环境的过程中逐渐具有了坚韧和吃苦耐劳的精神。直到 20 世纪 90 年代达里雅博依乡通车为止，人们为了购买生活用品或是去看病都是步行 200—300 千米沙路去县城，至今，有些人为了生计也会步行 150—200 千米进入沙漠更深处寻找玉石。每次外出挖玉石需要 15 到 30 天的时间，其间一直要穿行在生命禁区。正是达里雅博依人身上这种坚忍不拔、吃苦耐劳的冒险精神使得他们能够在沙漠中顽强地生存下来。达里雅博依人所拥有的这种顽强精神是人类对极端环境适应的产物。塔克拉玛干沙漠中的恶劣环境塑造了达里雅博依人淳朴好客、艰苦朴素的性格和特有的品行。

本章小结

这一章主要通过阐述达里雅博依人精神生活上所表现出的生态适应因素，分析了文化与环境的互动关系。"文化是人类用以解决人类意识到的

---

① 林惠祥：《文化人类学》，商务印书馆 1991 年版，第 93 页。

② 何群：《环境与小民族生存——鄂伦春文化的变迁》，社会科学文献出版社 2006 年版，第 264 页。

③ 江帆：《生态民俗学》，黑龙江人民出版社 2003 年版，第 54 页。

生存问题的手段。"① 从达里雅博依人生存环境的特点而言，首先，他们的自然生态环境十分闭塞、自然资源极其缺乏、生态环境十分脆弱。其次，达里雅博依人的社会环境在很大程度上受到了地理环境的影响，也具有一定的封闭性。这种环境压力成为了在达里雅博依人的生计活动中面对和应对的问题，而达里雅博依人近亲结婚的婚俗习惯则是他们适应生存环境的双重封闭性而做出的选择，以核心家庭为基础的家庭形式同样也是适应资源缺乏和分布不均衡的环境因素的结果。除此之外，当地人以互助和合作为主的社会交往习俗以及所具有的团结和睦、坚忍不拔的心理性格，则是达里雅博依人适应恶劣的自然环境、维持生计所必需的。最为重要的是他们在资源缺乏、生态极为脆弱的沙漠环境下，尽最大的努力解决了生计问题。他们在长期的生活生产实践中总结出的关于自然环境的地方性知识和与自然和谐相处的生态观在达里雅博依人之间代代相传，在当地人适应自然环境的方面起到了积极的作用。以上提到的几点正是达里雅博依人精神文化中体现出来的人与环境、文化与环境相互作用的结果。这些与在第三章中讲到的达里雅博依人的物质生活中折射出的文化适应策略一起使得达里雅博依人能够在特干旱地区得以生存。文化适应机制中思想观念上的适应就像技术适应一样非常重要，这些文化对策在人类有效地适应环境，并且生存和发展中起到了一定的作用。

---

① ［美］威廉·A. 哈维兰：《文化人类学》，瞿铁鹏、张钰译，上海社会科学院出版社2005年版，第456页。

第五章

文化变迁:环境演变与文化调适

众所周知,事物与其所处的环境处于不断变动之中,同样,人类的生存环境也随着自然因素和社会因素的不断变化而改变。其结果使人类与环境之间产生的互动关系上也会发生相应的变化。就像我们在第一章所述的那样,在 20 世纪 80 年代,达里雅博依人的生存环境发生了重大的变化,这种变化不仅包括自然环境的变化,同时,也包括社会环境的变化。正如人类学家唐纳德强调的,"适应是一个动态的过程,因为无论是生物还是其环境不是不变的。新问题不断地出现并为此提供解决方案,新的关系不断地建立"[1]。在这种情况下,人通过作为自己与所在环境之间的"缓冲器"的文化的变迁逐渐适应环境变化或新的环境。在这一章中我们主要探讨达里雅博依人如何去对其所处环境的演变进行调适。

第一节　达里雅博依人生存环境的变化

一　自然生态环境的恶化

回顾达里雅博依绿洲生态环境演变的近代历程,我们会发现,100 年前的达里雅博依绿洲是为达里雅博依人提供良好的生计条件的理想栖息地。1885—1886 年,在克里雅河下游进行考察的瑞典探险家斯文·赫定在其著《亚洲腹地旅行记》中有关达里雅博依绿洲做了详细的记载:

> 这里有无数的兔子、鹧鸪和鹿……我在冰上测量它的宽度,发现

---

[1]　Donald L. Hardesty, *Ecological Anthropology*, Toronto: John Willey & Sons, 1977, p. 46.

河宽达百公尺以上。愈往下走,在河流的宽度变宽的地方,加以它那古木参天的两岸,时常使人留下一种壮观的印象……二月八日我们驻扎在一个地点,那里树林还是那样茂盛,芦草田稠密得使我们不得不绕路走,或者用斧头开一条路①。

由此可以想象,当时的达里雅博依绿洲有着丰富的水资源和动植物资源。根据相关研究以及笔者 2010 年的调查资料显示,此种状态一直延续到 20 世纪 50 年代。

　　个案一:(肉孜·吐尔逊,男,90 岁,第五小队居民)在 50 年代②,我们的放牧地方一直延伸到阿克苏沙雅县,而如今退缩到这里了,退缩了一百多千米。我的房子以前在六小队被称为图格勒热米兹(tughlirimiz)的地方以下,以前我们沿着水和草到沙漠的深处去放牧,在当时牧场的条件非常好。在 50 年代之前,我们离现在居住的第五小队到再往沙漠深处走 15 天的地方去放牧。我们把那个地方称为吾孜克"üzük",在那里绿洲地带结束,开始出现沙漠,从那里再往里走 100 千米就可以到阿克苏的沙雅县③。

　　个案二:(阿布都拉·克热木,男,59 岁,达里雅博依乡前任乡长)在 60 年代④河水是不会出现断流的,小海子里也是有水的。现在受到自然的惩罚,也就是我们所居住的乡政府所在地也出现了缺水的情况。随着县城那里开垦了许多的地,缺水的情况出现了三年,今年好不容易来水了。原来我们密集居住的村庄位于离现在的乡政府驻地以下 50—60 千米的地方,那里被称作第六小队。自从 80 年代起,由于缺水胡杨树都干枯了,那里变成了沙漠。从 80 年代末起,第六小队的居民纷纷地搬迁到第二、第三、第四、第五小队了,政府把一部分搬迁者重新安置,一部分人与亲人协议,搬到他们的草场,另一

---

①　[瑞典]斯文·赫定:《亚洲腹地旅行记》,李述礼译,上海书店出版社 1984 年版,第 200—206 页。

②　该个案中的 50 年代是指 20 世纪 50 年代。

③　2010 年 8 月 19 日笔者在达里雅博依乡的访谈记录。

④　该个案中的 60 年代是指 20 世纪 60 年代。

部分人卖掉牲畜或是把牲畜交付给亲戚饲养,自己搬到县里住。本来第六小队是最富有的一个地方,那里的草场条件最好,牲畜也最多。在 1968 年,光第六小队就有 30000 只牲畜,而如今整个达里雅博地区的牲畜数都达不到 20000 只。如今第四、第五小队也出现了草场干枯的情况[1]。

由此可见,20 世纪 50 年代以来,达里雅博依人的生态环境发生了急剧的变化,尤其是到了 80 年代这种变化表现得更为突出,这种变化主要表现在克里雅河下游断流、湖泊干涸、草场退化、绿洲沙漠化等。

水是干旱区最宝贵的自然资源。在极端干旱的自然环境条件下,水是绿洲生态系统中最重要的组成部分,绿洲的形成和演变完全依赖水资源的数量和质量的变化,甚至可以说干旱地区人类社会的发展史,是一部水资源的开发和利用史。在塔克拉玛干沙漠地区,"在人类与环境的关系中,总体表现在与河流、绿洲和人类活动三者之间错综复杂有机的联系上。其中的沿河流域,既是沙漠中的地理单元和文化单元,又是联系绿洲和人类活动的纽带,绿洲的变迁、人类的迁徙,不能不与河流的变迁发生联系"[2]。

从达里雅博依绿洲水文条件的演变历史来看,根据 C^{14} 测定年代分析,"克里雅河新河道末端在 400 年前曾经深入到塔里木盆地北端"[3],而 "50 年代初,克里雅河下游泄洪水约 3.9 亿立方米,能流到距县城 245 千米达里雅博依乡以北 20 千米的尤勒滚萨特玛及其以下地段;而现在约 2.6 亿立方米左右,只能流到米萨莱,流程缩短了 120 千米"[4]。河流断流和水量减少直接导致第三、第四、第五和第六小队的草场开始退化。20 世纪50 年代之后,由于克里雅河上中游的于田绿洲地区大量截流发展农业和水利工程的建设,灌溉面积的扩大引起下游河水断流和水量的逐渐减少。随着河水的断流和水量的减少,达里雅博依绿洲地下水位不断下降,境内湖泊干涸,河流两岸的胡杨、红柳及大量的牧草也逐渐枯死。从表 5 – 1

---

① 2010 年 8 月 22 日笔者在达里雅博依乡的访谈记录。

② 胡文康:《走进塔克拉玛干》,新疆人民出版社 2000 年版,第 33 页。

③ 新疆克里雅河及塔克拉玛干科学探险考察队:《克里雅河及塔克拉玛干科学探险考察报告》,中国科学技术出版社 1991 年版,第 9 页。

④ 于田县地方志编纂委员会编:《于田县志》,新疆人民出版社 2006 年版,第 112 页。

中可以看出，乡境内大多数较大的沙漠湖泊已经干涸，这是达里雅博依环境恶化的明显标志。

表 5 – 1　　　　　　　　　　达里雅博依乡湖泊情况统计

湖泊名	海拔（米）	湖面面积（平方千米）	水深（米）		容积（亿立方米）	备注
			平均	最深		
台特库勒	约 1090	3.60	1.5	2	0.046	有微咸
依坎库勒	约 1100	4.00				已干涸
克其克库勒	约 1100	2.40				已干涸
托库勒巴什	约 1100	3.10				已干涸
合计		13.10			0.046	

　　资料来源：于田县地方志编纂委员会编：《于田县志》，新疆人民出版社 2006 年版，第 114 页。

　　植被是干旱地区生态系统的核心和支柱之一，也是达里雅博依人为了生存依赖的畜牧生产的自然基础。由于河水的减少，地下水位降低，人为破坏等多种因素导致了达里雅博依地区胡杨、红柳、芦苇等沙漠植被大量枯死，天然草场退化。新疆克里雅河及塔克拉玛干科学考察队 20 世纪 80 年代后期，对达里雅博依绿洲植被进行的调查资料显示，"从 50 年代初以来，胡杨林分布从巴格吉格代到古河道消失处及最后一片枯死胡杨，全长 435km，现在有胡杨林的地段从叶音到尤勒滚萨特玛且长达 167km。河岸两旁的胡杨林宽度缩短了 5—10km"[①]。从中可见，20 世纪 80 年代末，达里雅博依乡的胡杨林面积比 50 年代减少了将近一半，使达里雅博依人部分失去传统畜牧业生计的存在基础。除了胡杨之外，芦苇是达里雅博依地区沙漠草场的主要牧草。据笔者的观察，目前除了第一、第二和第三小队部分居民的草场外，大多数达里雅博依人的草场上芦苇已经消失。此外，达里雅博依人过去拥有的唯一的果树——沙枣树已经枯死。许多植物和动物种类已经灭绝了。达里雅博依人目前使用的几百个地名中有很多是因动植物而得名的。如通古孜巴斯特（野猪多活动的地方）、巴格吉格代

---

　　①　新疆克里雅河及塔克拉玛干科学探险考察队：《克里雅河及塔克拉玛干科学探险考察报告》，中国科学技术出版社 1991 年版，第 10 页。

（沙枣园）、吾夏克吉格代勒克（生长小沙枣树的地方）、夏普勒克吐特（有眼子菜的地方）、克牙克勒克（长麦秆草的地方），等等。令人遗憾的是这些地名目前依然存在，但"野猪出没的地方"没有了野猪，沙枣园没有一棵沙枣树，其他以植物命名的地方也是如此。我们可以从上述例子中深刻地了解到达里雅博依人的生态环境恶化的情况。

图 5－1　达里雅博依乡六小队干枯的天然胡杨林和沙漠草场

从生态环境恶化的原因来看，克里雅河下游水量减少是导致生活在克里雅河下游地区的达里雅博依人的自然生态环境恶劣化的主导因素。具体来讲，在干旱地区，水资源是绿洲存在和发展的基础。克里雅河是达里雅博依绿洲最主要的水源。近半个世纪以来，克里雅河中游段于田县人口的急剧增长使该地区的耕地面积和灌溉面积扩大，对水资源的需求量日益增大。这直接导致了下游段的达里雅博依绿洲所需要的水资源减少。

从克里雅河中游段于田县人口的发展情况来看，新中国成立后，随着各项事业的发展和人民生活水平的提高，人口增长加快。全县总人口"1953 年 87022 人，1961 年 102176 人，1970 年 110679 人，1980 年 141065 人，1990 年 182581 人，2002 年 218002 人。1953—1961 年，每年平均递增 20.3‰，1961—1970 年，年递增率 8.9‰。1970—1980 年，每年平均递增 24.6‰，1980—1990 年，年递增率 26.1‰"①。随着人口的增长，耕地面积和灌溉面积也增加了。比如，1949 年全县总耕地面积 23.77

---

① 于田县地方志编纂委员会编:《于田县志》，新疆人民出版社 2006 年版，第 142 页。

万亩，到了 1961 年达 46.98 万亩①。1990 年灌溉总面积 50.7 万亩，灌溉引水已达 4.5 亿立方米，下泄水只有 2.6 亿立方米，下游水量较新中国成立初减少 1.3 亿立方米。由于人口增加、耕地面积和灌溉面积扩大以及需水量较大的作物播种面积的猛增，对克里雅河河水的需求量也明显增加。所以可以认为生活在克里雅河下游的达里雅博依人生存环境的现代退化过程是中游大量截流引水所造成的。

目前，达里雅博依绿洲因水资源缺乏而面临生态环境的恶化和沙漠化的危机。直到 20 世纪 50 年代，达里雅博依人生存的绿洲地带长 350 千米，如今只能在长达 200 千米的绿洲地带上生存，而且绿洲的近一半已经退化。根据笔者 2011 年在调查过程中了解观察到的情况，达里雅博依乡以北地带，即居住于沙漠最深处长 100 余千米领域的绿洲地带已经沙化，如今只有距乡政府驻地以北 40 千米的地域内有人居住。

随着生态环境进一步恶化，居住在破坏程度最严重的下游下段沙漠深处的牧民不得不搬迁。笔者在调查中通过访谈所获的 20 世纪 80 年代以来牧民迁移的情况如下：

个案一：（买买提·吐尔逊，男，53 岁）我本来出生在第六小队的叫尤勒滚萨特玛（yulghun satma）的地方，现在搬到第五小队已经 25 年了。在 30 年前，尤勒滚萨特玛的胡杨林茂密，那里还有较大的五个小海子②，现在这些小海子已经没有水了。以前第六小队的人口最多，而如今仅有两户居民居住在那里，其他的居民逐渐搬到上段的小队里去了。在 25 年前，我们有 900 只牲畜，由于河水断流，水流不到我们那里的草场，牧草都干枯了，所以我们迁到这里的。我们现在有 100 只牲畜，绵羊比较少而山羊比较多，由于草量的减少所以不能养很多的绵羊③。

个案二：（吾布勒山·阿克萨卡尔，男，80 岁）我以前在第六小

————————

① 参见于田县地方志编纂委员会编《于田县志》，新疆人民出版社 2006 年版，第 173、174 页。

② 小海子是指当洪水冲击河床而出现的较深的大沟，当洪水来的时候这些地方被水所淹没。

③ 2011 年 10 月 23 日笔者在达里雅博依乡的访谈记录。

队叫依来克（iläk）的地方生活了 30 年，以前在依来克的胡杨树和甘草很多，后来由于缺水都干枯了，在那里没有羊可以吃的草。我们几年来花了很大的力气想把水引到那里，但是都没有成功。那里的草场都干枯了，在八年前搬到第五小队的被称为托尔达玛（toldama）的地方，政府从我们的亲戚肉孜·达吾提的草场给我们划分出来了一片草场，现在我们就居住在那里。我们现在的草场很小。以前居住在依来克时，我有 350 只牲畜，我从依来克搬到托尔达玛时有 300 只牲畜（其中仅有 20 只绵羊，其他的都是山羊）。由于我们目前的草场比较小，所以我们的一部分羊不得不卖掉，现在只剩下 100 只牲畜（其中 5 只是绵羊，其他的都是山羊）。我们把牲畜卖掉了，牲畜的数量减少了意味着经济收入也减少了①。

个案三:（苏皮·艾合买提，男，77 岁）原来是在第四小队的巴格托喀依（bagh toqay）的地方居住，由于河水流不到那里，那里变得很干旱，随之水井变得很深也断水了。我们在那里的水井深 12 米，可是人又不能进到井里来打水，放梯子打水的可能性也比较小。除此之外，井水也变得很苦，我们没有办法解决饮水的问题，所以搬到乡政府附近的儿子的房子里。如果水能流到我们那里，我还会搬到以前居住的地方②。

根据笔者在 2011 年的调查过程中所获得的资料，自 20 世纪 80 年代至 2011 年，由于河水断流和缺水造成的草场干枯，47 户牧民不得不离开自己以前居住地，约占全乡常驻总户数的 25%，其中有 28 户是从第六小队搬走的，有 14 户是从第四小队搬走的，5 户是从第五小队搬走的。从中可以了解到，第六小队的草场基本上完全退化，第四小队草场有一半退化，而水、草和胡杨树资源比较丰富的第五小队也在开始退缩。从搬迁时间的早晚来看，居住于沙漠最深处的第六小队居民的搬迁是从 20 世纪 80 年代开始的，第四小队居民的搬迁是从 2005 年开始的，而第五小队居民的搬迁是从 2009 年开始的。在这些搬迁居民中有 8 户直接迁到了于田县

---

① 2011 年 10 月 23 日笔者在达里雅博依乡的访谈记录。
② 2011 年 10 月 20 日笔者在达里雅博依乡的访谈记录。

城周边的农区，而其他居民都迁到水草条件较好的第一、第二、第三和五小队安家落户。从这一点我们也可以知道，达里雅博依人的生态环境恶化是从 20 世纪 50 年代开始表现得较为明显。到了 80 年代，这种情况更为严重，因此，曾经居住在不适于继续畜牧生产的草场上的牧民不得不开始迁移。从 80 年代开始达里雅博依人的生态环境急剧恶化，如今他们的生存环境领域又一再缩小，作为他们生存依赖的草原和牲畜也在逐年减少。

二 社会环境的变迁：达里雅博依乡的建立

（一）达里雅博依人的"被发现"

从人类社会进入 20 世纪开始，世界各地不少长期处于相对封闭状态的社会群体，从北极的因纽特人到非洲卡拉哈里沙漠的布须曼人，都陆续被人们发现并可以接触外面的世界。可以说，当今世界上几乎没有尚未受到现代社会影响的封闭的原始人群。据相关研究，"因纽特人与外部世界初次接触是从 19 世纪 70 年代与捕猎的轮船的碰面开始算起。此后，他们的文化就发生了变化"①。到 20 世纪中叶，他们受到工业化和现代化的巨大影响。除此之外，在非洲的布须曼人以捕猎采集为主的自给自足经济，很少与外界交往。根据理查德·李对布须曼人的相关研究，布须曼人与外界接触逐渐频繁，到 20 世纪 60—70 年代布须曼人的生活发生了很大变化。与他们相比，几百年来居住在塔克拉玛干沙漠深处的达里雅博依人与外界接触的时间则更晚一些。

从达里雅博依人的历史沿革来看，新中国成立以来，于田县政府对达里雅博依实行了行政管理。1959 年人民公社成立，改称大河沿大队，属喀群人民公社（现名木尕拉镇）。实现了人民公社化，并对达里雅博依的牲畜实行折价处理，牧民私有畜牧折股入社，牲畜从以前的牧民集体管理，转变为合作放牧。公社有专门的骆驼队，给牧民定期运送粮食。从 1982 年 1 月起大河沿大队改称为达里雅博依大队，1984 年编入于田县加依乡建制。1984 年 10 月，县政府实行"折价归户、折价承包"，牲畜一律以折价的形式分配给牧民。

新中国成立之后，虽然，达里雅博依人一直辖属于田县的管理，但是

---

① Emilio F. Moran, *Human Adaptability: An Introduction to Ecological Anthropology*, Boulder, Colorado: Westview Press, 2000, p. 132.

由于地理位置偏远，交通险阻，所以与于田县城及其周边乡村的人们很少交往。除了每年一两次来卖面粉的商人或从事手工业的工匠以外，来这里的人也很少，达里雅博依人也只是需要进行物品交换或需要就医时，才会到于田县城或它周围的农村。这种状态一直持续到 20 世纪 80 年代后期。80 年代后期达里雅博依人被外界"发现"并在 1989 年改村为乡。他们与外面世界的交往是在 1990 年以后才真正开始的。

　　　个案：（肉孜·吐尔逊，男，90 岁，达里雅博依乡第五小队居民）20—25 年前，石油勘探的人来到我们这里，看见了我们这里的名叫吾布勒山·巴热克的一个人就问他这个那个。他们问他是否有领导，领导是谁。他回答道："我们没有领导。"于是石油勘探的人员说这是没有管辖的范围并将此公布于世界，从那以后自治区和和田地区就安排领导来到我们这里，还给我们建立乡①。

　　根据在调查过程中获得的资料以及相关文献记载，1988 年在塔克拉玛干沙漠达里雅博依乡境内进行石油勘探的人员遇见在此处放牧的达里雅博依人并且询问了相关问题，在询问中问到谁是这里的领导，当时达里雅博依村的村长刚去世，上级也没有安排新的村长，被询问的人回答说："我们以前是有领导的现在已经去世了，现在没有领导的。"② 于是，达里雅博依人的故事《沙漠中的世外桃花源》一文在 1988 年《环球》杂志上刊登报道（该文译成维文刊登于《新疆青年》杂志 1988 年第 8 期），引起了国内外很大的轰动，该文写道：

　　　我国地质勘探工作人员发现了塔克拉玛干沙漠腹地有一条 200 千米左右的绿色通道并有通往这个通道流淌的一条河。让人惊讶的是，这条小河北部 100 千米处的一片胡杨林中有 200 余维吾尔族人生活的一个村子。荒无人烟、甚至飞禽走兽也不存在的这个沙漠大海深处安心生活的原始部落人的发现轰动世界。他们过着与世隔绝，"桃花

---

① 2010 年 8 月 19 日笔者在达里雅博依乡的访谈记录。
② 参见吾买尔江·伊明《塔里木心中的火》（维文），新疆人民出版社 2006 年版，第 81 页。

源"式的生活。他们住在用胡杨木筑成的木屋里,白天以太阳为钟,晚上月亮是共有的天灯。多以野菜、野果和禽兽及猎物为主食,过着刀耕火种兼狩猎的游牧生活。他们世世代代和睦相处,不受外界的干扰。这里没有政府学校,没有集市贸易,没有官吏军警,不缴粮不纳税。他们不知道有清代的帝王,没经历过国民党的白色恐怖,甚至没听说过中华人民共和国的成立以及什么土改、镇反、人民公社、大跃进、农业学大寨、十年大浩劫等。大大小小的政治运动和他们毫无不相关。但他们在这个沙漠"桃花源"里繁衍生息,自生自灭。①

达里雅博依人被媒体披露后,引起了各级地方政府部门的高度重视。1988年12月和田地区和于田县各部门组成的"达里雅博依村考察组"到达里雅博依进行了为期8天的综合考察。在1989年秋季,新疆维吾尔自治区前任主席铁木尔·达瓦买提到达里雅博依进行了考察。于是,1989年12月23日,经新疆维吾尔自治区人大常委会批准,析置建乡成立达里雅博依乡。

(二)建乡后发生的变化

达里雅博依乡的成立与新疆大多数从事农业的农村不同的是,达里雅博依乡是农村土地承包实施完成7年后(1989年)成立的。此前,达里雅博依乡属于于田县加依乡的一个大队。该乡现有一个行政村、七个村民小队298户1397人。达里雅博依乡成立后,达里雅博依人的社会环境发生了明显的变化。

1. 政治方面:目前,达里雅博依乡已经成为一个行政管理体系。现在乡行政管理组织体系由乡人民政府、乡草原管理站、乡兽医站、乡胡杨林管理站、乡计划生育服务中心、乡医务所和乡学校等一系列组织构成,成为一个政治经济和综合服务上相对独立和完整的实体。建乡后,在达里雅博依乡推广并实施了中华人民共和国《婚姻法》《森林法》《野生动物保护法》《草场管理法》《计划生育法》《九年义务教育法》等一系列的法律,并且杜绝了法律相关条文不完全落实的情况。依法管理取代了达里博雅人长期以来顺从的习惯法。

2. 经济技术方面:建乡以来,达里雅博依人的生产方式依然以畜牧

---

① 阿木提江·勇迪译:《沙漠中的世外桃花源》(维文),《新疆青年》1988年第8期。

业为主,但随着与外界贸易的发展,大芸产业成为了达里雅博依人赖以生存主要的副产业。除此之外,目前当地人中也有了自己经营的杂货店、粮油店、理发店、裁缝店、摩托车修理部、餐厅等各种服务行业。

达里雅博依乡 2011 年"人均收入为 2640 元,其中畜牧业收入是 1504.8 元,出售大芸所得的收入 580.8 元,外出劳动所获的收入 353.76 元,交通运输所获得的收入是 60.72 元,餐饮业所获得的收入是 63.36 元,其他的附加收入是 76.56 元。2010 年人均收入是 2370 元,人均收入在逐年增加"[1]。

政府加强建设当地教育、卫生医疗、通信、饮食和居住等发生了显著的变化。建乡以来,在新疆维吾尔自治区、和田地区和于田县各级政府的大力支持和援助下,该乡实现了有电、有广播电视、有移动通信及有压水井等基础设施。具体来讲,2002 年 10 月,特变电工以扶贫的方式为达里雅博依乡建了一座太阳能发电站,初步解决了位于乡政府及周边的几家单位和十几户牧民家庭的供电问题。此后又为每户安装太阳能供电设备。2006 年于田县广播电视局在此安装广播差转台,使牧民们听上了广播节目。2009 年建设了移动通信设施,同年给牧民打了压水井。这些设施建设都给当地人的生产和生活带来了较大的便利。尤其是电和广播电视所发挥的作用是不可低估的。根据相关的记载,"牧民在新中国成立以来的 39 年中只看过 3 场电影,(分别为在 1966 年、1984 年和 1985 年)。1966 年是第一次看电影,电影的名字叫《草原上的雄鹰》。当屏幕上出现骑着战马的战士时候,当地居民都特别害怕。他们看到屏幕上飞奔着的一群战马向自己冲来就担心被马踩住,而纷纷逃窜"[2]。

对达里雅博依人的生产和生活影响最大的是交通条件的改善。对达里雅博依人来说,他们所处的偏僻的自然地理位置所导致的封闭的社会环境是长期以来面临的最大问题。封闭的环境在很大程度上限制了他们与外界的社会交往。交通运输的改善缓解了这种环境压力。依据调查过程中所获得的相关资料,达里雅博依人在交通运输方面逐步得到了改善:1968 年首次通路,1970 年汽车第一次通到达里雅博依。从此以后,紧缺的生活物资开始用汽车来运输。但是,交通运输条件的真正改善是在建乡后的

[1] 达里雅博依乡政府提供的内部资料。
[2] 米吉提·巴克:《寂静的地方——达里雅博依村》(维文),《新玉艺术》1989 年第 1 期。

20 世纪 90 年代开始的，2011 年，达里雅博依乡客车有 17 辆，私家车 10 辆。不过，达里雅博依乡离于田县距离最远。无论怎样，他们不再像以前那样用毛驴和骆驼花费 7—12 天的时间去县里，现在只需要坐 8—20 小时汽车。另外，当地摩托车的普及，也发挥着重要的作用。依据调查获得的资料显示：自从 1998 年第一辆摩托车在当地使用至今，当地已有 300 多辆摩托车，平均计算每户都有一辆摩托车。随着交通状况的改善，以及在达里雅博依乡出现集市以来，牧民不用再去县城购买所需要的面粉、布料和服饰等生活必需品。

图 5 - 2　交通与沙漠中的变化

笔者认为，对一个封闭的社区来说，交通和通信事业的发展起着非常重要的作用。这些对本地区的人们来说，不仅提供了接触外界的一个良好机会，而且给他们的生产和生活带来了不可低估的便利。

3. 文化教育方面：第一，教育事业的快速发展是达里雅博依人社会文化发生变化过程的一个重要的方面。达里雅博依乡的小学始建于建乡的 1989 年，从那以后学校教育开始得到普及。从 2007 年开始，四年级以上至初中三年级的学生被安排到于田县城里的寄宿学校读书，学生每学期回一次家。乡政府安排专人、专车接送，包括吃、住、行在内的所有费用均由政府承担。

从建乡以来的受教育程度来看，据 2011 年达里雅博依乡计划生育服务中心提供的统计数据显示：目前达里雅博依乡常住人口（1235 人）中，具有中专文化水平的有 3 人；高中在读生有 26 人（其中就读于高中的有 3 人、就读于职业学校的有 23 人）；具有初中文化水平的有 240 人；具有小学文化水平的为 765 人；文盲和半文盲人数为 227 人。同建乡以前的受教育状况相比，我们不难看出，建乡以后达里雅博依人文化教育事业有了很大发展。根据 1988 年和田地区政府组织的"达里雅博依村考察组"到达里雅博依进行考察的一位人员的调查记录显示，1960 年至建乡教育的发展情况如下：

> 1960 年在这里才有了学校，当年招收了 35 位学生。到了 1965 年有 28 位学生成功地完成学业并成为当地第一批识文断字的人。1965—1985 年间的 20 年里，即使这所学校每年都招收新的学生，但是固定的学生比较少，所以只有很少的一部分学生能够完成学业。此外，由于这些学生家离学校最近的是 3—4 千米，最远的达数十千米，所以到学校来读书的学生越来越少。到了 1985 年由于教室变得很破旧，老师不得不穿过一望无际的胡杨林和沙丘每天步行十几千米给当地的学生家上课。由于居民的居住地也十分分散，甚至为了去某些牧民家需要走一百多千米，所以这些教师已经不能继续上课。此外，除了两位专科学校毕业的教师以外，其他人中很少一部分人的学历都在小学五年级，绝大多数人的文化程度普遍处于文盲的状态。[1]

由此可见，建乡以后达里雅博依人中教育得到快速的普及。从教育的普及程度上来看，虽然九年义务教育基本上得到落实，但是还未出现高中毕业生或具有更高的学历者。然而与建乡前的以文盲和半文盲为主的文化程度水平相比，建乡之后已经得到很大的改善。学校教育不仅教人们读书识字，而且对于居住分散的达里雅博依人彼此之间的交往起到促进作用。教育还为达里雅博依人与外界交往提供了便利的条件。2007 年开始实施小学三年级以上的学生必须到于田县城的学校住宿的制度，在实施的过程中达里雅博依人与外界环境的接触得到了进一步扩展。

第二，达里雅博依人与外界频繁地接触对他们的社会环境产生了很大的影响。建乡以来，达里雅博依人与外界环境的接触得到了扩展。到达里雅博依进行各种活动的外地人也增多了。外来人员主要是从事教育事业和达里雅博依乡政府各部门工作的人员。达里雅博依乡的各个机关部门、学

---

① 米吉提·巴克：《寂静的地方——达里雅博依村》（维文），《新玉艺术》1989 年第 1 期。

校、医院中工作的多数人员是来自于田县，本地人在这些部门工作的人却很少，至今如此。此外，以上所提到的对达里雅博依人的有关"沙漠中的世外桃源"等不少的媒体报道吸引来了很多国内外游客和学者，形成了"达里雅博依旅游热""达里雅博依探险热"和"达里雅博依研究热"。因此，自建乡以来，每年都有许多国内外旅游者、学者及探险者到达里雅博依乡。根据笔者 2011 年 9 月到 11 月期间对来到达里雅博依乡的外来人员的观察和记录的情况来看，在这两个月里来这里的国内外旅游者、政府工作人员及研究者约达 198 人。

表 5 - 2 　　　　　　　　　2011 年 9—11 月来达里雅博依乡
外来人员统计 　　　　　　　　单位：人／次／日

外来人员的身份		总人数（约）	总次数	待住时间
旅客	国外	60	5	2
	国内	23	2	2
政府部门	自治区	38	1	1
	和田地区	30	2	1
	于田县	40	2	2
研究人员（国内）		7	2	5—50
合计		198	14	

资料来源：根据笔者田野调查资料编制。

达里雅博依人与外地人接触的另一个途径是他们外出并与外界进行交往。交通条件的改善为达里雅博依人与外界的交往创造了许多的条件，他们以贸易、看病、上学、外出打工、工作及旅游等原因与外界进行交往，范围从于田县、和田地区、自治区内的其他城市、内地甚至延伸到国外。

表 5 - 3 　　　　　建乡以来达里雅博依人外出情况抽样调查分析 　　　单位：人

去处地方	区内			省内						外省	国外
	于田	和田	民丰	阿克苏	库尔勒	若羌	乌鲁木齐	昌吉	石河子	广州	麦加
人数	86	52	2	5	4	1	9	1	2	1	5

资料来源：笔者在田野调查中进行的抽样调查资料。

笔者在调查过程中，了解到建乡以来达里雅博依人的外出情况，对 87 名达里雅博依人进行的抽样调查结果显示，87 人当中只有 1 人没有去过任何地方（这个人被认为是达里雅博依人中 10 岁以上唯一没有离开过当地的人），其他 86 人都有外出的经历，他们主要是去购买东西、看望病人、探望子女、外出看病及工作等原因去过于田县，其中 52 人由于看病就医及工作需要去和田市，有 9 人因为看病就医、上学及旅游去过乌鲁木齐，还有 5 人由于朝觐而去过麦加。除此之外最近几年到阿克苏、且末、库尔勒和昌吉等地方打工的人逐渐增多。简言之，建乡以来，随着交通条件的改善达里雅博依人与外界接触的脚步也逐渐加快。

4. 人口方面：2011 年，达里雅博依乡有 298 户 1397 人。建乡前，在 1988 年，"全乡有 172 户 832 人"①。建乡后的 22 年内，达里雅博依的总户数和总人口数分别增长 126 户 565 人，人口增长率较高。再从人口的年龄结构来看，全乡总人口中 0—20 岁的有 546 人，占全乡总人口的 44.2%。这也说明近 20 年以来人口增长得较快。此外，1980—2011 年，达里雅博依的外来户总数为 3 户，人口约 10 人，还有暂住人口 13 人。

综上所述，达里雅博依乡建立后，达里雅博依人的交通、居住、教育、卫生、文化、广电等方面的条件有较大改善。

第二节　生计方式的调适

20 世纪 80 年代以后，达里雅博依人的生存环境发生了急剧变化，在他们的自然生态环境发生退化的同时，社会文化环境也有了显著的演变。因此，经历生态环境改变的达里雅博依人首先面临的问题就是如何适应这个变化了的环境。自然生态环境的退化和社会文化环境的急剧改变导致了达里雅博依人的部分传统文化适应策略的无效性。在这种环境下，他们需要重新调整和再建构适应模式。文化人类学认为：

> 文化建构的机制应当是：文化所面对的自然生态系统是客观的存在，而人类需要从不同的自然生态系统中获取食物，因而需要采用不

---

① 米吉提·巴克:《寂静的地方——达里雅博依村》（维文），《新玉艺术》1989 年第 1 期。

同的技术技能去利用自然生态系统来维持生存。自然生态系统的不同在一定程度上决定了相关的文化如何去对其加以利用。而这种利用方式又会进一步规定技术技能发展的方向。而技术技能的发展，又会在思想观念中反映出来。通过这样复杂关系，文化才能对所处的自然生态系统做出应对。如果生态环境改变，相关的民族就得采用不同的办法去加以利用。整个文化也会按照上述途径发生系统的改变，文化也就从不适应变得适应①。

达里雅博依人对环境变迁的调适具体表现在其生产和生活方式、社会关系、民俗习惯、思想观念等诸多方面。

我们可以认为"文化适应是指一种文化在面对生存环境的变化时，或出于提高对自然资源利用效益的需要，为了使文化所属成员的已经积累的技术得到提高，并通过实际运行，以新陈代谢的方式淘汰、改造或新增某些文化要素，并经过逐步地进行文化要素及其结构的重组和整合，形成一种更具生存力和稳定延续能力的新兴文化"②。文化必须以某种灵活性保持适应。正如我们在上一节中所提到的，达里雅博依人的生活环境从20世纪50年代开始发生了较大的变化，到80年代这种变化表现得更加明显。这种急剧变化不仅包括自然环境的变化，同时也包括社会环境的变化，而这些变化首先对达里雅博依人的生计方式产生了较大的影响。因为，生计方式最能显著体现人与环境的关系，也是受到环境影响最直接和最大的一个方面。因此达里雅博依人为了适应环境变化及其所产生的影响，首先对自己的传统生计方式进行了必要的调整。即改变了作为主要生计方式的畜牧业的一些习俗，放弃了作为传统辅助生计之一的狩猎，则更加重视采集传统沙生药用植物。与此同时，他们还逐渐形成种植大芸、采挖玉石、外出务工、从事手工艺及商业等新的生计方式。在以下的内容中我们将对达里雅博依人如何通过生计方式去调适其生存环境变迁进行探讨。

---

① 罗康隆：《论文化适应》，《吉首大学学报》2005 年第 2 期。
② 同上。

一　传统生计方式的变化

(一) 畜牧业生计的变化

畜牧业是与干旱地区相适应的一种生计行为，也是生活在内陆塔克拉玛干沙漠特干旱地区的达里雅博依人生存依赖的主要方式。达里雅博依人在长期生活实践中通过"畜牧业"这一生计手段适应其所处环境的特性并求得其生存和发展。自 20 世纪 80 年代开始，达里雅博依人的生存环境发生了急剧变化。除了水源的枯竭、胡杨林枯死以及草场退化等一系列生态环境的变化外，还有牧业大包干责任制的实行、森林保护政策和草原保护政策的实施等社会政治制度变化。为了适应这些变化，达里雅博依人最先是对其主要生计方式畜牧业进行了必要的调整。他们对其改变做的调整，以及新的文化适应策略具体表现在畜牧模式、放牧方式、畜牧种类等几个方面的调整。

第一，畜牧模式的适应：从季节性游牧转为定居畜牧。

新中国成立以前，达里雅博依人的畜牧业是属个体经营。从当时的自然生存环境来看，20 世纪 50 年代以前，达里雅博依人以畜牧业为其主要生计方式，并主要以季节性游牧和"逐水草而居"的方式适应当时他们所处的生存环境。绿洲面积很大，长达 350 余千米，胡杨林覆盖率高，水草丰富，河水能够滋养整个绿洲。此外，地广人稀。1949 年达里雅博依乡有居民 55 户，350 人，每户占有的草场面积也很大，这些为达里雅博依人从事畜牧业提供了良好的自然条件。从社会环境来看，由于地理位置偏僻，交通险阻，与外界接触少，达里雅博依人很少受到当时政府的管辖，只通过任命其代理人征收畜牧税和宗教税，但这对他们的生产和生活并没有实质性的干预。

1958 年，实现人民公社化，对牲畜折价处理，逐渐建立集体所有制，牲畜归集体所有。十一届三中全会以后，推行牧业大包干责任制，1984 年，政府实行"折价归户，折价承包"，牲畜一律折价的形式分配到户。在之后，1993 年按照"谁使用、谁建设、谁保护"的原则，集体草场由县政府发放《草场所有证》和《草场使用证》，使用权 50 年。从那以后，达里雅博依人逐渐从游牧转为定居。20 世纪 80 年代以后，人口逐年增长，到 1988 年达里雅博依有 172 户，2000 年为 240 户，2011 年为 298 户。家庭是达里雅博依人主要生产单位。家庭户数的增加，需要继续进行畜牧生产的更大空间——草场。因此，每户牧民的草场面积逐渐地减少，绝大多数牧民不像以前那样按季节迁徙放牧，而是逐渐形成在一个固定的牧场进行放牧的习惯。

第二，放牧方式的改变。胡杨和芦苇是达里雅博依人从事畜牧业所依赖的最主要的牧草资源。他们饲养牲畜的传统方式主要是夏天用胡杨树枝和树叶喂养牲畜，而冬天则把晒干的胡杨枝及晒干的芦苇作为冬季饲料来喂养牲畜。但是，几年来他们的这种传统畜牧方式发生了一些改变。其原因，一是由于缺水，芦苇及胡杨等当作牧草的植被大面积地干枯。二是1989年建乡后，护林站设立，牧民们砍伐胡杨饲喂牲畜的行为被禁止。根据笔者在调查过程中所获得的相关信息，禁止砍伐胡杨的政策是从2002年开始严格执行的。达里雅博依人赖以生存的畜牧生计方式，即他们利用传统资源的方式受到了很大的限制。（据笔者在调查的过程中观察到的情况来看，虽然严禁砍伐胡杨，但是牧民中仍有以砍伐胡杨枝来饲养牲畜的习惯存在。）

个案一：（达里雅博依乡护林站人员）达里雅博依是国家级森林保护区，这里的胡杨林属于国家生态公益林。根据《森林保护法》第39条第一和第二条的相关规定，我们先对私下砍伐的胡杨树的年龄进行评估。依据胡杨树的年轮，每一个年轮罚款五元，如果从底下砍掉的胡杨树数达30棵或放火自然林或肆意捕杀野生动物等情况出现，我们就上报案子到县级有关部门。这里的牧民习惯于用胡杨枝养牲畜。因此，实行砍伐胡杨树政策以后，当上级领导来这里检查工作时，他们提出了要修剪一些野枝来喂养牲畜的要求。但是，领导担心允许他们砍野枝他们就从树腰砍断而起不到保护森林的作用，于是就拒绝了他们的这个要求①。

个案二：牧民们说：在森林保护站成立以前，我们砍下胡杨的树枝来饲养牲畜，已经10年了，政府不允许我们砍树。如果我们以修枝养畜，政府人员就会给我们下罚款单。但是原来胡杨树只有不断地修剪才会长得更好，如果胡杨树五六年不修剪就会干枯，自从不允许修剪胡杨

① 2011年10月18日笔者在达里雅博依乡的访谈记录。

以后我们这里的胡杨树都开始干枯了。

政府从保护生态环境出发,严禁当地人砍伐胡杨,但是这给达里雅博依人的传统畜牧业带来了很大的困难。笔者在调查中感觉到,达里雅博依人都对此规定表示不满,他们都认为修枝、砍枝对胡杨的生长其实是有益的。在草场条件日益恶化和砍伐胡杨被禁止的这种情况下,为了解决牧草的问题,他们从农区买回来玉米、棉籽等饲料,逐渐形成了"饲料喂养"的畜牧习俗。

> 个案:(买提库尔班·买提热依木,男,59 岁,第三小队居民)我给牲畜喂饲料有五年了,由于水来得太少,牧草干掉,草场开始沙漠化了。以前由于草场的草太茂盛人都不可能够走过,而现在草长得稀疏,而且牲畜也变瘦了。此外,以前在春天和夏天主要依靠胡杨枝来饲养牲畜,秋天就把胡杨枝晒干,等到了冬天用这些晒干的胡杨枝来饲养牲畜,而现在不允许砍胡杨树了,所以如今我们在冬天用饲料来喂养牲畜。饲料主要是棉籽和玉米,而玉米每查拉克(一查拉克等于 17 斤)是 20—25 元,棉籽每公斤是五元,我们每年要购买4000—5000 公斤的饲料①。

第三,牲畜种类的调整:畜牧业是一种完全依赖大自然的生产方式,带有"靠山吃饭"的性质。在畜牧业生产中,畜牧种类、数量和草场之间是一种有机的不可分割的结构关系。在草原生态系统中,畜牧种类和数量必须符合草场的负荷力。从不同牲畜的习性来看,绵羊和牛不能适应极为干旱的生态环境,山羊对干旱区的草原适应性最强,山羊不仅对湿润条件要求不高,而且对牧草的要求也不高。因此,达里雅博依人的牲畜以山羊和绵羊为主,其中山羊的数量最多。达里雅博依的草场属于低地草甸草场类型。再加上如今牧草枯萎、草场条件变差的条件下,山羊自然而然成为达里雅博依人牲畜结构中数量最多的一种。他们把芦苇和胡杨枝作为绵羊的主要饲料来源,但由于芦苇大规模干枯及禁止砍伐胡杨枝的规定,牲畜中绵羊的数量逐渐减少。从目前达里雅博依乡有的畜类及其数量来看,

---

① 2010 年 8 月 18 日笔者在达里雅博依乡的访谈记录。

只有处在河水所能流到芦苇所能生长的第一、第二小队的牧民饲养绵羊，而草场中没有芦苇的第三、第四和第五小队的牧民则把山羊作为主要的牲畜。除此之外，由于牧草资源的短缺牧民减少了马、毛驴等大畜的数量。

个案：（海丽且木汗·买提库尔班，女，52 岁，第三小队居民）在 30—40 年前人们养过牛，但是水和草逐渐减少了。由于草场荒漠化牛吃的芦苇也逐渐减少了，因此，人们就不再饲养牛了，除此之外牛在高温的环境下会死掉。在以前水多的情况下，当地的气候也没有现在这么热，还有很多胡杨树，气候也是比较凉爽的。而现在就没有水了，我们的土地都干掉了，胡杨树也逐渐减少了，所以现在比以前更热了。马主要是吃芦苇、胡杨树枝、玉米等。喂马需要很多的饲料。玉米的价格比较贵，每查拉克（约 17 斤）是 30 元，而对于马来说，一次要喂四五公斤的玉米。由于人们不能承担喂马所需的饲料，所以人们都开始不喂马了。现在有喂毛驴的，但是它的数量比以前减少了很多，而在以前每户都有一两匹马，两三匹驴子，而拉车主要是用马。如果去别的地方我们主要是骑马或坐马车去的。而开始使用摩托车的时间也就有 8—10 年了。有了摩托车也不用马了，我们卖掉自己的马都有七年了。叫阿布都克热木的人卖掉自己的马都有三四年了，从那以后这里就没有人再饲养马了①。

从以上的案例中可以看出，实际上，牲畜种类的调节是由牧民自己所面对的自然和社会环境的改变所做出的一种适应策略。具体来说，牛、马等家畜对牧草和饲料的要求比较高。在水资源减少和草场干枯的条件下，减少牛和马等牲畜数量是具有一定的生态意义的。此外，摩托车成为当地人最主要的交通工具并得到普及也一定程度上导致了对曾起交通工具作用的马、毛驴及骆驼等家畜的数量进行调整的必要性。

简言之，达里雅博依人在以定居游牧的方式对环境变迁进行调适的同时，也以饲料饲喂和调整家畜数量的方式对环境变迁进行相应的调整。

（二）狩猎的消失

在以前，达里雅博依人的主要生计方式是畜牧业，同时以其他生计方

---

① 2011 年 10 月 11 日笔者在达里雅博依乡的访谈记录。

式作为补充,其传统的辅助生计有采集和狩猎。20世纪90年代以前,狩猎成为达里雅博依人获取肉食和兽皮等交换物的补助生计方式之一,狩猎的对象主要有黄羊、兔子、狐狸等。1989年建乡后,实行《野生动物保护法》,严禁捕猎野生动物。达里雅博依人狩猎的动物属于被保护的动物类种,长期以来作为他们辅助生计方式的狩猎逐渐消失。

(三)大芸采挖业的发展

大芸(肉苁蓉)作为沙漠地区生长的最珍贵的药用植物,在达里雅博依绿洲及其周围的沙漠地带盛产。笔者在介绍达里雅博依人传统生计方式的时候提及他们形成了大芸采集和出售的习惯。建乡以后,随着与外部地区接触和贸易往来的扩展,大芸的销售再次得到繁荣,采挖大芸主要在春季、夏季及秋季进行,男女都会参与。采集到的大芸主要是通过两种方式销售:一种是采集回来就销售,另一种是晒干后再销售。在2011年湿的大芸(也就是刚采集回来的)每公斤8—10元,晒干的每公斤30—40元。大芸的采集及销售从1990年到2009年成为达里雅博依人经济收入的主要来源之一。据当地人说,在此期间,每户采挖和销售大芸所获得的收入达2000—6000元。与建乡以前的时代相比,达里雅博依人特别重视发展采集和销售大芸这一生产方式,除了与他们新的社会环境所提供的贸易机会有关联以外,还与他们畜牧生产的变化有密切的关系。正如我们在以上所解释的那样,在最近的20年里达里雅博依人的畜牧经济出现了严重的衰退情况,畜牧数量的减少成为牧民所面临的普遍的问题。

　　个案:(喀斯木·伊斯拉木,男,50岁,第五小队居民)在以前,我父亲给我分的是55只。我现在有26只羊,其中有绵羊3只,山羊23只。牲畜减少的原因:一是随着牧场的干旱,牲畜今年生下羊羔的明年就不再生下羊羔。二是我们想给牲畜喂饲料,但饲料特别贵。三是我们将牲畜用于生活开销。于是,牲畜越来越减少了[1]。

据达里雅博依乡畜牧站前站长苏皮·喀斯木所提供的数据资料,1984年达里雅博依乡的牲畜总量为25000只,而1994年牲畜增至30000只,从1995年开始逐年减少,目前的牲畜数量在16000—17000只。但是,20

[1] 2011年10月22日笔者在达里雅博依乡的访谈记录。

世纪90年代后，达里雅博依人的社会生活发生了很大的变化，与以前相比，他们的消费水平提高，生活支出也显著增加。

> 个案：（赛迪·肉孜，男，60岁，第二小队居民）一袋面粉够一个五口之家吃一个星期，一年中需要50袋面粉。我们这里什么东西都比其他地方贵一些，一袋面粉是100元，总计需要5000元的面粉；大米除去在"婚白喜事"中所使用的，自己所吃的需要20查拉克，一查拉克按65元来算的话，要花费1300元来买大米。油一年需要120公斤，按每公斤是16元计算，总共需要大概2000元；现在我们每周五还要购买20元的蔬菜了。我们从9月到11月可以吃到瓜果，每一个甜瓜或西瓜25—30元，而每一牙也是一两元。除此之外，葡萄、苹果、香蕉及桃子等水果每公斤10元；摩托车需要加油，每升是10元。由于这里是沙漠地带摩托车耗油比较多，一个月需要花50元的燃油费。这样算来我们现在每年的开销比以前增多了①。

从达里雅博依人传统消费支出来看，以食物和服饰开支为主，属消费水平低的一个小的社会群体。建乡以后，人们的生活水平有了很大的提高，在饮食消费除了传统项目面粉之外，还有大米、食用油、蔬菜及水果

图5-3 采挖大芸的达里雅博依人与被晒干的大芸

---

① 2011年10月26日笔者在达里雅博依乡的访谈记录。

等新的消费项目。除饮食之外,他们的消费支出中增加了孩子上学的生活
费、摩托车燃油费和电话费等新的消费种类。毫无疑问,在这种情况下,
单纯依靠畜牧业,特别是依赖逐渐衰退的畜牧业经济,已经不能负担得起
这些越来越增高的消费支出。因此,他们通过大芸这一自然资源的大规模
的开发和利用来满足其生活需要,并解决环境演变及其所导致的畜牧业衰
退等相关问题。

二 新的辅助生计方式的出现

自然生态环境的恶化直接对达里雅博依人的畜牧业产生了显著的影
响。同时,社会环境的演变也对畜牧业产生了很大的压力,即每一种新的
技术,先进的生产生活工具在达里雅博依人生活中得到普及,就意味着他
们消费开支的增加,而这些额外的消费与他们的传统生计方式相适应的低
消费生活节奏之间出现了失衡。例如,从 2009 年开始普及的手机和 2007
年开始实行的将牧民孩子迁到县城寄宿学校读书制度就是典型的例子。

个案一:(阿不都热夏提·木沙江,男,于田县文化局工作人
员)现在,在达里雅博依乡所有的男女甚至小孩子都有手机。2009
年 4 月我在那里做调查期间了解到,达里雅博依乡充话费点当月内销
售的充值卡总额达到 30000 元。这仅包括 50 元和 100 元的卡,而不
包括 20 元、30 元的卡。全乡人每月的电话费按 50000 元来算的话,
一年的消费达 600000 元。达里雅博依乡一年从大芸采挖中所获得的
收入是否达到这个金额?他们从大芸采集和销售中得来的收入未能满
足用于手机话费,摩托车的燃油费等现代消费,所以他们不得不卖掉
牲畜来满足这方面的消费。从 2009 年开始作为达里雅博依人经济收
入主要来源之一的天然大芸基本上枯竭了。因此,人们卖掉自己的牲
畜来满足不同的开销。达里雅博依人财富的牲畜的数量减少,人们的
生活水平也降低①。

个案二:(海茹勒汗,女,38 岁)由于我们在第六小队的图格勒

---

① 2011 年 10 月 31 日笔者在于田县的访谈记录。

热米兹（tughlirimiz）①之处草场都已经干枯了，所以 10 年前我们搬到这里了。在图格勒热米兹时我们有 100 只牲畜，而现在只剩下了一半。2007 年把学生都搬到县里的学校。我们的经济开始衰退，孩子上学的费用都增加了。每当节假日，我们的孩子哭着要回家，一次来回的车费就是 150 元，而且每一次回来且要回去的时候都会给他们 50—100 元零花钱。这样花销比较大，虽然吃饭和住宿的费用都是免费的，但是每月我们都会给孩子寄生活费。有些家庭中会有 5 个孩子在县城里读书，每一个孩子一个月的生活费以 100 元来算的话，每月必须给这些孩子寄 500 元，而周末孩子们没有去的地方就会逛市场，所以花销更大②。

从以上的案例中可以了解到，本来就受到自然环境影响处于不断衰退状态的畜牧业又受到了消费支出不断增长等社会因素的影响。

据相关资料，达里雅博依 1964 年牲畜总头数 27198 头（只），平均每人占有牲畜 59 头（只）③，1985 年，有牲畜 22003 头（只），人均占有牲畜 33 头（只）。据达里雅博依乡畜牧站提供的统计资料 2012 年 1 月全乡总牲畜有 18363 头（只），每人占有牲畜约仅 13 头（只）。

> 个案：（买提肉孜·买提吐尔逊，达里雅博依乡畜牧站站长）在以前，有些牧民有过 700—800 只牲畜，现在最多的有 400 只，少的有 5 只，而且现在没有牲畜的有 15 户。中等的家庭有 70—80 只，这样家庭有 100 余户，在牧民中有 250 只牲畜的有 5 户，有 100 只牲畜的有 67 户。而没有牲畜的人就到外地去打工，如去拾棉花，给别人割芦苇，挖大芸来维持生存。没有牲畜的人是由于沙漠中畜牧业环境的恶化使他们失去了牲畜，而牲畜一天天减少的原因是：其一是由于干旱，没有水，没有草；其二是由于不让砍伐胡杨枝，导致位于下段的没有芦苇的第四、第五、第六小队饲养牲畜比较困难。这些小队的牧民为了解决冬季饲草料从上段把割下来的芦苇运回来，每一绑需要

---

① 图格勒热米兹：属达里雅博依乡以北的第六小队的一个地方，如今已经干枯了。
② 2011 年 10 月 17 日笔者在达里雅博依乡的访谈记录。
③ 于田县地方志编纂委员会编：《于田县志》，新疆人民出版社 2006 年版，第 81 页。

20 元的运费，再加上饲料又很贵，一公斤的棉籽是五元，玉米每查拉克是 25—30 元。一些牧民的畜牧业收入甚至不能满足牲畜六个月的饲料费用，所以一些牧民放弃了畜牧业而从事其他的行业①。

综上所述，达里雅博依人依靠其他生计方式解决了他们与新的环境关系的变化所导致的一系列问题。这种新的生计方式为挖玉石、种植大芸、外出打工和从事手工艺等。

1. 挖玉业：众所周知，和田玉闻名世界，和田地区的于田县也是多产玉石的地方之一。于田县玉石不仅产于昆仑山一带，也产于达里雅博依乡北部的沙漠深处。据笔者的调查，近四五年以来，达里雅博依开始寻找并销售玉石。寻找玉石的地区在距达里雅博依人乡 150—170 千米的沙漠更深处一带，主要是由年轻和中年男人完成。由于寻找玉石的活动是在塔克拉玛干沙漠没有任何生命迹象的最深处的地方进行，危险性大，因此几个人，最起码两三人一起活动。他们进入沙漠寻找一次玉石骑摩托车需要 10—12 天，如果是骑骆驼需要一个月左右的时间。寻找玉石多在沙尘暴出现率较低的秋季和冬季进行，玉石根据质量，最高可卖到数十万元，最低可以卖到数十元不等。在 2011 年的调查期间笔者听说过有一个当地人找到的玉石卖了 6 万元。

2. 大芸种植业：由于生态环境的恶化以及人们不合理的挖掘方式的影响，从 2009 年开始达里雅博依乡所产出的天然大芸的产量急剧减少。因此，达里雅博依人中自然条件和经济状况较好的 70% 的牧民家庭开始从事人工大芸种植产业。

3. 外出打工：从 2009 年开始，达里雅博依人外出打工。外出打工者主要是青年人和中年人，男女均有。据达里雅博依乡政府近几年的统计，2009 年外出打工人数 84 人，2010 年外出打工人数为 80 人左右。2011 年达到 187 人②。他们主要去库尔勒、阿克苏、且末、和田和于田县摘棉花和做一些农务。

4. 经济结构多元化：在一系列的社会文化演变过程中，达里雅博依人的经济结构出现了多元化的变化，达里雅博依乡出现了商人、司机、医

---

① 2011 年 10 月 25 日笔者在达里雅博依乡的访谈记录。

② 达里雅博依乡政府提供的内部资料。

生、木匠和修理工等一些新的人群。据笔者不完全的统计调查，目前达里雅博人中有正式或临时工作人员 33 名、商人 12 人、司机 6 人、木匠 4 人、经营家庭餐厅 4 人、裁缝 1 人以及沙漠向导和驮工 10 余人。

个案：（阿瓦汗·买买提，女，30 岁，第三小队居民）餐厅已经经营了 4—5 年。一个星期能开 4—5 天。星期五的时候能卖 20—21 碗面。平时能卖 10—15 碗，最少能卖 5—6 碗。小碗面五元，大碗面八元[①]。

虽然经济结构出现了多元化的变化，但是畜牧业仍然是达里雅博依人经济的支柱产业。大多数行业的出现并不是完全脱离了畜牧业经济，而是在这个基础上出现的。不管是商人还是司机甚至是工作人员，来自畜牧业的经济收入在他们的经济生活中还是占有相当大的比重。

综上所述，达里雅博依人生计方式的变化，是他们对所处自然环境和社会变迁及其影响不断调适的结果。

第三节 物质生活的变迁

所谓"文化"是一个社会群体的一套生活方式的综合，饮食、服饰、居住和工具等都是群体文化的物质载体。达里雅博依人的生存环境的演变及其所引起的生计方式的变化导致了其生活方式的变迁。达里雅博依人物质生活的变迁具体表现在传统文化的饮食、服饰、居住和交通等诸多方面。

个案：（尼沙汗阿吉木，女，70 岁）我是在于田县出生的，22 岁时来到达里雅博依。我来的时候人们都穿羊皮大衣，冬天把羊皮做衣服和被子，当时用山羊的皮来做皮窝子来穿，脚上缠裹脚布。当时也没有像现在这么好看的房子，都是萨特玛，由于萨特玛的墙是有缝隙的，所以风会刮进来。冬天在火塘里放很大的树根把房子烧得热一点，人们用羊皮大衣坐在火塘边烤火。人们造馕坑来吃馕也是现代的

---

① 2011 年 10 月 19 日笔者在达里雅博依乡的访谈记录。

事情，以前去参加婚礼也不打馕，就用一袋子面做一个库麦其，并用这个来招待客人。随着人们的文明程度的提高，人们开始打馕，开始盖房子。当有从县城里来的像我们这样的人会做拉面吃，而别人只会做库麦其吃，挤山羊奶来做酸奶喝，而现在人人都学会了做拉面。当我来的时候人们用毛驴来运面粉，商人给这里人一个哈密瓜或一两个苹果他们就如同给了一只羊一样的高兴。当时如果要到某人家去做客，还带上自己的碗筷去①。

长期从事达里雅博依人民俗文化研究的一位学者通过自己在 1986 年、1997 年和 2002 年的调查，详细记载了达里雅博依人的社会文化发生的变化，他这样写道："1986 年至 1997 年间，在达里雅博依乡发生了许多的变化：1）每周都有固定的车辆去县城，人们食用水果、蔬菜以及做饭吃的习惯逐渐形成。（2）内屋和客厅按照于田县人的建筑风格建造。姑娘们也学着买于田县城里流行的衣服来穿。"② "在 1997 年至 2002 年的短短5 年内，达里雅博依乡又发生了很多变化：（1）私人的汽车数量达到 60辆，摩托车的数量超过 90 辆。（2）在乡政府附近的商店达到 8 个，饭店及馕铺达到 4 个。（3）不再食用玉米面，并开始习惯于做馕坑来烤馕吃。（4）大多数家庭开始普及使用炉子，内屋和客厅使用炉子或炕，在每一户家庭开始出现都有带烟囱的专门用来做饭的炉子。"③ 通过从以上的内容不难发现，从 20 世纪 80 年代以后，达里雅博依人的传统物质文化持续发生变化，这些变化促进了他们对生存环境的适应性。

从以上案例中可以看出，20 世纪 90 年代后达里雅博依人的生活发生了明显变化。1989 年乡政府的成立给当地人的生产和生活带来了积极的影响。达里雅博依人的交通、饮食、居住等物质生活的各方面均得到了改善。

一　从骆驼到摩托

在 20 世纪 90 年代以前，达里雅博依人的主要交通工具是骆驼、毛驴

---

① 2010 年 8 月 22 日笔者在达里雅博依乡的访谈记录。

② 阿不都热夏提·木沙江：《塔克拉玛干沙漠腹地的自然绿洲——达里雅博依乡》，载阿布都拉·苏莱曼编《天下只有一个和田》（维文），新疆人民出版社 2003 年版，第 343 页。

③ 同上书，第 353 页。

和马。当地人去县城要花 7—12 天时间。1989 年建乡后，各种机动车越来越多。目前，达里雅博依乡现有汽车 30 辆，摩托车 300 多辆，每家每户均已有一两辆摩托车。作为交通运输的主要工具牲畜逐渐被机动车所代替，交通条件有了很大的改善。笔者认为，文化适应以技术为基础，因而每一种新技术的发明都标志着人类获得了更强的适应能力。比如，作为工业化产物的机动车，高功效武器及现成食品对因纽特人与其生存环境的关系产生了影响，肯普（Kemp）所观察到的巴芬岛上发生的最显著的变化就是这里的人开始定居生活。"机动雪橇能够使猎人短暂的时间内在狩猎区进行狩猎活动。因而，村里的人没有必要收拾他们的东西多次向别处迁移。在商店销售的现成食品使他们避免饥荒，以前为了解决饥荒问题，他们习惯于在较大的狩猎区内季节性迁移。"①

笔者认为，对地理区位偏僻、社会生活封闭的群体来说，交通事业的发展起着不可低估的作用。交通条件的改善为达里雅博依人提供了更好的经济生活条件，以及更广泛地与外界接触的机会，从而使他们更有效地适应其所处的生存环境。而如今，达里雅博依人骑着摩托车去于田县打工挣钱，同时摩托车为他们开发和利用自己所处环境中的自然资源创造了便利的条件。现在他们骑摩托车从距自己的居住点向 150—170 千米处的沙漠深处去挖玉石并运出来。此外，摩托车的普及增加了人们之间的社会交往，现在牧民可以拜访远方的亲属朋友，也经常可以交换各种信息。随着交通条件的便利，要到农业区把所需的粮食及时地运回来，他们不再像以前会出现粮食短缺的情况。

交通条件的改善，不仅方便了达里雅博依人与外地之间的联系，同时也方便了外界的生产和生活方式、观念和信息等在达里雅博依人之间的传播。由此可知，交通的延伸就是人的流动，人的流动就是文化的延伸。没有交通事业的迅速发展，也就不可能出现达里雅博依人社会文化的急剧演变。

二 饮食文化的变迁

正如笔者在第三章中介绍的相关内容，达里雅博依人传统饮食中主要

---

① Daniel G. Bates, Fred Plog, *Human Adaptive Strategies*, New York: McGraw‑Hill, 1991, p. 56.

是肉、奶制品、沙枣及从农区运来的粮食（玉米、少量的麦子）四种食物。这由他们生活的环境及从事的生计方式的特征来决定的。20世纪80年代后，达里雅博依人自然生存环境发生的变化，与农区密切的社会往来，交通条件的改善以及集市的形成等一系列变化，对达里雅博依人的饮食文化产生了较大的影响。从笔者在调查中通过观察及亲身体验，收集的以下资料中可以知道他们饮食习俗的变化。

表 5 – 4　　赛迪尼沙汗家庭的日常食物消费情况（2011 年 10 月）

日期	早餐	午餐	晚餐
4	库麦其	库麦其	面肺子、米肠子
5	库麦其	拉面	库麦其、酸奶
6	库麦其	库麦其	抓饭
7	库麦其		库麦其
8	库麦其		库麦其、酸奶
9	库麦其	库麦其、奶茶	甜瓜、素抓饭
10	库麦其、奶茶	馕、葡萄	抓饭
11	库麦其	库麦其、酸奶	拉面
12	库麦其	烩面	玉米面库麦其

资料来源：笔者根据田野调查资料整理。

从赛迪尼沙汗家九天的饮食情况可以看出，在九天期间所食用的 25 次食物中，17 次都吃库麦其。在达里雅博依人传统饮食习惯中，一般，一天三顿都吃库麦其，而如今一天吃一顿或两顿库麦其，每天做一顿饭的习惯已经形成。另外，已经养成食用蔬菜和水果的习惯。除此之外，据作者在 2011 年调查过程中所记录的相关情况，作者从 9 月到 11 月两月期间在牧民家吃的 43 顿饭中，27 次吃的是库麦其，其他面食 7 次，米类食物 6 次，肉类 3 次，水果当作副食 6 次。根据以上的情况，我们从以下几点可以了解到达里雅博依人饮食结构中的变化以及他们是如何调整饮食结构以适应环境变迁的。

1. 增多饮食种类。目前达里雅博依人食用的食物种类除肉、奶、粮食等传统种类以外，还包括大米、蔬菜、水果、现成食品和饮料等。他们食用的蔬菜主要有胡萝卜、洋芋、白菜、西红柿、辣椒、皮牙子等；水果主要有甜瓜、西瓜、葡萄、苹果等。除了肉和奶制品以外，其他食物都是从农业区购买，这些食物可以从乡政府附近的杂货店或每个小队的小卖部买到。除此之外，这些杂货店还有各类干果（杏干、葡萄干等）、糖果、冰糖、方便面、饼干、巧克力和饮料等食物，这些食物也成为他们饮食结构中的一部分。从中可见，随着交通条件的改善和与外界环境的频繁接触，他们的饮食结构发生了相应的改变。随着经济发展和集市的出现，以前由于交通工具不便利而出现粮食短缺的情况已经结束了。

2. 减少畜产品食用量。在表 5 - 4 中可以看出，赛迪尼沙汗家庭 10 月内九天的饮食消费中，奶及酸奶等畜产品作为辅食仅被食用 5 次。10 月份是牧民们秋季收获季节，在以前 5 月至 10 月底达里雅博依人奶制品食用得比较多。但是，如今很少一部分牧民能食用奶制品。笔者在 2011 年所进行的调查过程中对这个方面有了深刻的认识。除此之外，肉类的食用量与以前相比也有了相应的减少。

　　个案：（布尼牙孜汗·买提热依木，女，54 岁，第四小队居民）在以前，我们的牲畜多，奶制品也多。如今牲畜减少了，奶也很少。在很少的一部分家庭食用山羊奶，也许现在 10 户家庭中只有一户会有奶、酸奶。现在山羊数量不多的家庭也喝不到奶。我们以前吃很多肉，而如今我们的牲畜的数量减少了，牲畜比较多的家庭每月只能吃三四只羊，而牲畜少的每月吃一两只，甚至也有偶尔到屠户那里买肉来吃。在以前牲畜多的时候，也就是 5—10 年前婚礼上宰杀 7—10 只羊，每盘子抓饭上放两三斤羊肉，这一盘子抓饭由两到三人来吃，而如今在婚礼上只宰杀两三只羊，每个盘子上仅放半斤肉①。

简而言之，生态环境的恶化以及一系列的社会因素导致了达里雅博依人畜牧业生产的衰退，畜牧业生产中所发生的这种变化逐渐对他们的饮食文化也产生了一定的影响，他们饮食结构中肉的食用量明显减少，不管是从日常饮食结构还是节日和礼仪饮食习俗中都可以发现这一点。虽然达里雅博依人拥有了一些新的生计方式，但是畜牧业仍是他们的主

---

① 2011 年 10 月 6 日笔者在达里雅博依乡的访谈记录。

导生计方式，牲畜是他们生计的核心，也是他们最主要的财富。因而，为了防止牲畜以食物消费的途径继续减少，他们减少饮食结构中肉的食用量。

3. 接受农业区的饮食文化。达里雅博依人的传统饮食文化特别简单，食物种类少，直到20世纪90年代，他们以玉米面粉和肉为主。在90年代后，以小麦面为主，以肉类、大米、蔬菜、水果为辅，这与于田县农区维吾尔族的饮食结构比较相近。这种变化当然与建乡以来他们的社会环境的变化所带来的影响有关。随着与外地人接触的频繁，他们吸收了于田县维吾尔族不少文化和风俗习惯，其中的一个就是馕文化。馕是定居生活的农区维吾尔族传统食物之一，馕在维吾尔族中具有悠久的历史。馕在农区的维吾尔族饮食结构中的重要性与达里雅博依人饮食结构中的库麦其一样的重要。馕制作简单、便于储存、携带方便，一般制作一次馕可以一次性准备几天或几周的量。建乡以后，达里雅博雅人逐渐地形成了馕文化。

个案：（买提库尔班·买提热依木，男，59岁，第三小队居民）馕及馕坑的使用也是最近10—15年之间的事情。随着交通条件的改善人们到县里去学打馕并得到普及。现在我们一次要用50公斤面粉来做馕，由于在夏天用油制作，即使变硬了只要泡开水就会变软。在以前我们在婚礼上只要做库麦其，妇女们用十公斤的面粉做一个大的库麦其且用这个库麦其来招待客人。而如今在婚礼上不能用库麦其来招待客人，要参加婚礼的客人增多了。在以前我们孩子的时候，达里雅博依有70户人，而如今有200多户。在以前举办婚礼由于人比较少所以来参加婚礼的人也比较少，只做库麦其就可以了，而如今我们要做馕和抓饭[1]。

事实上，馕是达里雅博依人近20—30年以来形成的新的文化现象，也是达里雅博依人为了适应其所处环境的变化，通过学习而形成的一种文化策略。馕文化的形成以适应以下两种事实情况为出发：一是人口增长。1949年，达里雅博依乡有55户310人；1988年有172户832人。

---

① 2010年8月18日笔者在达里雅博依乡的访谈记录。

而到了 2011 年增至 298 户 1397 人。达里雅博依人风俗习惯中最特殊的一点是，任何的仪式基本上当地人都会参加，这种仪式包括婚礼、丧礼（在丧礼中有五次乃孜尔仪式）、割礼、命名礼等。在这种情况下，做以前的传统食物来招待客人是比较困难的，所以他们以准备起来比较简单的馕及抓饭等食物来对这种环境变化及其影响进行适应。二是与达里雅博依人由游牧转变为定居有密切的关系。以前达里雅博依人以季节性游牧的方式为主，也有随着草和水搬迁而放牧，在这种情况下，对他们最适合的饮食种类是随用沙子随地烤制的库麦其，而要做馕的话需要专门制作馕的馕坑，而馕坑需要建一个固定的地方来使用。达里雅博依人过渡到定居生活后，逐渐形成与这种生产和生活方式相适应的馕文化。

通过以上的内容可以得出下列结论，达里雅博依人所采取的减少肉的食用量、加农业产品的食用量、形成馕文化等策略都是为了有效地适应他们生存环境所发生的人口增加、牲畜减少，形成定居生活等一系列的环境的改变及环境改变所带来的文化变迁。

三 居住习俗的变迁

众所周知，住宅是人与环境的互动关系的最显著的一种反映，任何一个人类群体的居住文化中可以发现他们所处的自然环境和社会环境的影响。前文中已在达里雅博依人传统居住文化的部分对这方面进行了详细说明。窝棚式房子和居住上的分散性是达里雅博依人传统居住文化的显著特点，这些特点是由达里雅博依人特有的环境和生计方式所决定的。20 世纪 80 年代以来生存环境发生了巨大的变化，如人口的增加、可利用自然资源的逐渐减少以及新技术的普及等因素对他们居住文化产生了一定的影响，这具体表现在他们的居住模式和建造方式上。

1. 居住模式的改变：居住模式的改变表现在定居生活、居住从分散转向密集和群居住居模式的形式等方面。在建乡以前，人口少，每户占有的草场面积大，居住十分分散。1993 年草场分给牧民后，他们过渡到定居生活。此后，在定居形式上出现了较为密集的居住形式，其有两种原因：其一，人口增加和新的家庭的出现；其二，由于草场的干枯导致的牧民搬迁。家庭是达里雅博依人的生产单位。从家庭单位增加情况来看，1949 年当地有 55 户，到 1985 年增至 154 户，2011 年增至 298 户，与 1985 年相比，2011 年增长了一倍，相当于 1949 年的四倍。20 世纪 50 年代，达里雅博依绿洲的生态情况良好，绿洲面积也大，当时 55 户能够在 350 千米长的绿洲上从事畜牧业。随着生态环境的恶化，仅仅在短暂的 50 年间，绿洲面积急剧缩小，尤其是在最近的 20 年内，因草场退化，近 40 户通过政府安排或本人与将要迁往的草场的主人进行商讨，搬迁到其他牧民的草场重新安居。从目前的居住格局来看，298 户（其中常住户数为 250 户左右）在长达 200 千米的绿洲地域内开展活动，这也导致了居住越来越密集的这一形态的出现。

除此之外，群居模式的形成是反映达里雅博依人对环境演变适应的一种方式。在此前，这里并没有出现过两户或两户以上的家庭相邻居住的情况。建乡以后，乡政府所在地形成了拥有 20 余户居民聚居的一个居民点，他们主要由工作人员、商人及手工艺者所组成，这里属于达里雅博依乡的中心，学校、医院、商店、清真寺以及政府所管辖的其他办公机构都聚集在这里。

2. 建造方式的变化

达里雅博依人的传统房屋以萨特玛为主，其制造简单。由于游牧生活和技术有限等原因，分别在夏牧场和冬牧场有两套房子，其中一个为固定住所，另一个为临时住所。而定居之后，所有的牧民只有一个固定的住所。特别是 90 年代以后，随着生计方式和分工多元化，出现了专门的木匠，从而建筑风格也发生了相应的变化。

> 个案:（买提玉素普·买提库尔班，男，43 岁，第三小队居民）现在我们这里有三个木匠，我是在乡建时，从县城来的木匠师傅那里学会木工手艺的。从此以后，我做木工活已经有 20 多年了。通电了以后，就用电锯等来做木工活，而用这些机电工具的时间也有 10 年了。这里新式房子的建造是从 1988 年开始的，而现在每一户家庭都有新式建造的房子。以前人们是住在自己建造的萨特玛，而现在是请来木匠建造房子的。[①]

木匠建造的房屋的屋顶是比较密实的，不仅冬暖夏凉，而且防风挡沙。此外，炉子的普及可以算作达里雅博依人应对冬季寒冷的一种策略。此外，屋内装饰的改变也是他们居住文化的变化之一。

---

① 2011 年 10 月 14 日笔者在达里雅博依乡的访谈记录。

图 5 - 4　达里雅博依人现代房屋装饰

综上所述，当自然环境和社会环境的变迁使得一个传统的游牧群体从游牧生活转变为定居生活。经济上的这一转变导致生活方式的改变：随着与以前的环境及传统畜牧文化相适应的居所、饮食和交通等方面出现了一定的变化。

第四节　精神文化的变迁

一　婚姻习俗的变迁

环境的变化对达里雅博依人传统文化的影响最明显地表现在他们的婚姻习俗的变迁上。婚姻法的实施、与外界联系的加强，以及现代交通工具的使用等因素都对达里雅博依人传统婚姻习俗产生了巨大的影响。从婚姻形式到婚姻礼俗等方面都可以看出，社会环境的改变对达里雅博依人婚姻习俗所产生的影响。

个案：（买提库尔班·买提热依木，男，59 岁，第三小队居民）我的婚礼是在 70 年代举行的，当时的婚礼习俗没有现在这么复杂，聘礼也不是很多，当时有一种叫灯芯绒、华达呢的布料。当时的聘礼就由 2—3 块这样的布料和一对黄金耳坠组成的。现在的聘礼除了黄金耳坠外，还需要 1—2 个黄金戒指，5—6 套衣服的布料、大衣，1—2 套现成的衣服和几双鞋子等。聘礼所需用品我们到于田城去买回来。聘礼举行时送钱的情况是比较少的，最近这几年给女方的聘礼钱是4000—5000元。今年我们花了5700元来买婚礼所需要的物品，请客的费用都算上的话要10000—11000元。我们在达里雅博依人中属于比较富有的，而比较贫困的家庭会花得少一些。近五六年来，年轻人自己找新娘，在我们的时代是父母给我找新娘。现在我们用汽车来接新娘，而如果亲家的房子比较远的话要花1000元的车费，而相对近一点的要花200—300元，婚礼中要使用2—3辆车。在这次的婚礼中我们用了一辆大车花了600元，一辆小车花了300元。现在法律上不允许近亲结婚，在结婚前我们首先要到县里去领结婚证再举办婚礼①。

依据访谈过程中所获得的资料及相关统计资料，达里雅博依人婚姻习俗发生的变化可以概括为以下几个方面：

第一，近亲结婚的终止，结婚年龄的改变及婚姻关系以结婚证来做保障。新的社会环境因素给达里雅博依人婚姻习俗造成的最大影响是婚姻法实施，其影响明显表现是婚姻形式、婚姻年龄及婚姻习俗等方面的改变。《中华人民共和国婚姻法》规定禁止直系血亲和三代以内的旁系血亲通婚，因而，不论是交表婚或是平表婚均在禁止之列②。随着婚姻法的实施，达里雅博依人在之前封闭环境下形成的近亲婚姻被禁止。为了适应这种新的社会环境，他们不得不从三代亲戚范围之外择偶并举办婚礼。另外，达里雅博依人传统婚姻习俗中的早婚现象被终止。婚姻法的实施，要求女必须满18周岁、男满20周岁才能结婚，而且得到普遍落实。除此之外，之前男人和女人之间的婚姻的成立就是婚礼当天依据伊斯兰教义请阿訇来诵念"尼卡哈"，而如今则要先到县城领取结婚证，成为了婚姻最主要的条件之一。

第二，群体外通婚的出现。与外地人群联系得越来越频繁，给达里雅博依人以本群内通婚为主的婚姻情况带来了一定改变。随着与于田县人关系的逐渐加强，达里雅博依人中出现了与于田县周围的乡镇维吾尔族结婚的情况。据笔者在达里雅博依乡进行的不完全统计，自从建乡以来的22年里与于田县农区维吾人举办的婚礼的达里雅博依人总数达到22人，其中

---

① 2010年8月18日笔者在达里雅博依乡的访谈记录。

② 陈国强主编：《简明文化人类学词典》，浙江人民出版社1990年版，第220页。

男13人，女9人，但与于田县以外的外地人通婚的情况几乎没有。其原因是他们与外地之间的关系以与于田县之间的关系为主。从与外地人结婚者的性别比例来看，与外地人结婚者中男性的数量比较多，女性的数量则较少。这种情况与达里雅博依人人口性别比例的不均衡性有密切的关系。

由表5-5中可见，2011年，达里雅博依乡常住人口为1235人，男性人口为716人，占总人口的58%；女性人口为519人，占总人口的42%。男性人口大于女性人口。在表中，对婚姻年龄属于1990年（建乡）后的32—41岁和22—31岁年龄段的人口性别结构进行分析，32—41岁总人口为157人、其中男88人、女69人；而22—31岁人口总数为267人，其中男149人、女118人。很久以来，达里雅博依人口性别结构就具有不均衡性：男性人口多，女性人口少。因此，达里雅博依人中把女性嫁到外地的情况几乎没有，而更多的是从外地娶媳妇回来，这种情况在以后还会持续下去。

表5-5   2011年达里雅博依乡常住人口性别、年龄状况统计

年龄（岁）	人口数（人）			占总人口的百分比（%）		
	总人口	男	女	总人口	男	女
0—11	204	124	80	16.5	10.0	6.5
12—21	342	207	135	27.7	16.8	10.9
22—31	267	149	118	21.6	12.1	9.5
32—41	157	88	69	12.7	7.1	5.6
42—51	134	66	68	10.9	5.3	5.6
52—61	73	44	29	5.9	3.6	2.3
62—71	39	23	16	3.1	1.8	1.3
71岁以上	19	15	4	1.5	1.2	0.3
合计	1235	716	519	100	58	42

资料来源：达里雅博依乡计划生育服务中心2011年统计资料。

第三，自由恋爱在婚姻中占一定的比例。学校教育的普及为青少年提供了集体生活的环境条件。自从九年义务教育实施以来，由于所有达到学龄的孩子都在学校，学校为他们提供了见面交流的机会。同时教育对开阔他们的视野及对世界观的形成的作用是不容忽视的。

　　个案:(买提肉孜·艾尼,20 岁,第三小队居民) 从 2002 年开始
自己认识并结婚的人大概占到了总数的1/3。在上学期间认识并结婚的
也有,但是还有一部分是在父母的包办下结婚的①。

　　第四,环境对婚姻习俗的一些限制已被打破。随着人口数量的增
加,人们居住的分散程度与过去相比在逐渐缩小,同时随着摩托车和汽
车等现代交通工具的普及,婚礼举办时间亦发生了变化。目前,男方和
女方的婚礼是在同一天内举行的,以前居民居住十分分散且使用传统交
通工具的时候,达里雅博依人需要花两天的时间来举行婚礼。当时第一
天在女方家办婚礼,第二天在男方家举办,而如果女方和男方的家距离
比较远,客人就等女方的婚礼结束之后,再去参加男方的婚礼。如今交
通工具比较便利,所以婚礼在两方家同一天举行。另外,以前因为环境
的限制,为了举办婚礼前后的相关仪式,客人要提前一两天来的情况也
不存在了。以前接新娘要用马,而现在普遍使用汽车,请帖在婚礼前
10—15 天发送,而现在用摩托车或电话在婚礼的前几天才发请帖。此
外,由于汽车代替了马车等传统交通工具,也使得在婚礼上举行的叼羊
等传统体育活动逐渐消失。

图 5-5　达里雅博依人的彩礼与婚礼礼物

第五，聘礼及婚礼的礼品主要是现金。正如在以上相关章节中所提到的那样，达里雅博依人的婚礼以前是非常简单的，但是，随着钱的使用的普及和经济观念的形成，将钱当作聘礼逐渐在达里雅博依人中形成。此外，以前参加婚礼的客人给举办人带来的礼物主要是绵羊、山羊、绳子、毛毯、毛毡等畜牧产品，现在现金则成为了最主要的礼物。

综上所述，达里雅博依人以婚姻习俗上一系列变迁来调整自己与已经变化了的环境之间的关系，与时俱进地紧跟时代步伐。

二 对其他社会群体的适应

建乡以前，由于很大程度上受到环境因素的制约，达里雅博依人的社会关系以本群体内部社会交往为主。由于居住分散及交通不便等原因，所以人们只在婚礼，丧葬及节日等特殊场所中才进行比较广泛的交流。随着铁日木村成为乡政府的所在地，在乡政府附近有了清真寺、杂货店、学校和医院，这里也就成为了达里雅博依人的经济、生活交往中心。每周五主麻日，人们都聚集到乡政府旁边的清真寺来举行集体礼拜仪式，因此那天也是赶集的日子。也就是说，现在达里雅博依人每周可以见一次面，另外，随着摩托车和电话的普及给他们彼此之间进行交往创造了条件。

达里雅博依人社会关系的一个显著的特点是，其以合作和互助为主要内容。互相帮助也是达里雅博依人解决 20 世纪 80 年代以来发生的环境危机及其所导致的牧民搬迁等问题的一种策略。

> 个案一：（玉斯因·肉孜，男，68 岁）我是在第六小队叫图格勒热米兹（tughlirimiz）的地方出生。从前那里草和水最丰富，而且我们的牲畜也是最多的。当时那里有 27—30 户人家，自从水不能流到那里以后我们的草场都干枯了，所以我们也逐渐搬到上段的小队。六年前，我家也搬到第五小队的吾提开提坎（ot kätkän）了。我们一个叫尼沙汗的亲戚叫我们搬到他们的草场，所以我们搬到那里了①。

> 个案二：（肉孜·巴拉提，男，75 岁）以前我们居住在第四小队的叫亢图孜（kängtüz）的地方，由于水不能流到我们的草场，所以

---

① 2010 年 8 月 19 日笔者在达里雅博依乡的访谈记录。

那里都干枯了。于是我们就搬到第二小队的继子那里寻求庇护,现在我正在从他们的草场中获益。草场干枯的牧民与亲戚或亲家商量就搬到他们草场居住①。

合作和互助在达里雅博依人调节他们与环境之间的关系的过程中,发挥着非常重要的作用。达里雅博依人的社会交往中另一个明显的变化是他们与其他群体之间的关系在加强:

> 个案:(赛迪·肉孜,男,60岁,第二小队居民)在1990年之前,我们去于田县城比较少,现在有专门去县城的车,所以我们也坐车去。也有一些人骑自己的摩托车去,8—10个小时就能到。所有人在每年中最少去一次县城,而有些人一年去2—3次,主要是为了购买所需的生活用品,有时也为了探亲去县里,也有一些人为了到县里打工挣钱去②。

建乡以后,随着与外界接触的频繁,他们与外地人的社会关系逐渐加强。他们与邻近社会群体的社会关系主要是与于田县,以及其周边的木尕拉、加依、英巴格和先拜巴扎等乡镇维吾尔族之间所具有的关系,以交换物品、拜访亲属以及结婚等为主要内容。他们与外地群体的关系与建乡以前的情况相比,可以说已经相当密切。

合作是达里雅博依人与周边其他群体的相互关系的主要形式,但是,建乡以后达里雅博依人社会文化环境发生了巨大的变化。为了适应这种环境演变,竞争成为他们与外地人群的相互关系的一种重要形式。竞争被视为不同的人类种群中常见的一种社会关系模式,是指获取有限资源的竞争,并且经常表现为争斗形式。

达里雅博依乡是于田县的野生药材"大芸之乡"。建乡之后,大芸产业就成为达里雅博依人主要的经济收入来源之一。20世纪90年代后,达里雅博依乡大芸产业得以发展,从外地来的一些人在达里雅博依从事挖大芸和大芸买卖生意。据相关调查,从2002年以后,达里雅博依人每年通

---

① 2011年10月20日笔者在达里雅博依乡的访谈记录。
② 2011年10月26日笔者在达里雅博依乡的访谈记录。

过卖大芸所获得的收入达到 2000—6000 元，在他们的经济收入中占有重要的地位。但是，每年有 300 多人从于田县城来到达里雅博依公开或非公开形式地挖大芸。2002 年秋季从达里雅博依乡运到县城的大芸就达到 30 吨①。达里雅博依人的生存环境恶劣，自然资源稀少。在这样环境下，达里雅博依人为了保护自己生存所依赖的有限的资源，他们与外来人员之间发生了冲突。达里雅博依人依靠乡政府禁止外来人员在他们的地区内进行挖大芸的活动。

三 价值观的变化

达里雅博依人与外地之间的社会关系逐渐加强的同时，他们的社会生活环境也发生了比较明显的变化。具体来讲，与建乡之前的情况相比较，从外地来达里雅博依乡的人的数量逐年增加。而在这以前，到达里雅博依来的主要是一年来一两次的商人、毡匠和铁匠等。建乡以后，随着沙漠野生药材大芸销售渠道的畅通，从于田县城每年都会有许多的打工者或经商者来到达里雅博依乡挖大芸或买卖大芸活动。据 2002 年在达里雅博依乡进行调查的一位学者的相关记载，在当年来达里雅博依乡从事活动的外地人数量达到 300 余人②。达里雅博依乡的大芸一年可以采集三次，分别是在春季的 4—5 月，夏季的 7—8 月和秋季的 9—11 月。外来者每年在达里雅博依乡暂住时间达 3—4 个月，而且这种情况一直持续到 2009 年（直到天然大芸枯竭为止）。此外，加上旅客及在当地工作的外地人员，对这个只有 1000 人口的小群体相对来说，外来者的数量还是比较多的。这些来自不同的环境、不同文化背景的外来者也自然而然地给达里雅博依人带来了各种各样的影响。

个案一：（×××，男，于田县人，在达里雅博依乡政府工作）2010 年，达里雅博依乡"工作最清闲的警察"之村的历史结束了。当年 12 月，在达里博雅乡发生了房子纵火案件，制造这个案件的人被判了三年有期徒刑。现在当地人们之间记仇的心理也开始产生了，

---

① 参见吾买尔江·伊明《塔里木心中的火》（维文），新疆人民出版社 2006 年版，第 385—387 页。

② 同上书，第 386 页。

人们之间的关系不再像以前那样的和谐①。

　　个案二:(×××,女,25 岁,第三小队居民)2011 年 5 月 27 日,我的 54 克的黄金首饰从家中被偷走。在此之前的一周,一家人四公斤的(价值 6000 元)大芸的种子被偷走。在这之前,这里从来就没有发生过这样的事情。而如今这里到底是怎么了我们也不清楚。当这些案件发生后,其他人也觉得特别奇怪,而且也特别害怕。而去年冬天 12 月底,一个人给我爸爸家里放火了。当时是晚上一点钟以后,家里有我和我的两个孩子,爸爸妈妈也正在睡觉。这里的房子都是用木头建成的,我们及时地发现,并逃离了,但房子的一部分被烧毁了②。

　　个案三:(×××,男,49 岁,于田县文化局工作人员)他长期以来对达里雅博依人文化进行调查研究,在调查的过程中解释说:1986 年初次到达里雅博依乡时,当地人特别少,在当时的确是原始形态生存的,房子的门都不用上锁,而且不使用钱。1997 年到达里雅博依进行调查时,他们刚学会给家里的箱子上锁,我问他们为什么给柜子上锁时,他们说从县里来了一些不三不四的人。2002 年去调查的时候他们外出时已经会了给房子上锁了。自从"在沙漠中发现了野人"的消息传出以后,不计其数的旅游者来到达里雅博依。于是,居住在从县城到达里雅博依乡的路边的第一和第二小队的人们与旅游者和外地人接触的机会最多,他们也开始学坏了。如今只有对这些人给予利益才提供服务,不然的话就坐着不干活。旅游者及随着来调查者的增多,追逐利益达到最高峰,他们对来到当地的人问这问那,并希望从他们身上获取利益。但是,那些与外界接触比较少的第四和第五小队居民还是比较好客友好③。

　　个案四:(阿布都拉·克热木,59 岁,达里雅博依乡的前任乡

①　2011 年 9 月 20 日笔者在于田县的访谈记录。
②　2011 年 10 月 4 日笔者在达里雅博依乡的访谈记录。
③　2011 年 10 月 31 日笔者在于田县城里的访谈记录。

长）在 10 年前，这里的传统文化特色比较突出，而年轻人现在穿各种各样的衣服。在以前这里从来没有偷盗的情况的，更不知道锁是什么东西。但是建乡以后，来往的人数在增加，来这里的有各种人，所以人们开始锁门。在最近的几年，在达里雅博依人中出现的各种陋习与年轻人受到外界的影响有直接关系。建乡以后从于田县每年都会有许多的人来到我们这里采挖大芸，而这些外地人对当地人带来了许多负面影响。在以前 3—4 月门是不上锁的，别人也不会丢东西①。

　　此外，笔者于 2011 年的调查过程中，在居民因草原退化搬迁的第六小队进行调查时，给笔者带路的牧民买买提·艾力木（因草场干枯，该人从第六小队搬迁到第五小队）到以前的住所去查看时，发现留在家里的几张羊毡子被人偷走了。

　　根据以上案例，对达里雅博依人传统价值观和伦理观进行进一步分析可以看出：诚实是达里雅博依人传统伦理观中最主要的内容之一。建乡以前，并没有形成在门上上锁的习惯。他们原先适应环境的这种传统方式，在他们慢慢适应社会环境的改变的同时失去它的作用。因此他们通过"门上上锁"这个新的文化策略来解决他们与改变了的社会环境之间的新的关系。可以说，达里雅博依人以伦理观和价值观的改变适应这种环境变迁。

　　自从建乡以来，随着达里雅博依人与外界接触的频繁，达里雅博依乡集市的形成，人们生活水平的逐渐提高，货币的使用在当地得到迅速普及。尤其是，自乡里正式形成集市以来，他们消费状况发生了巨大的变化。在以前，他们的消费只是为了满足生活所需的吃喝及服装等最基本的生活必需品，处于最低的消费阶段。但是，在建乡以后，他们凭借便利的市场条件习惯于买各种商品，消费量明显提高。例如，水果、蔬菜、香烟、电话费、交通费、饲料和孩子上学的费用等新的消费项目。但是，对于处于自然资源十分有限的环境的达里雅博依人来说依靠畜牧业满足以上的较高的消费需求是困难的。无论如何，有一点很明确：他们为了适应这种新的社会环境，为了满足其日益增长的生活需求，他们需要更多的钱。因而，这种需求形成了他们的经济意识和商品观念。钱成为达里雅博依人

---

① 2010 年 8 月 22 日笔者在达里雅博依乡的访谈记录。

社会环境中最重要的一个方面,对他们传统文化的某些方面也产生了相应的影响,即金钱的需要使他们价值观和伦理观等方面发生一定的改变。他们不再像以前那样热情好客,以及偷盗现象的发生就是典型的例子。

总而言之,就一个群体而言,随着生存环境的变化,群体的价值观也不断地改变。而在环境突变时,这种变化呈现得就更为突出。在笔者看来,社会文化环境演变对达里雅博依人精神文化的影响很大。从达里雅博依人的婚姻习俗、社会交往、价值观和伦理观变化中均可以发现社会变迁的痕迹。

本章小结

从 20 世纪 80 年代以后,达里雅博依人的生存环境发生了急剧变化。水资源的减少导致达里雅博依人自然生态环境的恶化。自从 1989 年达里雅博依建成乡以后,达里雅博依人社会文化环境发生了显著的变化。以前与世隔绝的、低消费量的小型社会,在建乡以后,成为了一个依法治理的行政单位。他们与外界的联系加强,人们的生活水平也逐渐提高。这些变化给达里雅博依人与环境的传统关系带来了一定的变化,对适应这种新的环境或环境变迁他们的一些传统适应策略正在失去作用。因此他们需要有调整自己与环境的关系的"缓冲器"。这具体表现在他们的传统生产和生活方式、风俗习惯、价值观等各个方面。从中可见,环境变迁是导致达里雅博依人文化变迁的主要动因之一。

第六章

文化、环境与发展

第一节　达里雅博依人还能适应
塔克拉玛干沙漠多久

在前面的章节中，我们对达里雅博依人在特殊的环境下形成的社会文化及其特点和变迁做了详细的论述。通过达里雅博依人的社会文化与恶劣的特干旱区生态环境之间的互动关系，我们不难看出沙漠干旱地区的人与环境之间关系，即人类文化适应问题。达里雅博依人沙漠绿洲文化的形成和维持，在很大程度上需要以特定的环境条件为前提。这种文化从其内容和结构来讲是十分脆弱的。这一章里我们对达里雅博人在沙漠干旱地区的文化适应的未来趋势进行探讨。

一　绿洲沙漠化：达里雅博依人面临的环境危机

生态环境问题是当今人类社会面临的最突出的问题之一，已引起全世界的普遍关注。不同民族，对于生态安全与不安全的理解却可以千差万别。正如杨庭硕指出，"农业民族习惯于将农田的退化理解为生态不安全。游牧民族习惯于将草原的沙化或水源的枯竭理解为生态不安全。工业民族很自然地会将工业'三废'排放引起的环境污染理解为生态不安全"①。作为一个游牧群体，尤其是生活在极端干旱的内陆沙漠深处中的畜牧群体达里雅博依人来说，没有比水源枯竭、牧场退化及绿洲沙漠化更可怕的灾难了。20 世纪 50 年代以来，达里雅博依人面临着水资源的减

---

① 杨庭硕:《生态人类学导论》，民族出版社 2007 年版，第 112 页。

少、天然草场和胡杨林大量枯死、沙漠植物大面积减少及绿洲逐渐沙漠化等生态问题。我们在第五章里介绍达里雅博依人生存环境的演变时，概述过其自然生态环境正在日益恶化。在这里我们对达里雅博依人面对的环境恶化现象进行进一步的解释，同时对环境危机所导致的社会问题及环境危机的成因进行分析。

塔克拉玛干沙漠是世界上极端干旱的地区之一。水是干旱地区最重要的环境资源，也是所有生态因子中最重要的生命因素。尤其是对达里雅博依这样年降水量仅有 14 毫米的沙漠腹地绿洲来讲，水资源对于整个生态系统中生命体的生存和发展所产生的影响尤为突出。作为我国最大的干旱和半干旱地区的新疆而言，其水资源非常有限，主要是由高山冰川和积雪汇集成的内陆河水资源，但这水却担负着灌溉该地区的许多人工和天然绿洲的重任。由于达里雅博依绿洲位于克里雅河下游，其水资源完全依靠来自克里雅河上中游的水源，克里雅河中游的水文因种种原因而发生的变化趋势必然会影响到包括达里雅博依在内的整个下游地区的生态环境和达里雅博依人的生产生活。

从历史的角度来看，20 世纪 50 年代后，克里雅河中上游人口的急剧增长使该地区的耕地面积和灌溉面积扩大，导致对水资源的需求量日益增大。比如，处于克里雅河上中游的于田县人口 "1949 年 8 万多人，到 1990 年达到 17.9 万，增长一倍多。耕地从 16600ha，发展到 1990 年的 27930ha，增长 1.68 倍"[1]。根据于田县农业区划办的估算，"1949 年时农田用量大致为 $3 \times 10^8 m^3$，在过去的几十年中，沿河修建了 10 余座水库，80 年代末时农田用水量已超过 $6 \times 10^8 m^3$"[2]。在短暂的 40 年内，中游平原绿洲地区的人口规模、耕地面积和农业用水量都增长了一倍多，这些因素导致了克里雅河下游段的水量减少和河流短缩。克里雅河上中游地区 "1949 年从克里雅河引水量为 3.2 亿方，下流下游河道水量为 3.9 亿方。目前引水量为 4.5 亿方水，下泄下游河道水量 2.6 亿方，减少 1.3 亿

---

① 倪频融：《达里雅博依绿洲的历史、现状及其演变前景》，《干旱区研究》1993 年第 4 期。

② 转引自杨小平《绿洲演化与自然和人为因素的关系初探——以克里雅河下游地区为例》，《地学前缘》2001 年第 1 期。

方"①。克里雅河下游河流"1950年能流到县城以北240千米处,1960年能流到190千米处,1970年能流到140千米处,1980年能流到115千米处,而现在只能流到大麻扎和米萨莱。洪水只能到县城以北200千米处"②。如今,水源短缺已经成为居住在克里雅河下游的达里雅博依人普遍面临的主要生态环境问题。

作为极端干旱环境自然综合体的最主要的限制因素,水资源的变化会直接引起其他诸环境要素的连锁变化。中游大规模的开荒,大量的水资源的不合理使用所导致的克里雅河下游段的水量减少直接引起了其他一系列环境问题,如沙漠湖泊干涸、地下水位降低、天然胡杨林大片枯死、沙漠草场退化、动植物种类消失以及绿洲沙漠化等。这些问题已经成为达里雅博依人当前所面临的综合生态危机。

河流短缩和水量减少直接导致了达里雅博依人自然生存环境的恶化,据笔者在2011年调查中的体会,水资源的缺乏近几年来一直严重制约着达里雅博依人畜牧业经济的发展。据大多数牧民反映,近10多年来,因缺水而导致草原快速退化,牲畜也逐年减少。

> 个案:(买提库尔班·买提热依木,男,60岁,第三小队居民)从80年代③开始一直到1995年,我的牲畜繁衍得很快,早些年我有600—700只牲畜,因为那个时候水是比较充足的,草场特别好。从1995年开始我的牲畜开始减少,水少了,草场的草开始干枯了,现在只留下了400多只羊④。

个案中所提到的牧民买提库尔班家的情况其实在达里雅博依乡大多数的牧民中具有广泛的代表性。据达里雅博依乡畜牧站前任站长苏皮·喀斯木提供的数据资料,1994年全乡的牲畜增至30000只(头),从那以后开

---

① 倪频融:《达里雅博依绿洲的历史、现状及其演变前景》,《干旱区研究》1993年第4期。

② Dieter Jäkel, Ju Zhenda, *Reports on the 1986 Sino-German Kunlunshan Tankimakan Expedition*, Kartenbeilage, Berlin, Casellschaft fur Erdkunde zu Berlin, China:Xi'an Cartographic, 1989, p.109.

③ 该个案中所提及的80年代是指20世纪80年代。

④ 2011年10月14日笔者在达里雅博依乡的访谈记录。

始逐年减少。据达里雅博依乡畜牧站 2012 年 1 月进行的最新统计调查，全乡总牲畜只有 18383 只（头），比 1994 年减少了近 12000 只（头）。短短十几年内，因缺水而造成了草场的退化，随之牲畜的数量也迅速减少。草场退化和畜牧生产的衰退已经成为达里雅博依人面临的生态和社会问题。

更为严重的是，由于克里雅河断流，位于达里雅博依乡北部的整个第六小队草场及第四小队草场的多半已经干枯，第五小队北部一带的草场也开始干枯，也就使得居住于这些地区的牧民不得不搬走。

　　个案：（买买提·艾力木，男，50 岁），我们本来居住在第六小队"依来克"（iläk）叫"巴格"（bagh"果园"之意）的地方，由于河水不能流到我们那里，草场都干枯了，所以三年前搬到第五小队。我是最后一个从那里搬出的。由于极度干旱，居民从叫"卡塔克"（katak）的地方搬出来已经有 25 年了，而住在更下段的居民搬出来已经都 30 年了。第六小队已经有十几二十年的时间没有河水了，那里的胡杨树也都干枯了。以前从"依来克"到"奇格勒克"（chigilik）的草场都是我们放羊的地方，但是现在那里的水井也干了，也没有水了。有了水生物才能生存，有了水才能长草，有了草才能养牲畜。由于没有了牲畜所需的水和牧草，所以我们就不得不搬走①。

据笔者在 2011 年的调查过程中进行的不完全统计，自 20 世纪 80 年代到 2011 年为止，因草场干枯而搬迁的居民达到 47 户，约占全乡总常驻户数的 25%，其中大多数迁到水草较为丰沛的第一、第二、第三和第五小队安家落户。这说明达里雅博依人的生存环境已岌岌可危。

可以看出，正是因为位于河流中游的于田绿洲人口的增长和人工绿洲的发展，直接导致了克里雅河下游水源的不断减少，这是目前达里雅博依人面临的最严重的生态危机。

探讨达里雅博依人面临的生态危机不能不提到天然胡杨林的情况。据笔者通过在调查中亲身考察所了解的情况，随着 20 世纪 50 年代以来克里

————————
① 2011 年 10 月 22 日笔者在达里雅博依乡的访谈记录。

雅河断流，克里雅河下游中下段第六小队的大部分胡杨林、第四小队胡杨林的近一半已经干枯，分布最广的第五小队胡杨林也开始退化了。

造成达里雅博依乡胡杨林面积迅速减少的原因，除了河流断流和地下水位降低等因素以外，人为因素也致使大片的胡杨林消失。

图 6 - 1　达里雅博依乡第六小队枯死的胡杨林和被遗弃的民居

新疆克里雅河及塔克拉玛干科学探险考察队的相关调查研究表明，从上段巴格吉格代到叶音（属达里雅博依乡第一小队）74 千米的胡杨、柽柳因垦荒、樵采、伐木而破坏殆尽。（1）1958 年于田县委决定原新声公社在叶音开荒 2 万亩，垦荒将垦区内胡杨、柽柳挖光了。据《于田县志》的相关记载，由于长期的毁林开荒，以及"大炼钢铁""文化大革命"等非常时期乱砍滥伐林木，胡杨林分布范围缩短至 200 千米。克里雅河的胡杨林已退到达里雅博依以北 20 千米附近，沿克里雅河两岸分布的胡杨林宽度少 5—10 千米，使百万亩天然林减少近一半，只剩 53.28 万亩。森林面积锐减导致的结果是，克里雅河下游璟麻扎至达里雅博依 100 多千米的河道东岸凹区出现流动沙丘直逼河岸的沙漠化现象，有的沙丘高度在 10 米以上；叶音、米萨莱一带在"大跃进"时开荒的 2 万亩农田绝大部分已经沙化①。（2）原爱国公社从 1962 年到 1985 年驼队进去砍幼龄胡杨运回农区做葡萄支架。（3）1958 年人民公社化后，进行条田建设，农区树木大量被伐，农民缺乏生活燃料，就拥向这里樵采，直到破坏殆尽，人们

① 于田县地方志编纂委员会编：《于田县志》，新疆人民出版社 2006 年版，第 258 页。

又开始向叶音以下"吞食"。（4）1965 年后喀喇汗农场和新园农场（英巴格乡）人员大量增加，需要大量的建筑材料和生活燃料，更加上"文化大革命"的特殊时期，人们开着链轨拖拉机过去伐木和樵采。（5）1972 年于田县革委会决定成立县林业站主管的"大河沿伐木公司"，从璟麻扎到叶音一带砍伐能做电杆的胡杨鲜木剥皮后用链轨拖拉机运往县城出售①。从 1959 年至 1985 年的 27 年时间，这一段胡杨和红柳等固沙植物大大减少了。这就是为什么在水资源最丰富的达里雅博依乡第一、第二小队内胡杨和红柳等沙漠植被分布十分稀少最主要的原因。

对于人为因素对生态环境的影响，长期以来从事西北干旱地区生态环境和可持续发展研究的崔延虎教授解释说：

> 人类对自然生态环境干预可以划分为三个方面：个体干预，主要指个体的人或个体组成的家庭对于特定自然生态区域的干预；群体干预，主要指一个群体，比如一个村子的人类群体对特定生态环境的集体干预；组织决策干预，指具有决策权力和能够实行决策的机构，如政府、企业等，对于特定生态环境的决策性干预。在这三类干预中，组织决策干预属于对生态环境长期的、有影响的干预，越是层级高的组织决策干预，它涉及的范围越广、干预程度就越高、影响面也就越大。如果这种干预造成对环境的负面影响，由此形成的环境问题在特定区域内便是既有全局性又有持久性②。

从以上的相关记载中可以看出，在达里雅博依乡的开发和当地人的生活实践中，三种类型的人为因素都存在，都产生过一定的负面影响，但是对于自然生态环境造成负面影响、危害程度最大的是从 1959 年至 1985 年的一些不符合当地自然生态环境条件和规律的群体干预和组织决策干预。另外，必须承认的一点是，造成达里雅博依乡胡杨林退化的部分原因也在于当地人的生产生活方式。

胡杨是达里雅博依人最基本的生活资源，他们放羊、盖房、丧葬、烧

---

① 新疆克里雅河及塔克拉玛干科学探险考察队：《克里雅河及塔克拉玛干科学探险考察报告》，中国科学技术出版社 1991 年版，第 81 页。

② 崔延虎：《生态决策与新疆大开发》，《民族研究》2001 年第 1 期。

火、生产生活工具的制造都取材于胡杨树。直到 20 世纪 50 年代，由于自然生态环境好且人口少，人与胡杨，人与环境的关系非常和谐。但是 50 年代之后，河流缩短导致胡杨林大面积退化，再加上人口的不断增加和牲畜数量的增加也都给当地的胡杨林带来了一定的破坏。

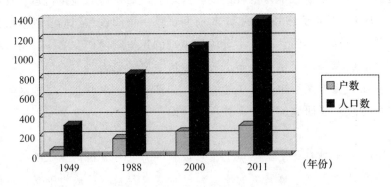

图 6 − 2　1949—2011 年达里雅博依人人口增长情况

从 1949 年后达里雅博依地区人口发展情况来看，1949 年只有 55 户 310 人，1988 年达 172 户 832 人，而 2000 年时已经超过了 1000 人，2011 年达到 298 户 1397 人。

毋庸置疑，对所有的游牧民族来说，牲畜是他们最主要的物质财产，他们一般把拥有牲畜的数量作为衡量贫富的标准。牲畜既是一种生产资料，又是一种生活资料。牲畜作为生产资料又不同于土地资源，因为土地不具有扩大再生产的性能，而牲畜却有。作为一种特殊的生产产品，牧民对牲畜的数量有强烈的要求。在这种生存需求下，达里雅博依人的畜牧业不断发展壮大，到了 20 世纪 90 年代中期数量已经相当可观。从达里雅博依畜牧业发展情况来讲，"1949 年 9000 头，1958 年 12000 头，1980 年 24844 头，1985 年 22003 头，1990 年 28526 头"[1]，2012 年 18000 头。20 世纪 50、60 年代，由于牲畜少牧场多，水草条件好，达里雅博依人在不同的牧场里进行季节性的游牧，这种放牧方式确保了良好的草场条件。到了 80、90 年代，随着牲畜数量的增加，再加上水资源日益减少，有限的

① 新疆克里雅河及塔克拉玛干科学探险考察队：《克里雅河及塔克拉玛干科学探险考察报告》，中国科学技术出版社 1991 年版，第 81 页。

水源不能满足草场的需求，芦苇等植被逐渐枯萎，饲草产量下降。这样一来，达里雅博依人的畜牧业就主要依靠一年四季都能为牲畜提供饲草的胡杨树了。虽然他们采取堵截洪水漫灌胡杨等措施竭力维护自家的胡杨林，但是砍伐胡杨饲养的粗放放牧方式，使沙漠森林资源遭受到了一定的破坏，加剧了绿洲的沙漠化。除了生态环境的恶化造成的可利用植被的迅速减少之外，随着人口的增加，作为畜牧生产单位的家庭户数的增多使得户均草场面积缩小，这就使得牧民们不得不终年在固定的一个草场上放牧，无疑在某种程度上对沙漠植被自然修复造成了负面影响。

此外，虽然达里雅博依人从不为获取柴火而砍伐胡杨，但是随着人口的增加，新组建的家庭在修建房屋时需要胡杨木做建材，尤其是从90年代开始，当地人还形成了邀请木匠修建新式房屋的习惯，这种新式房屋对木材的需求要比传统房屋多得多，这也在某种程度上增加了胡杨的消耗。

> 个案：在调查过程中遇到的一位林管站工作人员就达里雅博依人的生活习惯对环境造成的影响解释到：虽然禁止砍伐胡杨树，但是屡禁不止。如果没人砍树，那他们房子和羊圈周围的新鲜枝条又是从哪儿来的？另一个更为严重的问题就是，这里的人去世后，有用百年的老胡杨树做棺木的丧葬习惯。这种老胡杨树对环境起的作用更为重要，如果人人都有爱护环境和保护家园的意识，有些风俗习惯也是可以改变的。这里的淤泥这么多，在胡杨树被砍完之前将丧葬方式改成陵墓土葬还是来得及的①。

从中可见，当地人传统的生活方式也对沙漠草场和沙漠林带均造成了破坏。此外，随着达里雅博依人商品意识的增强而大规模挖掘沙漠药用植物大芸也导致了沙漠植被破坏严重。

从20世纪90年代开始，随着自然生存环境和社会文化环境的不断变化，达里雅博依人的经济生活和思想观念都发生了显著的变化。1989年达里雅博依乡成立后，为了增加牧民收入，政府采取了许多措施来提高达里雅博依人的经济意识和商品观念，挖掘沙生药用植物大芸的经济价值便是其中之一。大芸是达里雅博依绿洲的一种主要的植被。从生态学的角度

---

① 参见笔者2011年10月18日的访谈记录。

出发，学者们强调绿洲以植被为主体，植被是绿洲生态系统的核心和支柱之一，发挥非常重要的生态作用。不过，为了满足日益增长的消费水平，天然大芸的采挖及销售成为达里雅博依人经济收入的主要来源之一。但是为了追求高额的利润，进行的过度采挖和不合理的采集方式对当地的绿洲生态产生了一定的负面影响。

> 个案：（×××，男，达里雅博依乡护林站人员）以前的时候这里生长着很多的天然大芸，亚里古孜托格拉克（"yalghuztoghraq"意为独棵的胡杨树）和波孜玉乐衮（"bozyulghun"意为开灰白花，由底部分枝的一种柽柳）等地都盛产大芸，售价也很高。每年可产几十万元的大芸，但是因为在挖掘过程中会伤到大芸的根部，就造成这种植物大量枯死。另外，因为大芸是生长在红柳根部的一种植物，挖掘时会破坏红柳根，致使红柳也因根部坏死而枯萎。这种挖掘行为疯狂地持续了三年后，天然大芸就从这片土地上基本上消失了[①]。

大芸（肉苁蓉）是一种寄生在红柳根部的植物，近 20 年来，沙生药用植物大芸的大量采挖不仅使得这一沙漠植被急剧减少，也造成在防风固沙方面起到重要作用的沙漠植被红柳枯死。虽然在这方面没有具体的统计数据，但是从以上的讲述中我们可以了解到采挖大芸对沙漠植被造成了一定的危害并且加速了绿洲的沙漠化。因此，我们在肯定达里雅博依人建乡20 多年中取得的经济发展的同时，也必须正视经济发展带来的草场退化、沙漠植被减少等一些生态环境问题。

综上所述，达里雅博依绿洲生态环境的这些变化说明了，对于生态环境本来就极为脆弱的沙漠干旱地区，即使是稍为过度的人类活动都会产生较大的负面影响。

从达里雅博依绿洲生态环境问题的成因来看，许多学者认为达里雅博依人生态环境的严重退化是中游地区水资源的不合理利用、因人口增加过快、发展农业绿洲而突增的用水量所造成的。如 1986 年在达里雅博依地区进行考察的中德考察队的研究表明："导致克里雅河下游流域现代沙漠

---

① 2011 年 10 月 18 日笔者在达里雅博依乡的访谈记录。

化的主要因素是中游地区的无度利用水资源，而不是沙丘推移。"① 倪频融认为，"目前克里雅河下游伸进沙漠的绿色长廊及腹地绿洲生态环境衰退的进程，是河流中段于田县人工绿洲发展与人口增长直接导致所引起的"②。关于这一点，海鹰认为，达里雅博依绿洲生态环境的恶化"虽有自然原因（气候旱化、上游水量减少、下游受东北风和西北风的相互作用，沙漠活化移动等），但人为因素是最根本的。于田地区几十年来，在某些不切实际的口号的驱使和人口增长的压力下，不顾整个流域的生态特征，一味追求垦殖指数，追求粮、棉、油的产量，进行粗放耕作，竞夺式经营等，造成捉襟见肘的后果。中游地区得到了一定的发展，而下游地区问题日益严重"③。在某种意义上，笔者也赞同以上的看法。其原因是，历史的经验告诉我们，干旱地区农业绿洲扩大的进程总是以自然环境沙漠化为代价。塔里木盆地的农业生产主要集中在河流中游的绿洲地带，主要依靠引水灌溉。随着人口的增加，需要灌溉的面积会越来越大，这一方面可以使农业产量有所提高，人民生活得到改善，但另一方面也使河流水量大部分消耗于中游地区，导致下游地区生态环境面临沙漠化、植被和草场退化等一系列问题。20 世纪 70 年代塔里木河下游地区罗布泊的干涸就是其最为典型的例子。同样，居住在克里雅河下游绿洲上的达里雅博依人也像罗布人依赖罗布泊那样依赖克里雅河。如果说罗布泊的命运已经决定了罗布人的命运，那么克里雅河的命运也决定着达里雅博依人的命运。与此同时，笔者还认为，除了以上的区外人为因素之外，区内人为因素也在某种程度上加速了生态环境衰退。即达里雅博依人人口增加以及不太符合目前的自然条件的一些生产生活方式也给环境带来了一定的负面影响。

二　生态移民：克里雅河下游文明会再次被黄沙埋没吗

达里雅博依人正面临绿洲沙漠化、草场枯死、畜牧业衰退等环境危机

① Dieter Jäkel, Ju Zhenda, *Reports on the 1986 Sino-German Kunlunshan Tankimakan Expedition*, Kartenbeilage, Berlin: Casellschaft fur Erdkunde zu Berlin, China: Xi'an Cartographic, 1989, p. 97.

② 倪频融:《达里雅博依绿洲的历史、现状及其演变前景》,《干旱区研究》1993 年第 4 期。

③ 海鹰:《达里雅博依绿洲的生态问题及其维护对策》,《新疆师范大学学报》1994 年第 2 期。

和社会问题。政府出于改善人民生活条件的目的，实施安居富民政策，决定将塔克拉玛干腹地的达里雅博依人搬迁到于田县附近的农业地区。

伴随着生态环境的日益恶化，我国不少地区纷纷出现了生态移民现象。生态移民是一种特殊的社会流动模式，关于生态移民概念，学术界有不同的界定。如刘学敏认为"生态移民就是从改善和保护生态环境、发展经济出发，把原来位于环境脆弱地区高度分散的人口，通过移民的方式集中起来，形成新的村镇，在生态脆弱地区达到人口、资源、环境和经济社会的协调发展"①。葛根高娃、乌云巴图认为，"生态移民是由生态环境恶化，导致人们的短期或长期生存利益受到损失，从而迫使人们更换生活地点，调整生活方式的一种经济行为"②。从以上的概念界定中可以看出，生态移民的实质是人与环境的关系调整问题，而其主要目标是恢复和保护生态环境并且提高迁移人口的生活水平。

就达里雅博依人的生态移民问题而言，其主要目的是改善牧民的生活环境和促进经济发展，其主要方式是由政府统一组织将散居的牧民搬迁到县城周边的农业区。达里雅博依乡政府的一位领导干部介绍移民搬迁计划时说：

> 最迟 2015 年达里雅博依乡的牧民都要搬迁完毕，这一工程叫作"安居富民工程"。总搬迁户数量达 250 户，每户补助 8 万元钱，每家预计建造 80 平方米的抗震安居房，预计开 5345 亩地，1600 多亩地用来建造住房，3600 亩地用来耕种，并且给每户分配 14 亩的牧场，建造羊圈再补助 6000 元。以 90 亩为一个片区。移民将被安置在离县城约 30 千米的英巴格乡。这次的搬迁计划不是将牧民全部迁走，而是采取"小树挪大树"的方式。首先考虑的是体弱多病的人和老人，年轻人则留在达里雅博依乡继续生活。当务之急是让这里的人们学习务农，逐渐地转变生产方式。这里的学校和卫生院等都要搬迁走③。

---

① 孟琳琳、包智明：《生态移民研究综述》，《中央民族大学学报》2004 年第 6 期。
② 葛根高娃、乌云巴图：《内蒙古牧区生态移民的概念、问题与对策》，《内蒙古社会科学》2003 年第 2 期。
③ 2011 年 10 月 19 日笔者在达里雅博依乡的访谈记录。

事实上，政府早已经开始实施达里雅博依人的搬迁，即教育移民。自2007 年开始，达里雅博依乡小学三年级以上的班级就被集中到了县城里的寄宿学校，这一举动正式拉开了移民计划的序幕。根据已在调查中掌握的情况我们可以推测出，之所以要实施教育移民是因为：其一，达里雅博依人不愿意离开自己的家园，如果将他们的子女们迁到县城学校，人们为了离自己的孩子近一点有可能会同意搬迁；其二，如果达里雅博依人的孩子都能去县城上学，年轻的一代就可以从小接受现代教育，这样更容易融入新的环境、接受新的事物，以后也就不会回到偏僻闭塞的地方了。

在生态移民问题上，首先需要考虑的就是生态移民的必要性、可行性和有效性，即是否一定要生态移民。实施生态移民是否具有可行性，迁移后能否获得生态、经济和社会效益。大多数学者对生态移民的可行性和有效性进行了肯定，而也有一些学者提出生态移民可能会产生负面效应，如包智明、孟琳琳认为"由于不同地区的土壤、气候、水文、植被等条件存在较大的差异，因而对生态移民的可行性和有效性不能一概而论。在实施生态移民的过程中，要考虑到可能产生的意想不到的结果，及时调整政策以适应发展的需要"[①]。就一个特定的地区而言，生态移民的规划方案中必须考虑到环境、文化、经济与发展等诸多方面的因素。讨论生态移民的必要性及其效果，还要确定迁出地和迁入地的问题：迁出地的生态环境是否已经恶化到了非移民不可的地步；移民后迁出地的生态环境是否会有明显改善；迁移后是否会对迁入地造成新的生态问题；迁入地的发展是否具有可持续性等。

就达里雅博依乡目前的生态环境情况来看，虽然，20 世纪 50 年代后，达里雅博依绿洲部分河水流不到的草场已经干枯，无法满足牧民们的生计需求，但是水量丰沛或每年都有洪水漫过的草场仍可以维持牧民们的生计。

移民安置点在于田县英巴格乡，"英巴格"维吾尔语为"新园"之意，因该地区是近年新开垦地域，故名。英巴格乡政府驻地距于田县11.7 千米，地处塔克拉玛干沙漠南沿，属克里雅河冲积平原带，水资源较为丰富。此外，笔者在调查当中所获得的以下访谈资料，也能够为我们提供达里雅博依人生态移民迁入地和迁出地的具体情况及移民的有效性等

---

① 孟琳琳、包智明：《生态移民研究综述》，《中央民族大学学报》2004 年第 6 期。

方面的相关信息。

个案一：（阿布都拉·克热木，男，60 岁。1970 年至 1989
年此人一直是达里雅博依村的会计和村支书，1989 年成立乡政府
开始直到 2006 年期间，又担任了乡长和乡党委书记等职务。）社
会上流传着各种说法，有些人说，当地人一旦迁走，达里雅博依
就荒废了；又有的人说，只有将牧民都迁走，达里雅博依才可以
发展起来。但是实际上，如果这里没人住了，整个村子真的就会
变成废墟，达里雅博依一完，渐渐地于田县也会被黄沙埋了。甚
至影响到整个和田地区。如果沙漠化就照这种速度推进的话，最
终于田县的英巴格乡也保不住。一旦达里雅博依人走了，沙漠也
会跟着逼近，这是因为正是达里雅博依人悉心呵护的绿地和树木
一直以来起着防风固沙的作用。再来说说达里雅博依乡今后的发
展方向，有水这里才能发展，没有水源，虽然也可以发展，但是
不会长久。如果政府采取相应措施的话，还有可能挽救这里的生
态环境。有资金、有推土机，就可以修建堤坝引水浇灌草场，除
此之外还可以有效地利用洪水。克里雅河的河水近几年来一直都
从乡政府以上 12 千米的地方白白流入了西端的沙漠。如果有水，
只需两三年的时间就可以让第五、第六小队已经枯死了的草场起
死回生，牲畜也可以快速地繁衍起来。当地的牧民有些同意搬
迁，也有些不同意，人们在这里已经生活了几代人了，所以不可
能都愿意搬走。谁都爱自己的家乡，恋自己的出生地①。

个案二：（阿不都热夏提·木沙江，男，于田县文化局工作人
员）准备安置达里雅博依人的地方位于英巴格乡北部，是一块"文
革"时期开荒后又遗弃之地，土壤荒瘠。本来就不擅长务农的牧民
靠着这些土地维持生存是很难的。另外，达里雅博依的生存空间非常
广阔，人们住在宽敞的房屋里，养成了独特的心理特征。因此，搬入
新居后估计很难适应 80 多平方米狭隘的房屋。如果必须得搬迁的话，
将巴热克家族的人们安置在加依乡，台克家族的人安置在喀鲁克村，

---

① 2011 年 10 月 17 日笔者在达里雅博依乡的访谈记录。

与此同时，每户留一人在达里雅博依放牧，可能效果会好一些。因为这样一来，人和牲畜对环境造成的负担就不会那么重，而且还可以达到保护环境的目的①。

从以上第一个个案中我们可以了解到当地人在保护达里雅博依绿洲生态环境中发挥了重要的作用，想要改善达里雅博依的生态环境不能光靠生态移民的方法来解决，即使是将牧民都迁走，严重缺水同样会导致这片绿洲枯死，只有引入水源才是最终的解决办法。而第二个个案则涉及迁入地的发展是否具有可持续性问题，告诉我们达里雅博依人的迁入地的自然条件不太好，使人不由得开始担忧那里今后的发展情况。

根据是否政府主导，生态移民可分为自发性生态移民与政府主导生态移民两类。根据移民是否对迁移有决定权，他们可分为自愿性生态移民与非自愿性生态移民。达里雅博依乡的生态移民是由政府倡导的，有许多达里雅博依人并不情愿迁移，如：

个案一：（×××，男，50 岁，第五小队居民）现在我们这里沙漠化的情况已经非常严重了，沙漠已经逼到了我们家以下叫作"帕拉克马"（Palaxma）的地方。如果再这样下去的话，我们就不得不搬到上段的乡政府附近亲戚家的草场去了。但是我们都不愿意离开达里雅博依，这里已经具有几百年的历史了。三年前曾经登记过愿意迁往于田县城的家户，谁愿意搬谁可以搬走。这里只要有水情况就会好起来②。

个案二：（×××，男，42 岁，第三小队居民）政府可能觉得达里雅博依迟早会被黄沙掩埋，是没有什么发展前途的，因此为了改善我们的生活条件而决定生态移民。不错，在 2008 年、2009 年的时候，因为当地盛产的野生大芸枯竭，在一定程度上造成了经济滞后。但是从 2010 年开始，当地人又开始人工种植大芸，收入也很可观。除此之外，现在我们这里的很多人还深入沙漠腹地挖掘玉石，这也给

---

① 2011 年 10 月 31 日笔者在于田县的访谈记录。
② 2011 年 10 月 22 日笔者在达里雅博依乡的访谈记录。

人们带来了丰厚的利益。近几年我们的生活水平比起之前有了很大的提高，我认为我们在这里生活得很好，如果搬迁到别处，一切又得从零开始。在新的安置点没法养较多的牲畜，我们不愿离开我们的羊群。听说，计划 2015 年将达里雅博依的 250 户人家搬迁，先迁走 45 户，剩下的慢慢迁。搬迁到底是好还是不好，现在还不好说。我们就看看这第一批迁走的 45 户①。

个案三：（×××，男，50 岁，第三小队居民）虽说给我们盖好房子，但是我们还要生存啊！不能坐在房子里面什么都不干吧，每家只有几亩地怎么养羊啊？我们谁都不愿意离开我们的羊群。搬到安置点后连柴火都要掏钱买，到了冬天还要买煤，一吨煤也得六七百块钱。离城越近的地方花钱就越多，再加上达里雅博依是我们祖祖辈辈生活的家园，父母都葬在这里，我们怎么能离开呢！②

个案四：（×××，男，60 岁，第三小队居民）许多人说今年就要我们搬走，还听说今年开始在英巴格乡的下面给我们修房子了，我们都很担忧。多数人都不愿意搬迁，有些牲畜不多的 20%—30% 的人可能愿意搬。我知道，安置点没有适合放牧的大草场，我们祖祖辈辈都是以放牧为生的，不擅长种地。如果搬迁后的日子过得好了还可以，要不然的话我们的经济状况就会更差的③。

根据上述的个案，我们可以将达里雅博依人搬迁后可能所面临的问题归纳成以下几点：

首先，达里雅博依人最为担忧的是搬迁后如何适应新环境的问题。实际上，生态移民后移民者确实会遇到重新建设、重构文化之类的问题，适应新环境是一个长期的、艰苦的过程。达里雅博依人迁到农区后就要学会侍弄庄稼和果蔬。那里没有可以烤库麦其的沙子，因此人们就要学会烹饪其他的食物。搬迁定居后，还需要重组在特殊环境中建立的一些传统社交

---

① 2012 年 2 月 23 日笔者电话访谈记录。
② 2012 年 2 月 24 日笔者电话访谈记录。
③ 2012 年 2 月 24 日笔者电话访谈记录。

模式和调适风俗习惯。达里雅博依人在长期的生活实践当中积累的生存不可缺少的文化适应策略——生计技能、生活经验、社会组织和价值观等，在他们迁入新的环境后就会完全或部分丧失其有效性。所以他们需要重新具备可以适应新环境的文化适应策略。

其次，搬迁后的生计和生活质量的问题。在迁出地达里雅博依人拥有大面积的草场，"最少的也有1089亩，最多的人家拥有12879亩草场"①。虽然近几年来，有些牧民家的草场条件开始恶化，但是只要水资源丰富再投入一点资金就可以改善现状。人们还可以利用那里的有利条件采挖野生大芸或者种植大芸来增加收入，而从沙漠中找到的玉石也能卖钱。但是如果到了迁入地，每家只能分到几亩耕地和十几亩草场，只靠这些较为贫瘠的土地就可以保障达里雅博依人过上比以前好的日子吗？从以上的例子来看，牧民们最担心的就是这一点。

再次，生活开支的增加。在迁出地，达里雅博依人所使用的燃料是遍地枯死的胡杨树或者红柳枝，他们的许多生产和生活用具皆由胡杨制成，饲养牲畜所需的草料就是胡杨枝条，虽然这些生活方式给环境带来了一定的破坏，但却不用花费一分钱。沙漠中的饮用水虽然味道咸涩但也是免费的。当地因为供电不稳定，所以人们也省了买电器。但是如果搬迁到县城附近，生活必需的燃料——煤，就是首要的开支。这就增加了牧民们的生活开支。种地需要买肥料，要缴纳水费，还要购买一些必需的生产工具。迁入地虽然有甘甜的饮用水和较为稳定的电，但是也需要每月缴纳水费和电费。牧民觉得，如果靠微薄的土地挣得收入不能够满足这种相对较高的生活水平的话，倒不如继续留在达里雅博依乡保持现状。

最后，达里雅博依人移民后迁出地达里雅博依绿洲的生态环境是否会有明显改善。达里雅博依人所从事的畜牧业虽然在一定程度上对环境造成了破坏，但是对于达里雅博依人对当地的生态环境保护方面做出的贡献我们却不能视而不见。如果将达里雅博依人全部迁走，克里雅河中游地区的人们还在毫无节制地用水，最终会导致下游的流量逐年减少，这样就能达到保护达里雅博依的目的了吗？

应该肯定的一点是，对于达里雅博依人的生态移民问题来说，政府通过生态移民的计划能够提高牧民的生活水平和达到保护生态环境的目的的

① 于田县草原站提供的内部资料。

确是利民之举。不过还要注意的是"生态移民尽管作为一种经济行为出现，但是其内涵与外延不仅局限于经济行为。生态移民的实质是人与生态环境的关系调整问题。而人与生态环境关系的重新调整，必然牵扯到人民群众的当前社会利益和长远的可持续发展"①。因此，以上几点都是关于移民迁入地和迁出地的实际情况、迁入地今后的发展、移民的有效性、可行性等进行预测以及对迁移后可能面临的问题应有应对策略。在实施这项工作时，要更多地听取民意，向群众详细解释事情的性质。因为要被移民的正是这些民众，只有全面考虑以上所提及和还未提到的其他一些问题，才能够保证这项工作的顺利开展和达到提高人民的生活水平的目的。

三 环境保护、文化保护与可持续发展

在笔者看来，今天的达里雅博依人面临着三大考验：一是，如何遏制生态环境的恶化；二是，如何防止传统文化的衰落；三是，如何促进社会经济发展。在任何一个地区的生态移民规划方案中必须要考虑到环境、经济、发展和文化等诸多方面。笔者在达里雅博依乡的调查中深刻体会到，在生态移民问题上，政府的主要精力都集中在如何改善人们的经济生活上，而很少关注当地的环境和人文体系的保护问题。其实，保护达里雅博依绿洲的生态环境和当地人的文化同样具有重要的生态、经济和社会效益。这一点已被国内外学者普遍认同。

从生态效益来看，达里雅博依是当今塔克拉玛干沙漠深处面积最大的一块绿洲，对于该绿洲的生态作用，20 世纪 80 年代末在这里进行考察的新疆克里雅河及塔克拉玛干科学探险考察队评价说："这块绿洲伸入沙漠200 多千米，处于浩瀚的沙漠腹地，生长在这里的胡杨及其他种数不多的荒漠植物，抵御着沙漠无休止的进攻，维持着绿洲一派欣欣向荣的景观。同时达里雅博依绿洲的存在与发展又有力地阻止沙漠的南移，保护了于田绿洲。可以认为达里雅博依绿洲是于田县与风沙博斗的前沿阵地，它存在

---

① 任国英：《内蒙古鄂托克旗生态移民的人类学思考》，《黑龙江民族丛刊》2005 年第 5 期。

和发展，都是与于田绿洲的前途、命运息息相关的。"① 据于田县林业局提供的资料，于田县国家级公益林②面积为711770亩，其中达里雅博依乡的公益林面积493858亩，占全县公益林总面积的69.39%。总而言之，达里雅博依绿洲不光有着保护于田县生态环境的重要作用，而且在维持整个和田地区的生态平衡方面意义重大。另外，作为达里雅博依绿洲居民的达里雅博依人在保护该绿洲的生态环境方面能够起到一定的积极作用。

　　个案一：一位达里雅博依乡护林站工作人员关于当前的胡杨林保护状况解释说：达里雅博依的林地面积有777000亩。其中需要保护的有490000亩，340000亩地有拨专款派专人看管，150000亩地按需看管。这里所有的林地只有5个人看管。2007年、2008年两年，护林人员一直都是步行巡管，最近两年护林人员才自备了摩托车。虽然条件很艰苦，但是护林人员为了保护环境，为了祖国的沙漠绿化事业贡献自己的一分力量，都无怨无悔。2007年前所有护林人员共有34人，每人负责看管10000亩地。但是2007年9月17日被抽调到县里，后来其他人也陆陆续续调走了。2010年一部分人因为不愿意待在这个偏僻的地方而被调到了苗圃。2011年整个护林站只剩下五人，其中四人为本地人，一人为县里人③。

　　个案二：在调查当中碰到的几位牧民反映：护林人员只负责监督有没有人偷砍胡杨，才不会引水浇灌胡杨林。这算哪门子的保护？浇灌胡杨林还要靠我们当地人④。

　　虽然达里雅博依人所从事的生计方式和一些生活习惯对生态环境造成了一定的破坏，但是正如在之前章节中讲到的那样，达里雅博依人在

① 新疆克里雅河及塔克拉玛干科学探险考察队：《克里雅河及塔克拉玛干科学探险考察报告》，中国科学技术出版社1991年版，第62页。
② 生态公益林：根据生态重点性登记和生态脆弱性登记两个指标而区划出的为维护和改善生态环境、保持生态平衡、保护生物多样性等满足人类社会的生态、社会需求和可持续发展为主体功能，主要提供公益性、社会性产品或服务的森林、林木、林地。
③ 2011年10月18日笔者在达里雅博依乡的访谈记录。
④ 参见笔者2011年9月29日笔者在达里雅博依乡的访谈记录。

保护环境方面做出的贡献也是不可忽视的。例如，浇灌胡杨林、培育胡杨林等。在人手和资金都严重缺乏的情况下，如果对当地的人力资源和当地人的积极性加以利用的话，将会可以促进达里雅博依乡的生态环境的改善。

从经济效益来看，第一，达里雅博依乡境内有大片的红柳灌丛，这可以为发展大芸种植提供良好的条件。大芸是寄生于红柳等野生植物根部的一种名贵药用植物，只要将达里雅博依的这些有利条件利用起来，就可以获得经济价值。第二，作为一个坐落在塔克拉玛干大沙漠深处的村庄，达里雅博依乡拥有沙漠、绿洲、丛林、湖泊、河流以及各种沙生动植物等干旱地区特有的自然景观，尤其是千姿百态的原始胡杨林和沙丘风景最为独特。境内与其周边还有圆沙古城遗址、喀拉墩古城遗址、马坚里克遗址和丹丹乌里克遗址等国家级和自治区级历史遗迹。此外，生活在这片沙漠绿洲上的维吾尔族人具有古朴、独特的民俗民风。无论是当地的自然风景还是人文景观都具有较高的旅游开发价值。因此，开发沙漠旅游和沙漠探险对达里雅博依来说也是一项很有发展前景的产业。第三，达里雅博依乡能够为正在进行的和将要进行的塔克拉玛干沙漠石油资源的勘探与开发提供一条安全而便捷的通道，并能够为未来的沙漠大油田就近解决一部分饮水、肉食和其他物资的供应。

图6-3 达里雅博依乡的旅游资源：千姿百态的沙丘和原始胡杨林

从社会效益来看，正如1986年在达里雅博依绿洲进行考察的中德昆仑山和塔克拉玛干探险考察人员强调的那样，"这一三角洲地区不仅是自然界的历史遗产，而且也是各种生物的宝库，它可以被称为是观察环境演变的信息库，是自然的实验室和博物馆。达里雅博依具有作为科考点和旅游点的潜力，这里是包括各种生态模式的一个处女地，也是进入塔克拉玛干沙漠中心的一条通道"①。除此之外，达里雅博依绿洲属于克里雅河流域古代文明圈，在当地保留了许多文明遗址，具有一定的考古研究意义。有位学者关于爱斯基摩人写道："爱斯基摩文化给我们提供了观察冰河时代生活模式的最好机会。这是因为爱斯基摩人生活的气候环境和冰河时期很相似，他们的社会发展还滞留在石器时代。而且，他们的生活方式也比其他任何民族更加显著地说明了，人类为了解决生存问题，是怎样运用和施展自己的聪明才智。"② 同样，达里雅博依人也展示了人类适应另一种极端环境——沙漠的智慧与技能。此外，前面已经谈到，达里雅博依人的传统文化是在一个相对封闭的状态下形成和发展起来的。这种现象从人类学的角度，向人们提供了封闭的人类社会群体的生产生活、婚姻家庭、社会关系、艺术发展方面所具有的典型例子。根据笔者的调查研究来看，关于达里雅博依人及其文化，有许多值得研究的东西，以下所列诸项都极富研究价值。

1. 达里雅博依人的历史渊源。
2. 达里雅博依人的体质特征。
3. 达里雅博依人的饮食、营养与疾病。
4. 达里雅博依人牲畜分类、饲养以及管理方法和技术。
5. 达里雅博依人的血缘关系、婚姻家庭与家族。
6. 达里雅博依人的传统伦理观念。
7. 沙漠植被的分类和利用知识。
8. 达里雅博依人的语言与文化和环境的关系。
9. 达里雅博依的地名与生态环境演变研究。
10. 达里雅博依人的社会文化变迁研究。

综上所述，保护达里雅博依人的生存环境及其文化具有重大的生态意

---

① Dieter Jäkel, Ju Zhenda, *Reports on the 1986 Sino - German Kunlunshan Tankimakan Expedition*, Kartenbeilage, Berlin: Casellschaft fur Erdkunde zu Berlin, China: Xi'an Cartographic, 1989, pp. 110 - 111.

② ［美］爱德华·韦尔：《当代原始民族》，刘达成、杨兴永编译，四川民族出版社1989年版，第34页。

义、较高的经济效益和重要的社会价值。

从上述诸方面可以看出,达里雅博依绿洲和达里雅博依人都具有很大的发展空间。既然如此,那么,生态移民为何还被视为达里雅博依人最后的出路?在笔者看来,将达里雅博依人全部迁走并不能标本兼治。通过这种方法将来很难取得保护生态环境、保护当地独特的文化和促进经济发展等多赢的成效。因为,生态移民首先会导致达里雅博依人独特的沙漠绿洲文化的消失。"生态移民这一旨在保护环境、促进经济发展的政策必然导致移民人口的生产生活方式以及与此相关联的社会结构和文化习俗发生变化。无论采用什么样的移民方式,这种变化是很难避免的。"① 不过在这里我们也不能为了避免社会文化发生变化、为了文化保护,而反对必要的生态移民。因为文化的性质就是发展变化的,没有一种文化从古到今完全不变,"文化保护"并不意味着让文化永远不变。不过,就达里雅博依人而言,他们的生存环境仍然具有发展空间,文化财富也具有很高的旅游开发价值,实施后即可获得经济效益,从而达到提高人民生活水平的目的。达里雅博依绿洲虽然现在面临着生态危机,但是具有相当大的发展潜力,在以保护和改善绿洲生态环境为目的的前提下,进行适度的开发和发展也离不开一定数量的当地人。因此,笔者认为,在将一部分牧民迁走的同时,在当地留下一些居民,应该是解决问题较为合适的举措。像达里雅博依人这样生活在极为脆弱的干旱地区的人类群体的可持续发展应该注意的一点是,人口与环境承载力的平衡关系,人口规模和密度与可利用资源之间的和谐关系。为此就应该将超出环境负载力的人口迁走,通过这种方法保持人与生态环境之间的平衡关系。这种移民应该以将愿意搬迁的人迁走为主,同时留下符合环境承受能力的一部分居民。

在达里雅博依乡的未来发展中,为了达到环境保护、文化传承和促进经济发展的共赢的目的,必须有机协调人口增加、资源开发、经济发展和环境保护之间的关系。鉴于此,笔者建议:

第一,保障达里雅博依绿洲需要的水量的供给。

如上所述,克里雅河中游农业绿洲人口增加、灌溉面积扩大和大量的水资源不合理使用所引起的下游水量的锐减是导致达里雅博依乡生态危机

---

① 包智明:《从多元、整体视角看西部的生态与文化保护》,《中国社会科学报》2010 年 4 月 13 日第 11 版。

的主要原因，也是目前制约着达里雅博依乡经济发展的因素。水资源是达里雅博依绿洲的生态保护，环境改善和达里雅博依乡经济发展的生命线。因此，中游农业绿洲合理、节约和高效利用水资源是维护达里雅博依乡生态环境和促进可持续发展的主要措施。要解决达里雅博依乡的生态环境问题首先以发展的眼光进行全盘考虑，把整个克里雅河流域看作一个整体，进行统一规划、统一管理、统一调控。要合理分配上中游与下游之间的用水比例。控制克里雅河上中游绿洲地区人口增长，改革水利管理体制，改变农业粗放灌溉方式，发展节水型农业。相关政府部门的参与和听取专家的意见建议，以提高水资源的利用率，保证达里雅博依绿洲每年需要的水量的供给。

第二，控制人口增长，实行自愿性生态移民。

达里雅博依乡地广人稀，人口密度很低，但沙漠绿洲生态系统的脆弱性，需要控制人口增长，这一点也关系到当地的环境保护和社会发展。从人口发展情况来看，达里雅博依地区的人口1949年为310人，1988年增长到832人，2011年增至1397人。随着人口的高速增长，也加快了畜牧业的增长。该乡1958年有牲畜12000头，1990年为28526头，加大了对自然环境的承载压力。因此，应有计划地迁出愿意搬迁的牧户及他们的牲畜到中游，实现牧民定居，减轻沙漠草场的压力，促进恢复生态环境平衡和改善牧民的生活。

第三，调整产业结构，提高生产经营的经济效益和生态效益。

逐渐调整达里雅博依人以畜牧业为主的传统生产方式，发展人工大芸种植业、手工业及旅游业等产业。

1. 发展大芸种植业。充分利用达里博依乡特殊的资源优势，重点发展社会、生态、经济效益并举的人工大芸产业。达里雅博依乡有丰富的野生红柳、大芸等沙漠植物资源，有很大的生态作用。作为宝贵的药用植物，大芸还有较高的经济价值。在有效保护生态环境的同时，积极发挥该乡特殊的地理环境，使大芸产业逐步成为该乡经济增长和牧民脱贫致富的一个突破口。

2. 发展手工业。达里雅博依人的经济生产以畜牧业为主，这为发展织毯业、制毡业和缝纫业等民间工艺的发展提供了较好的条件。将毛毯、毛毡与独具特色的民族服装等手工艺品投入市场对提高牧民的经济收入有一定的帮助。

3. 发展旅游业。达里雅博依乡坐落于塔克拉玛干沙漠深处，有神秘的沙漠景观、千姿百态的原始胡杨林、国家级和自治区级历史文物及古朴神奇的民俗风情，旅游开发潜力很大。全面开发达里雅博依乡独具特色的旅游资源，尤其是开发当地的文化资源，围绕旅游业"吃、住、行、购、娱"五大要素，发展相关第三产业，有力地促进该乡经济的全面发展。

此外，畜牧业要调整畜种结构，适当发展养驼产业，以适应旅游业。

第四，重视基础设施建设。

争取项目资金和依靠相关部门的资助，大力发展达里雅博依乡的水利、电力、交通和教育等各项事业。首先，依靠上级对口帮扶部门的援助，改善水利系统，解决人畜饮水和灌溉沙漠草场问题。因财力不足，每年达里雅博依乡的洪水资源得不到充分的利用和合理的治理，使得最宝贵的水资源被浪费。通过加强水利建设，高效利用水资源，改善生态环境和促进牧业、林业、大芸种植业的发展。其次，充分利用光热资源，进一步强化电力，终止供电不稳定的状况，从而利用地下水资源，解决人畜饮水问题并实现每户牧民开垦一片菜地。再次，积极发展教育文化事业，扩大广播电视覆盖率，提高牧民的文化水平，普及畜牧业、林业科学技术和环境保护知识。最后，加强公路建设，改善交通条件，为当地人的生产和生活创造便利条件。通过这些逐步夯实达里雅博依乡的发展基础。

第五，加强胡杨林管理。

达里雅博依乡的天然胡杨林是塔克拉玛干沙漠中最长的一条绿色屏障。它不但对整个克里雅河下游地区的生态平衡极为重要，而且对于田县在内的整个和田地区的生态安全具有不可估量的作用。因此，应加强胡杨林管理工作。（1）杜绝相关护林部门只负责监督当地人的偷砍胡杨行为，而不重视引水灌溉胡杨林及采取实际措施保护胡杨林的现象。拨足够的资金派专人强调胡杨林的管理。（2）改变以防牧民乱砍滥伐不允许牧民胡杨修枝的不合理政策，牧民中普及科学的修枝技术，以防因不修野枝导致胡杨林大片枯死。（3）达里雅博依乡应以维护生态平衡为主，积极发展林业，促进绿洲植被向良性方向发展。通过积极发挥牧民"营造胡杨园林"的优良传统，恢复乡境内从巴格吉格代到叶音70多千米的河岸荒漠植被严禁砍伐和樵采而退化的胡杨林，扩大胡杨林面积。此外，种植沙枣、红枣等符合当地自然条件的果树，调整牧民的饮食结构。（4）改变严禁乱砍滥伐，改变牧民粗放型砍伐胡杨放牧的方式，有计划轮牧，改善沙漠植被保护生态环境的作用。

第六，建立达里雅博依乡"自然保护区"和"民俗文化保护村"。

建立以达里雅博依乡为中心的沙漠生态环境保护区和民俗文化保护点，着重保护沙漠绿洲、历史文物和地方文化等。其目的在于通过建立保护区管理达里雅博依沙漠腹地绿洲，使之能够起到对达里雅博乡的生态环境及沙漠绿洲文化更为有效的保护。

综上所述，水资源短缺是达里雅博依乡可持续发展的主要的限制因素，生态环境的改善是达里雅博依乡可持续发展的先决条件，沙漠药用植物种植业和旅游业是达里雅博依乡可持续发展的优势产业。只有在高效利用水资源的前提下，以恢复及改善生态环境为基础，科学地开发和充分利用当地的自然资源和文化资源，才能实现社会、经济、生态等综合效益为一体的可持续发展。

第二节　沙漠绿洲文化与环境关系的人类学思考

本书以新疆塔里木盆地这一典型的干旱地区中的人类文化适应为研究主题，以生活在该盆地中部塔克拉玛干沙漠腹地的达里雅博依绿洲维吾尔族人为个案，将其置于20世纪初期至目前的一个世纪的时段内进行讨论。在此过程中，我们把达里雅博依人的社会文化放在动态的历史过程来考察，试图解释沙漠干旱地区的人与环境、文化与环境之间的互动关系。

一　沙漠绿洲文化：干旱地区中的特殊生态适应

适应是生态人类学用来解释人类文化形态最为有效的术语。从适应的层次来看，人类对环境的适应包括生理适应、遗传适应和文化适应。其中最关键、最有效的便是文化适应。这是因为"人类越来越多地依赖文化的调适。例如，虽然生物学没有为他们提供天生的毛皮，在寒冷的气候中保护身体，但是生物学为他们提供了制作衣服、取火、建造房屋的能力。不仅如此，文化还能够利用各种各样的环境。借助文化手段支配环境，人们已能够进入北极和撒哈拉沙漠，而且甚至能登上月球。通过文化，人类已不仅保证了其生存，也保证了其扩张"①。文化是人用以生存和发展的一整套手段，是用来与其所居环境建立互利关系的媒介。"文化是人类适应环境的最重要的工具，是一种特殊形式的适应过程。"②

生态人类学一般认为文化是特定环境条件下适应和改造环境的产物。同样，达里雅博依人的绿洲文化是适应其所处特殊的自然生态环境和社会文化环境的产物。对塔克拉玛干沙漠地区这种可利用自然资源缺乏、生态区位偏僻、地广人少、少有其他文化影响的特殊环境的适应，形成了达里雅博依人以畜牧业为主的生产方式，并由此形成了与之相适应的物质文化、社会组织和精神文化。

应该指出，达里雅博依人对环境的适应绝不是那些环境决定论意义上的被动适应，而是一种动态的适应，也是创造性的适应过程。生态人类学中，"适应"意味着环境对人类活动的限制以及人类群体对环境的利用的可能性。在生态适应过程中，任何一个地方群体首先从所处的自然环境出发，创造出与生产生活相关的经济文化，结合经济文化的实践，又逐渐形成与之配套的社会组织、思想观念等。无论生计方式，还是由此衍生的居住方式、人际关系、社会组织、风俗习惯、思想观念等，都是人类面对生存环境做出的文化选择。这些文化选择，既受到人们所处环境的影响和制约，也是人们创造性适应生态环境的结果。

就达里雅博依人而言，这种创造性适应首先在他们的传统畜牧经济中体现得尤为突出。达里雅博依人只有保持流动的和分散的生活方式才能够比较有效地利用沙漠环境有限的水资源和其他自然资源，同时能够保持人与环境之间平衡的互动关系。"资源的性质和分布是决定适应方式的主要制约性因素"③，分散性和流动性是他们有效地适应资源缺乏及分布不均衡的内陆沙漠环境的一种特定的文化策略。这就是达里雅博依人能够在世界极端干旱的地区之一——塔克拉玛干沙漠腹地得以生存至今的奥秘。达里雅博依人的传统饮食、服饰、住宅、工具文化等均充分体现出他们与其

① ［美］威廉·A.哈维兰：《文化人类学》，瞿铁鹏、张钰译，上海社会科学院出版社2005年版，第52页。

② Yehudi A. Cohen, *Man in Adaptation*：*The Cultural Present*, Chicago：Aldine Publishing Company, 1968, p.42.

③ Edited by Eric Alden Smith, Bruce Winterhalder, *Evolutionary Ecology and Human Behavior*, Newyork：Aldine De Gruyter, 1992, p.167.

特有的生存环境之间的互动关系。

　　一般来讲，人类对特定环境的文化适应包括生产技术、社会制度和思想观念等方面的行为适应。人作为文化的社会存在，以文化为媒介适应环境是其适应的最高境界。达里雅博依人对环境的适应远远没有停留在经济生活方式的物质层面上，这种适应进一步体现在了他们与这种经济生活相适应的社会组织、思想观念等文化的不同层面上。

　　达里雅博依人的畜牧业生产和流动分散的生活方式，在很大程度上使他们选择以个别的家庭为主要社会组织形式。散居的家庭组织既是他们的主要生产单位和社会单位，又是他们的生态适应单位。热情好客则是达里雅博依人在分散的生活方式和游牧的生计方式的影响下形成的一种传统的道德品质。此外，他们以合作和互助为主要内容的本群体内社会关系、以近亲婚姻为主的本群体内部的通婚习俗以及"与自然和睦相处"的生态观等这些独特的文化行为，说到底，都是对他们特有的生存环境适应的结果。

　　达里雅博依人对环境的创造性适应还具体表现在他们所采用的适应方式上。在文化人类学中，对于适应的途径，学者们有不同的看法。如佛德（Forde）认为："虽然文化本身不是静态的，也会因物质条件而调适与修正，但这不足以遮掩一项事实，即适应是经由各种发明和发现而进行的。"[1] E. A. 史密斯说："人类将依靠文化当作一种适应手段。可以肯定的是，人类的有些差异是遗传适应的结果。像大多数其他动物一样，我们也通过学习而适应。与动物不同的是，人类通过模仿、学习和其他形式的'文化传播'从其他同种物中获得与适应相关的大量的信息。"[2] 正如以上学者指出的那样，人类文化适应的主要途径有发明、发现、创新、学习、传播等，但是这些适应途径在不同的社会群体文化适应过程中发挥的作用会有所不同。这有待我们根据研究群体的具体情况来进行判断和解释。关于这一点，埃米利奥·F. 莫兰强调"有了多种途径的辅助，人类的适应能力会大大增加。在思想和信息交流比较缺乏的环境下，人类会发明出新

---

　　① 转引自［美］史徒华《文化变迁的理论》，张恭启译，台北：远流出版事业股份有限公司1989年版，第43页。

　　② Edited by Eric Alden Smith, Bruce Winterhalder, *Evolutionary Ecology and Human Behavior*, New York: Aldine De Gruyter, 1992, p. 61.

的适应策略"①。他的这一看法一定程度上适合于长期处于相当封闭状态的达里雅博依人的实际情况。达里雅博依人所具有的有些特殊的畜牧习惯、独特的胡杨文化和独具特色的地方知识都可以作为此观点有力的佐证。

简而言之，在达里雅博依人传统文化形成过程中不能忽略历史因素的作用。达里雅博依人在三四百年前从塔克拉玛干沙漠边缘的绿洲迁移到了塔克拉玛干腹地的绿洲上来，并在这里创造了与当地环境相适应的畜牧文化。也就是说，他们从早先的农民变成了如今的牧民，这也是他们以新方式适应了新环境的结果。本书中达里雅博依人创造的绿洲文化被称为"沙漠绿洲文化"，以区别于沙漠边缘的其他绿洲文化。

二 沙漠绿洲文化的生态特征

文化生态学从文化生态适应的角度理解特定文化的起源及文化类型之间的差别。斯图尔德认为"不同的文化具有其独特的起源、历史与生态适应，造成了不同的形貌与要素内容。文化类型应被视为诸核心特质的集合，这些特质因环境的适应而形成"②。从文化生态学的观点来看，达里雅博依人的文化具有以下几个基本特点：

（一）沙漠绿洲文化的地域性

从达里雅博依人传统文化自身的特点来看，如果了解了作为达里雅博依人的社会文化形成土壤的地理空间，我们不难看出其浓厚的地域性。沙漠腹地天然绿洲的特殊地理位置和特有的环境资源以及相对封闭的社会环境是达里雅博依人能够形成不同于世界其他干旱地区，甚至不同于其所在的塔里木盆地这一干旱地区的其他任何一个群体文化的沙漠绿洲文化的前提条件，这一点是毋庸置疑的。这种特殊的环境是达里雅博依人传统文化地方化的自然基础。

文化生态学一般认为文化之间的差异是由社会与环境相互影响的特殊

---

① Emilio F. Moran, *Human Adaptability: An Introduction to Ecological Anthropology*, Boulder, Colorado: Westview Press, 2000, p. 8.

② ［美］史徒华：《文化变迁的理论》，张恭启译，台北：远流出版事业股份有限公司1989年版，第52、119页。

过程所引起的，"环境可能差异到一个地步以至于文化适应不得不有所差异"①。这里所提到的环境差异是指地形、土壤、气候、水文、植物、动物和人群等诸多环境因素的差异，也是指每一种环境因素内部的差异，如植物资源的种类、数量、质量、性质、分布、波动和可靠性等不同方面的具体差异等。笔者认为这里的环境因素差异应该不仅包括自然环境因素的差异，而且还包括社会环境的差异。作为文化适应对象的环境差异也会导致人类所要采取的文化适应策略的差异，即会使人类使用不同的技术，构成不同的社会组织和形成不同的信仰观念等。这有助于我们去了解人类文化之间的差异，即为什么在相似或相同的区域中人们会采用完全不同的方式，或者不同的区域中采用相同的方式。理查德·B.李以下的叙述可以证明这一点："现在生存在不适宜农耕和放牧的北极、热带雨林和干旱沙漠地区的人们大都以狩猎采集为生，这可以说是一个共律。人类群体在这类恶劣的环境中以极为特殊的适应方式生存着，都具有相同的经济基础，而且其中许多群体在社会组织方面也拥有共同点。但是从其他方面来看，环境及其造就的生计方式的差异，如他们的生计方式是以狩猎为主还是以采集为主，形成了这些群体之间的不同。"②

环境因素的差异还能够解释干旱地区人类文化生态适应的多样性。从世界各干旱地区人类群体的生计方式来看，动植物资源种类繁多的南非卡拉哈里沙漠地区的布须曼人和植物资源丰富的澳大利亚的土著人以采集狩猎作为主要的取食手段；而北非撒哈拉沙漠的图阿雷格人和阿拉伯半岛的贝都因人则靠游牧业为生。

就达里雅博依人而言，独特的沙漠绿洲文化是他们适应历史上所在特殊环境的结果。它展示出了干旱地区文化适应的多样性。同时也体现了塔里木盆地干旱地区绿洲文化的多样性和维吾尔族文化的地域性。我们可以按照生产方式的不同，将塔里木盆地干旱区的绿洲文化分为四个类型。一是绿洲农耕型。其分布面积广，塔里木盆地的绝大多数绿洲即塔克拉玛干沙漠边缘绿洲的文化都属于这一类型。二是绿洲畜牧型。主

① ［美］史徒华：《文化变迁的理论》，张恭启译，台北：远流出版事业股份有限公司 1989 年版，第 47 页。

② Edited by Richard B., Lee and Irven DeVore, *Kalahari Hunter-Gatherers: Studies of the ! Kung San and Their Neighbors*, Harvard University Press, 1976, pp. 113–114.

要分布在塔克拉玛干沙漠腹地的自然绿洲上，目前位于塔克拉玛干沙漠
深处的自然绿洲为数不多，达里雅博依维吾尔族人的文化属于这一类
型。三是绿洲渔猎型。它是指塔里木盆地东部罗布泊地区的罗布人的文
化。四是绿洲耕牧型。属于这一类型的主要是地处塔克拉玛干沙漠深处
的民丰县安迪尔乡亚通古斯村和萨勒于则克乡喀帕克阿欺坎村维吾尔
族人。

图 6 - 4　沙漠绿洲文化的地域性：半耕半牧的亚通古斯村人

　　达里雅博依人与其他绿洲维吾尔族文化上的差异不仅体现在生产方式
方面，而且在文化的其他层面也有所表现，如婚姻和丧葬习俗、地方性知
识、社会组织形式等。此外，达里雅博依人的文化甚至与以畜牧业为主的
亚通古斯维吾尔人也有差别。这两个社会群体都将塔克拉玛干沙漠腹地的
绿洲作为自己的生存家园，都以畜牧业为生。但是这两个群体在生计环境
上的差异也给各自的生产方式带来了不同，比如，亚通古斯人以农业为
副业。

　　如前所述，由于地处沙漠腹地，达里雅博依人赖以生存的绿洲就像大
海中的孤岛。因此他们长期以来一直处于相当与世隔绝的状态。自然环境
导致的这种社会生活环境使他们的文化得以原汁原味地保留。同时，封闭
状态在使达里雅博依文化具有浓郁的地方色彩方面也发挥了极其关键的作
用。关于卡拉哈里沙漠中桑人的研究中，理查德·B. 李这样写道："卡拉
哈里沙漠 Dobe 地区有着不太适合人类生存的自然环境，这就使得桑人免

于被外人打扰和同化。"① 从中可见，社会环境的差异也能够解释文化适应的差异。

笔者认为，在塔里木盆地中，沙漠腹地绿洲达里雅博依维吾尔族人的畜牧文化和沙漠边缘绿洲维吾尔族的农耕文化，是同一民族在有一定差异的干旱区环境中所形成的不同类型的绿洲文化。从这样的观点出发，造成两者之间的差异，除了有历史因素外，就是生态环境和文化适应上差异的原因。

综上所述，"每个区域都是一枚反映本地区民族的徽章"②，而"每一种文化都具有独一无二的环境"③。

（二）沙漠绿洲文化的简单性

简单性是达里雅博依人这一群体社会文化的另一显著的特征，具体表现在生计方式的单一性、生产技术的简单性、社会组织形式的单一性以及物质消费的简单性等方面。达里雅博依维吾尔族人传统文化所具有的简单文化特点直接根源于他们所在环境的影响。这里的"环境"存在两个维度：自然生态环境和社会文化环境。由于达里雅博依人的生存空间处于内陆沙漠的深处一带，生态区位偏僻，自然条件极为恶劣，可利用的自然资源缺少，其他社会群体文化的影响极为微弱。这些客观条件在很大程度上决定了达里雅博依人社会文化的简单性和原始性。正如江帆指出，"资源的丰厚或贫瘠，将在很大程度上限制和影响人类的发展即文化的创造"④，首先，达里雅博依人拥有的自然资源的缺乏导致了他们生计方式的单一性；可利用资源的性质和分布以及所选择的生计方式，促使他们形成了以散居的个别家庭为主的单一的社会组织模式；畜牧业生产及产品的单一性导致了物质生活消费的简单性。其次，达里雅博依人长期以来一直处于相对封闭的状态，很难接触各种有利于提高自身适应能力的社会信息，自然无法提高自身文化体系的灵活性。这同样也限制了他们文化的适应机会和

---

① Daniel G. Bates, Fred Plog, *Human Adaptive Strategies*, New York: McGraw-Hill, 1991, p. 43.

② ［英］麦克·克朗：《文化地理学》，杨淑华、宋慧敏译，南京大学出版社 2003 年版，第 14 页。

③ Yehudi A. Cohen, *Man in Adaptation*, *the Cultural Present*, Chicago: Aldine Publishing Company, 1968, p. 48.

④ 江帆：《生态民俗学》，黑龙江人民出版社 2003 年版，第 52 页。

适应限度。

(三) 沙漠绿洲文化的脆弱性

作为典型的沙漠绿洲文化，达里雅博依人的传统文化较为脆弱，这种特点首先与该文化的生存空间——沙漠干旱地区脆弱的环境有密切的关系。在塔克拉玛干沙漠深处生存的达里雅博依人面对的自然环境十分恶劣，生态环境极为脆弱。虽然人与绿洲、绿洲与河流、河流与人之间形成了一种相对的平衡关系，然而，在干旱区极为脆弱的生态环境中，人与环境的关系也是脆弱的。无论是人为的因素还是自然的因素，一旦打破这种平衡关系，传统文化的存在将面临危机。其次，达里雅博依人传统文化的脆弱性，在某种程度上，也与上述的文化特征——简单性息息相关。"简单的文化比高级的文化更容易受到环境的制约"①，达里雅博依人简单文化的最大特点在于他们对所处环境的绝对依赖性。这种依赖性首先在他们的生产方式中突出地体现了出来。当地人的畜牧业完全依靠大自然，带有"靠天吃饭"的性质，这自然而然地使得他们的生计方式具有了脆弱性。对自然环境的高度依赖和生产方式的脆弱性使他们的生存状态变得岌岌可危。

简而言之，达里雅博依人传统文化的特质是在他们特殊的生态适应过程中形成的。

三 沙漠绿洲文化的生存与生态环境

应当看到，人类正是通过文化这一媒介使自己具有了很强的适应环境的能力。人类是地球上分布最广的生物，这同样证明了人类比其他生物具有强大的适应能力。

从生态学的角度来看，"生物与环境的关系，集中体现在环境对生物的生态作用。生物对环境的生态适应以及生物对环境的改造作用有几个方面：一方面，生物的生存和它周围的环境有着密切的关系。生物在整个生命过程中，一刻也离不开它的生存环境。生物要从环境中获得生存所需的物质，环境能对生物的整个生存过程和生长发育状态产生影响，这就是环境对生物的生态作用。另一方面，环境的变化必然影响生存于其中的生

---

① ［美］史徒华：《文化变迁的理论》，张恭启译，台北：远流出版事业股份有限公司1989年版，第49页。

物。在一定范围内，生物适应环境的变化会在形态、结构、行为等方面反映出来，这就是生物的生态适应。但是，生物的这种适应范围是有限度的，环境变化超过了一定的限度，就会影响生物的正常生活，甚至导致其死亡"①。在某种意义上，人也不例外。

环境是人类社会存在和发展的前提，也是文化形成和发展的基础。回顾人类历史，可以发现所有的文化都是在特定的环境基础上形成的，而许多古代文明的消失也与环境有直接的关系。正如王如松指出："在因生态原因而消亡的古文明中古巴比伦的衰亡是最生动不过的了。"② 同样的例子，我国塔里木盆地的塔克拉玛干沙漠地区也可以找出许多。

塔克拉玛干沙漠中究竟有多少古绿洲文明的遗址，没有一个人能说得清楚。从 19 世纪末期开始，斯文·赫定和斯坦因等外国探险家陆续发现楼兰遗址和尼雅遗址以来近 100 年的时间中，不断有关于塔克拉玛干沙漠古老文明的新发现。至于其消失的原因，长期以来从事新疆生态环境研究的胡文康这样认为："据考察研究，不同的遗址有不同的演变原因，归纳起来大致有五类：一类是因河流的改道，使人们失去生存的水源，如克里雅河下游喀拉墩、马坚里克等遗址的废弃；一类是因战火烽烟骤起，人们仓促撤离，如尼雅河下游的尼雅遗址；一类是人类社会力量作用，两军对垒的破坏，造成绿洲的迁移，如安迪尔河下游的唐代吐火罗古国遗址、瓦石峡河的瓦石峡遗址和古米兰绿洲等；一类是社会、自然因素的综合作用，如丝路中心的旁移加上河流的改道，属于这类的有著名的楼兰遗址；最后一类是盐碱化危害的日趋严重，主要发生在盆地北缘，如轮台县南迪那尔河流域的'唐王城'等汉唐屯垦遗址。"③ 上述提到的五大原因中，有三项与生态环境有关。自然因素或人为因素造成的生态环境的严重恶化，即绿洲沙漠化是塔克拉玛干沙漠古代绿洲文明衰落的主要原因。

从干旱地区生态环境的特点来看，绿洲和荒漠是干旱地区的孪生产物，在自然、人文多种因素叠加影响下，可以互为演变，具有双向性。绿洲寄寓于荒漠之中。随着气候变化，河流改道，加之人为不合理开发利

---

① 王如松、周鸿：《人与生态学》，云南人民出版社 2004 年版，第 78 页。
② 同上书，第 37 页。
③ 胡文康：《走进塔克拉玛干》，新疆人民出版社 2000 年版，第 155 页。

用，自然灾难的加剧，水源枯竭，使绿洲的土地很容易转向沙漠化、盐渍化、贫瘠化，绿洲由兴盛走向衰落。"沙漠绿洲化是相对的，非长期的；绿洲沙漠化是绝对的，长期的。这就确定了绿洲生态系统本身的脆弱性，改造建设绿洲的艰巨性和长期性。"① 塔克拉玛干沙漠的不断延伸，以及世界有些地区的沙漠化都是这一观点的有力证据。相关研究成果表明，"过去 2000 年以来，在塔克拉玛干沙漠周边形成了 28266 平方千米的沙化土地。其中 8564 平方千米是近 100 年来形成的，占总面积的 30.3%。新形成的这些沙化土地，44.82% 的沙化土地是因没能关注保护环境，40.05% 的土地与水资源的利用的不合理有关系，15.13% 的沙漠地是沙丘移动导致的"②。

图 6-5　达里雅博依乡境内的喀拉墩遗址

　　从人类学的角度去分析塔克拉玛干沙漠古绿洲文明消失的原因，在生态环境极为脆弱的干旱地区，当环境恶化时，人与环境的平衡关系会遭到破坏，地方群体将失去其文化生态适应的能力，结果就使得传统文化面临消亡的危机。塔克拉玛干沙漠地区许多被黄沙掩埋了的古代绿洲文明，就是在环境发生急剧变化时该绿洲居民的文化适应策略失去其作用的标志。20 世纪 70 年代因罗布泊的干涸而消失的罗布人的渔猎文化，就是干旱地区文化衰落在现代历史上最生动的例子。那么，如今生活在塔克拉玛干腹

---

　　① 钱云、郝毓灵：《新疆绿洲》，新疆人民出版社 1999 年版，第 9 页。

　　② Team of Integrated Scientific Investigation of the Taklimakan Desert, Chinese Academy of Sciences, *Wondrous Taklimakan: Integrated Scientific Investigation of the Taklimakan Desert*, Beijing; New York: Science Press, 1993, p. 72.

地的达里雅博依人面临的沙漠化和生态移民问题，会不会是达里雅博依绿洲文化即将衰落的预示？

最后，当我们回顾达里雅博依人对沙漠干旱地区的文化适应过程，并考虑其未来趋势时，不能不重视人与环境、文化与环境之间的互动关系。在达里雅博依人绿洲文化的形成、发展和演变过程中，生态环境因素始终渗透于其中。如今，克里雅河下游一带大规模地沙漠化，给达里雅博依人及其文化的生存带来了威胁。达里雅博依人所面临的生态危机和生态移民的问题，不能不引起我们对社会发展和生态环境协调关系的关注，而且也引起我们对文明兴衰与生态环境之间关系的反思。这一点在西部大开发和干旱地区可持续发展的战略中具有一定的警示作用。

附 录

达里雅博依绿洲研究文献目录

一 专著

吾买尔江·伊明：《塔里木心中的火》（维文），新疆人民出版社 2006 年版。

买提赛迪·买提卡斯木：《塔里木文化孤岛》（维文），新疆人民出版社 2011 年版。

阿布都热合曼·卡哈尔：《远方的人》（维文），新疆人民出版社 1999 年版。

尚昌平：《沿河而居》，山东画报出版社 2006 年版。

罗沛、马宏建：《沙漠绿洲克里雅人》，新疆人民出版社 2006 年版。

Mettursun Beydulla, *Taklamakan Cölünde Bir Uygur Köyü Deryabuyi*, Ankara: Televizyon Tanitim Tasarim Yapincilik Ltd., 2005.

Corinne Debaine-Francfort, Abduressul Idriss, *Keriya, mémoires d´un fleuve : archéologie et civilisation des oasis de Taklamakan*, Suilly-la-Tour : Findakly; Paris : Electricité de France, 2001.

二 研究报告

新疆克里雅河及塔克拉玛干科学探险考察队：《克里雅河及塔克拉玛干科学探险考察报告》，中国科学技术出版社 1991 年版。

DietorJäkel, Zhu Zhengda, *Reports on the 1986 Sino-German Kunlunshan Taklimakan Expedition: Kartenbeilage*, Berlin: Gesellschaft für Erdkunde zu Berlin, China: Xi'an Cartographic, 1989.

三　学位论文

买托合提·居来提:《新疆于田克里雅人社会习俗变迁研究——以达里雅博依乡为例》,硕士学位论文,西南大学,2011 年。

武烜:《新疆于田县达里雅博依乡翼状胬肉患病率调查》,硕士学位论文,新疆医科大学,2008 年。

玉素甫江·阿不拉:《塔克拉玛干"沙漠人"心电图明尼苏达编码分析》,硕士学位论文,新疆医科大学,2007 年。

段然慧:《新疆克里雅河下游古今人群遗传结构的研究》,博士学位论文,吉林大学,2003 年。

四　期刊论文

颜秀萍:《新疆于田县达里雅博依乡婚姻家庭现状调查》,《新疆社会科学》2008 年第 5 期。

颜秀萍、刘正江:《新疆于田县达里雅博依乡婚姻家庭现状调查》,《新疆大学学报》2008 年第 4 期。

王小霞:《新疆沙漠腹地游牧维吾尔族族群研究》,《民族论坛》2012 年第 5 期。

买托合提·居来提:《于田县达里雅博依人与胡杨》,《和田师范专科学校学报》2012 年第 1 期。

海鹰:《达里雅博依绿洲的生态问题及其维护对策》,《新疆师范大学学报》1994 年第 2 期。

倪频融:《达里雅博依绿洲的历史、现状及其演变前景》,《干旱区研究》1993 年第 4 期。

杨小平:《绿洲演化与自然和人为因素的关系探讨——以克里雅河流域地区为例》,《地学前缘》2001 年第 1 期。

张峰、王涛、海米提·依米提、师庆东、阮秋荣、孙志群、李芳:《2.7—1.6ka BP 塔克拉玛干沙漠腹地克里雅河尾闾绿洲的变迁》,《中国科学:地理科学》2011 年第 10 期。

多力昆·阿不力米提:《关于克里雅河下游水量减少及其原因》,《和田专科学报》2002 年第 3 期。

瓦哈甫·哈力克、塔西甫拉提·特依拜、海米提·依米提、何伦志:

《克里雅河流域水资源利用及其生态环境相应研究》，《农业系统科学与综合研究》2006 年第 4 期。

姚建民、丁振江、杜志坚：《克里雅河流域生态环境保护问题的探讨》，《新疆农垦科技》2001 年第 3 期。

陈荷生：《水在克里雅河流域生态地理环境中的作用》，《中国沙漠》1988 年第 2 期。

陈荷生：《克里雅河流域生态环境变化与水资源合理利用》，《中国沙漠》1990 年第 3 期。

朱震达、陆锦华、江伟铮：《塔克拉玛干沙漠克里雅河下游地区风沙地貌的形成发育与环境变化趋势的初步研究》，《中国沙漠》1980 年第 2 期。

田裕全：《克里雅河下游三角洲的吐加依——标志生态退化的一种自然综合体》，《中国沙漠》1988 年第 2 期。

攀自立、季方：《克里雅河中下游自然环境变迁与绿色走廊保护》，《干旱区地理》1989 年第 3 期。

周兴佳、黄小江、陈方、朱峰、李世全：《克里雅河绿洲形成、演变与综合整治》，《新疆环境保护》1994 年第 4 期。

周兴佳、朱峰、李世全：《克里雅河绿洲的形成与演变》，《第四纪研究》1994 年第 3 期。

储国强、刘嘉麒、孙青、陈锐、穆桂金：《新疆克里雅河洪泛事件与树轮记录的初步研究》，《第四纪研究》2002 年第 3 期。

余信龙：《首次对塔克拉玛干大漠腹地——达里雅布依村八种生物源性疫病的调查报告》，《畜牧业》1994 年第 2 期。

张立运、胡文康：《克里雅河下游的草场、植被及生态评价》，《干旱区研究》1989 年第 2 期。

胡文康、张立云：《克里雅河下游荒漠河岸植被的历史、现状和前景》，《干旱区地理》1990 年第 1 期。

马鸣：《克里雅河下游的圆沙之谜》，《大自然》2004 年第 2 期。

马鸣、Sebastien Lepetz、伊弟利斯·阿不都热苏勒、刘国瑞：《克里雅河下游及圆沙古成脊椎动物考察记录》，《干旱区地理》2005 年第 5 期。

张鸿墀、伊弟利斯：《圆沙故城之谜——中法两国专家对圆沙古城的考古发现》，《帕米尔》2006 年第 4 期。

伊弟利斯·阿不都热苏勒、张玉忠：《1993 年以来新疆克里雅河流域考古述略》，《西域研究》1997 年第 3 期。

伊弟利斯、高亨娜·迪班娜·法兰克福、刘国瑞、张玉忠：《新疆克里雅河流域考古调查概述》，《考古学报》1998 年第 12 期。

玉素甫江·阿不拉等：《塔克拉玛干"沙漠人"心电图明尼苏达编码分析》，《中华医学杂志》2006 年第 46 期。

段然慧、崔银秋、周慧、朱泓：《塔克拉玛干沙漠腹地隔离人群线粒体 DNA 序列多态性分析》，《遗传学报》2003 年第 5 期。

张全超：《新疆克里雅人 ABO 血型分布的调查》，《人类学学报》2003 年第 21 期。

段然慧、刘伟强、周慧、朱泓：《克里雅河下游封闭人群 DYS19 和 DYS390 多态性研究》，《人类学学报》2004 年第 4 期。

刘伟强、崔银秋、张全超、周慧、朱泓：《克里雅河下游地区封闭人群常染色体基因座 D5S818、D7S820 和 D13S317 遗传多态性》，《吉林大学学报》2007 年第 1 期。

阿不都热夏提·木沙江：《论达里雅博依》（维文），《新疆艺术》2003 年第 3 期。

阿不都热夏提·木沙江：《塔克拉玛干沙漠腹地的自然绿洲——达里雅博依乡》，载阿布都拉·苏莱曼编《天下只有一个和田——文物故迹、绿洲与生态》（维文），新疆人民出版社 2003 年版。

阿木提江·勇迪译：《沙漠中的世外桃花源》（维文），《新疆青年》1988 年第 6 期。

艾赛提·苏莱曼：《绿洲文化及其今天的宿命》（维文），《美拉斯》2000 年第 5、6 期。

艾赛提·苏莱曼：《达里雅博依：古老文化孤岛的发现及其衰落》，载《艾赛提·苏莱曼论文集》（维文），新疆人民出版社 2002 年版。

买提吐尔逊·苏莱曼：《关于达里雅博依的杂谈》（维文），《阔克布拉克》（天泉）2005 年第 2 期。

买提赛迪·买提卡斯木：《达里雅博依人的风俗习惯》（维文），《美拉斯》2010 年第 2、3、4 期。

米吉提·巴克：《寂静的地方——达里雅博依村》（维文），《新玉艺术》1989 年第 1 期。

朱大军：《沙漠人和沙漠村落》，《旅游》1996 年第 7 期。

尚昌平：《克里雅闻所未闻的故事》，《风景名胜》2004 年第 10 期。

张鸿墀：《达里雅布依：沙漠腹地的村落》，《帕米尔》2006 年第 1 期。

柳先修：《塔克拉玛干大沙漠中的家园》，《森林与人类》1997 年第 1 期。

柳先修：《迷人的克里雅河》，《森林与人类》1997 年第 3 期。

李骏虎：《世界各地"原始村落"探险》，《绿色大世界》1997 年第 3 期。

柳先修：《走进于田沙漠》，《新疆林业》1998 年第 6 期。

吴宝丽：《沙漠"原始部落"寻踪》，《时代潮》1998 年第 12 期。

探索：《"死亡之海"里的"神秘部落"——塔克拉玛干沙漠腹地维吾尔族人生活写真》，《民族大家庭》1999 年第 3 期。

鲁莽：《沙漠原始村落探秘》，《海内与海外》2000 年第 2 期。

朱玉来：《沙漠"活化石村"》，《新疆林业》2002 年第 1 期。

李云龙：《"死亡之海"里的神秘部落》，《晚报文萃》2004 年第 2 期。

沈孝辉：《被遗忘的村庄》，《森林与人类》2004 年第 9 期。

沈孝辉：《现代桃花源》，《森林与人类》2004 年第 9 期。

段然惠：《亲历大河沿》，《华夏人文地理》2004 年第 9 期。

王铁男、王芃懿：《神秘的达里雅布依》，《西部论丛》2007 年第 6 期。

张军：《一个沙漠里的原始村落》，《新疆金融》2005 年第 1 期。

尚昌平：《婚礼，达里雅博依人的节日》，《旅游》2005 年第 11 期。

顾苗苗：《中国最后的绿色屏障》，《绿色视野》2007 年第 7、8、9 期。

张继民：《遥远的达里雅布依——塔克拉玛干沙漠考察记》，《瞭望》1994 年第 17 期。

朱玉来：《大漠中的原始村落》，《森林与人类》1996 年第 2 期。

钱毓：《"死亡之海"探险手记》，《旅游》1996 年第 5 期。

董种敏、董静：《胡杨林中的达里雅博依》，《室内设计与装修》2009 年第 6 期。

孙伯华：《难忘达里雅博依》，《西部》2005 年第 7 期。

依丽米古丽·阿不力孜：《从达里雅博依绿洲维吾尔人的谚语论沙漠地区人与环境的关系》，《喀什师范学院学报》（维文版）2014 年第 4 期。

依丽米古丽·阿不力孜：《达里雅博依人的民间谚语和成语》，《源泉》（布拉克）2015 年第 1 期。

依丽米古丽·阿不力孜、阿比古丽·尼亚孜：《大芸交易对大沙漠腹地维吾尔人经济生活的影响》，《中国商贸》2015 年第 4 期。

依丽米古丽·阿不力孜：《生态人类学视野下的环境与达里雅博依绿洲维吾尔族的婚姻习俗》，《新疆大学学报》（哲学社会科学维吾尔文版）2015 年第 1 期。

参考文献

一 专（译）著

（一）中文部分

[1] 林耀华：《民族学通论》，中央民族大学出版社 1997 年版。

[2] 宋蜀华、白振声：《民族学理论与方法》，中央民族大学出版社 1998 年版。

[3] 江帆：《生态民俗学》，黑龙江人民出版社 2003 年版。

[4] ［美］欧·奥尔特曼、马·切默斯：《文化与环境》，骆林生、王静译，东方出版社 1991 年版。

[5] ［美］史徒华：《文化变迁的理论》，张恭启译，台北：远流出版事业股份有限公司 1989 年版。

[6] 达尔文：《生物起源》，周建人译，商务印书馆 1997 年版。

[7] ［英］爱德华·B. 泰勒：《原始文化》，连树声译，广西师范大学出版社 2005 年版。

[8] ［英］爱德华·B. 泰勒：《人类学》，连树声译，广西师范大学出版社 2004 年版。

[9] ［美］托马斯·哈定：《文化与进化》，韩建军、商戈令译，浙江人民出版社 1987 年版。

[10] ［美］威廉·A. 哈维兰：《文化人类学》，瞿铁鹏、张钰译，上海社会科学院出版社 2005 年版。

[11] ［英］埃文思－普里查德：《努尔人——对尼罗河畔一个人群的生活方式和政治制度的描述》，褚建芳译，华夏出版社 2002 年版。

[12] ［英］马林诺夫斯基：《文化论》，费孝通译，中国民间文学出版社

1987 年版。

[13] 林惠祥：《文化人类学》，商务印书馆 1991 年版。

[14] ［美］卢克·拉斯特：《人类学的邀请》，王媛、徐默译，北京大学出版社 2008 年版。

[15] 庄孔韶主编：《人类学通论》，山西教育出版社 2005 年版。

[16] ［美］克利福德·格尔兹：《文化的解释》，纳日碧力戈等译，上海人民出版社 1999 年版。

[17] ［日］石田英一郎等著：《人类学》，金莎萍译，民族出版社 2008 年版。

[18] ［美］克利福德·吉尔兹：《地方性知识：阐释人类学论文集》，王海龙、张家瑄译，中央编译出版社 2000 年版。

[19] 杨庭硕：《生态人类学导论》，民族出版社 2007 年版。

[20] ［美］唐纳德·L. 哈迪斯蒂：《生态人类学》，郭凡、邹和译，文物出版社 2002 年版。

[21] 尹绍亭、［日］秋道智弥主编：《人类学生态环境史研究》，中国社会科学出版社 2006 年版。

[22] 尹绍亭：《人与森林——生态人类学视野中的刀耕火种》，云南教育出版社 2000 年版。

[23] ［美］爱德华·韦尔：《当代原始民族》，刘达成、杨兴永译，四川民族出版社 1989 年版。

[24] 周鸿：《生态学的宿命——人类生态学》，安徽科学技术出版社 1989 年版。

[25] 娜拉：《新疆游牧民族社会分析》，民族出版社 2004 年版。

[26] 常杰、葛滢编：《生态学》，浙江大学出版社 2001 年版。

[27] 王如松、周鸿：《人与生态学》，云南人民出版社 2004 年版。

[28] ［英］麦克·克朗：《文化地理学》，杨淑华、宋慧敏译，南京大学出版社 2003 年版。

[29] 李旭丹主编：《人文地理学概说》，科学出版社 1995 年版。

[30] ［英］凯·米尔顿：《环境决定论与文化理论：对环境话语中的人类学角色的探讨》，袁同凯、周建新译，民族出版社 2007 年版。

[31] 董欣宾、郑奇：《魔语：人类文化生态学导论》，文化艺术出版社 2001 年版。

[32] 何群:《环境与小民族生存——鄂伦春文化的变迁》,社会科学文献出版社 2006 年版。

[33] 任国英:《满—通古斯语族诸民族物质文化研究》,辽宁民族出版社 2001 年版。

[34] [日] 饭岛伸子:《环境社会学》,包智明译,社会科学文献出版社 1999 年版。

[35] 石奕龙、郭志超主编:《文化理论与族群研究》,黄山书社 2004 年版。

[36] 黄淑娉、龚佩华:《文化人类学理论方法研究》,广东高等教育出版社 2004 年版。

[37] 迪木拉提·奥玛尔:《阿尔泰语系诸民族萨满教研究》,新疆人民出版社 1995 年版。

[38] [美] 威廉·A. 哈维兰:《现代人类学》,王铭铭译,上海人民出版社 1987 年版。

[39] [德] 汉斯·萨克赛:《生态哲学》,佩云译,东方出版社 1991 年版。

[40] [美] 马文·哈里斯:《文化唯物主义》,张海洋、王曼萍译,华夏出版社 1989 年版。

[41] 吴正:《我国的沙漠》,商务印书馆 1982 年版。

[42] 景爱:《沙漠考古通论》,紫禁城出版社 2000 年版。

[43] 谢丽:《清代至民国时期农业开发对塔里木盆地南缘生态环境的影响》,上海人民出版社 2008 年版。

[44] 赵珍:《清代西北生态变迁研究》,人民出版社 2005 年版。

[45] [瑞典] 斯文·赫定:《亚洲腹地旅行记》,李述礼译,上海书店出版社 1984 年版。

[46] [英] 马克·奥里尔·斯坦因:《沙埋和田废墟记》,殷晴、剧世华、张南、殷小娟译,新疆美术摄影出版社 1994 年版。

[47] 黄文弼:《塔里木盆地考古记》,科学出版社 1958 年版。

[48] 胡文康:《走进塔克拉玛干》,新疆人民出版社 2000 年版。

[49] 柳先修:《走进于田》,新疆美术摄影出版社 2002 年版。

[50] 尚昌平:《沿河而居》,山东画报出版社 2006 年版。

[51] 罗沛、马宏建:《沙漠绿洲克里雅人》,新疆人民出版社 2006 年版。

[52] 吴景山：《丝绸之路考察散记》，民族出版社 1995 年版。

[53] 王嵘：《昆仑之雾于阗》，云南人民出版社 2002 年版。

[54] 李现国：《新疆风土记》，新疆人民出版社 1992 年版。

[55] 王嵘：《无声的塔克拉玛干》，山东画报出版社 1997 年版。

[56] 穆舜英、张平：《楼兰文化研究论集》，新疆人民出版社 1995 年版。

[57] 新疆克里雅河及塔克拉玛干科学探险考察队：《克里雅河及塔克拉玛干科学探险考察报告》，中国科学技术出版社 1991 年版。

[58] 谢彬：《新疆游记》，杨镰张、颐青整理，新疆人民出版社 1990 年版。

[59] 罗康隆：《文化适应与文化制衡》，民族出版社 2007 年版。

[60] 《古兰经》，马坚译，中国社会科学出版社 1981 年版。

[61] 杨圣敏：《回纥史》，吉林教育出版社 1991 年版。

[62] 班固：《汉书》（第 12 册），中华书局 1975 年版。

[63] 范晔：《后汉书》（第 10 册），中华书局 1975 年版。

[64] 于田县地方志编纂委员会编：《于田县志》，新疆人民出版社 2006 年版。

[65] 和田行署气象处农气区划办公室、于田县气象站编：《新疆维吾尔自治区于田县农业气候手册》，内部资料，1984 年。

[66] 新疆维吾尔自治区测绘局：《新疆维吾尔自治区地图集》，中国地图出版社 2004 年版。

[67] 新疆维吾尔自治区测绘局：《新疆维吾尔自治区地图册》，成都地图出版社 1994 年版。

[68] 中国科学院兰州沙漠研究所编辑：《中国沙漠植物志》（第一卷），科学出版社 1985 年版。

[69] 中国科学院、甘肃省冰川冻土沙漠研究所研究室编：《中国沙漠地区药用植物》，甘肃人民出版社 1973 年版。

[70] 钱云、郝毓灵：《新疆绿洲》，新疆人民出版社 1999 年版。

[71] 叶学齐：《塔里木盆地》，商务印书馆 1959 年版。

（二）外文部分

[1] Peter Marius Veth, M. A. Smith, Peter Hiscock, *Desert Peoples：Archaeological Perspectives*, Malden, M. A.：Blackwell Pub., 2005.

[2] Julian H. Steward, *Theory of Cultural Change*, Champaign：The Univer-

sity of Illinois Press, 1955.

[3] Donald L. Hardesty, *Ecological Anthropology*, Toronto: John Willey & Sons, 1977.

[4] Emilio F. Moran, *Human Adaptability: An Introduction to Ecological Anthropology*, Boulder, Colorado: Westview Press, 2000.

[5] Emilio F. Moran, *The Ecosystem Concept in Anthropology*, Westview Press, 1984.

[6] Emilio F. Moran, *The Ecosystem Approach in Anthropology*, Ann Arbor: The University of Michigan Press, 1990.

[7] Daniel G. Bates, Fred Plog, *Human Adaptive Strategies*, New York: McGraw – Hill, 1991.

[8] Yehudi A. Cohen, *Man in Adaptation: The Cultural Present*, Chicago: Aldine Publishing Company, 1968.

[9] Stanley J. Ulijaszek, *Human Adaptability: Past, Present and Future*, New York: Oxford University Press, 1997.

[10] Edited by Richard B. Lee, Irven DeVore, *Man the Hunter*, Chicago: Aldine Publishing Company, 1968.

[11] Edited by Richard B. Lee, Irven DeVore, *Kalahari Hunter – Gatherers: Studies of the ! Kung San and Their Neighbors*, Harvard University Press, 1976.

[12] Richard B. Lee, *The! Kung San: Men, Women, and Work in a Foraging Society*, Cambridge, New York, Cambridge University Press, 1979.

[13] Tanaka, Jiro, *The San Hunter – Gatherers of the Kalahari: A Study in Ecological Anthropology*, Tokyo, University of Tokyo Press, 1980.

[14] Roy A. Rappaport, *Ecology, Meaning and Religion*, Ann Arbor: University of Michigan Press, 1979.

[15] Roy A. Rappaport, *Pigs for the Ancestors, Ritual in the Ecology of a New Guinea People*, New Haven and London: Yale University Press, 1968.

[16] William A. Stini, *Ecology and Human Adaptation*, Dubuque, Lowa: W. C. Brown Co. , 1975.

[17] Edited by Eric Alden Smith, Bruce Winterhalder, *Evolutionary Ecology*

and Human Behavior, New York: Aldine De Gruyter, 1992.

[18] Edited by N. Blurton Jones, V. Reytonlds, *Human Behavior and Adaptation*, London: Taylor & Francis Ltd. , 1978.

[19] Bennett, John William, *The Ecological Transition: Cultural Anthropology and Human Adaptation* , New Brunswick, N. J. : Aldine Transaction, 1976.

[20] Robert M. Netting, *Cultural Ecology.* 2nd ed. , Illinois: Waveland Press, 1986.

[21] Weingart, Peter, *Human by Nature: Between Biology and Social Sciences*, Mahwah, N. J. : Lawrence Erlbaum Associates, 1997.

[22] John W. Bennett, *Human Ecology as Human Behavior: Essay in Environmental and Development Anthropology*, New Brunswick, N. J. : Transaction Publishers, 1993.

[23] Edited by Bruce Cox, *Cultural Ecology: Reading on the Canadian Indians and Eskimos*, McClrlland and Stewart, 1973.

[24] Bronislaw Szerszynsky, *Nature Performed: Environment, Culture and Civilization*, Blackwell Publishing, 2003.

[25] Carleton S. Coon, *Racial Adaptation* , Chicago: Nelson-Hall, 1982.

[26] Edited by Paul T. Baker, J. S. Weiner, *The Biology of Human Adaptability*, Oxford: Clarendon Press, 1966.

[27] Eited by George Serban, *Psychology of Human Adaptation:* Proceedings of the Third International Symposium of the Kittay Scientific Foundation Held April 6-8, 1975, New York: Plenum Press, 1976.

[28] Edited by Carole L. Crumley, *Historical Ecology: Cultural Knowledge and Changing Landscapes*, Santa Fe, N. M. : School of American Research Press, 1994.

[29] Philip A. Clarke, *Aboriginal People and Their Plants*, Dural, N. S. W. : Rosenberg, 2007.

[30] Wendell H. Oswalt, *Habitat and Technology*, New York; London: Holt, Rinehart and Winston, 1973.

[31] Edited by Napoleon A. Chagnon, William Irons, *Evolutionary Ecology and Human Social Behavior:* An Anthropological Perspective, North

Scituate: Duxbury Press, 1979.

[32] Frederic H. Wagner, *Nomadic Pastoralism: Ecological Adjustment to the Realities of Dry Environment*, 1980.

[33] John Kinahan, *Pastoral Nomads of the Central Namib Desert: The People History Forgotten* , Windhoek, Namibia: Namibia Archaeological Trust: New Namibia Books, 1991.

[34] Edited by B. J. Olembo, *Human Adaptation in Tropical Afric*a. Nairobi: East African Publishing House, 1968.

[35] Ann McElroy, Patricia K. Townsend, *Medical Anthropology in Ecological Perspective*, Belmont: Wadswotth Inc. , 1979.

[36] Edited by Jane C. Steward, Rober F. Murphy, *Evolution and Ecology: Essays on Social Transformation by Julian H. Steward*, University of Illinois Press, 1977.

[37] Raymond Scupin, *Cultural Anthropology: A Global`Perspective*, 4th ed, New Jersey: Prentice Hall, 2000.

[38] Lloyd Cabot Briggs, *Tribes of the Sahara*, Chicago, Cambridge: Harvard University Press, 1960.

[39] Damiel G. Bates, Elliot M. Fratkin, *Cultural Anthropology*, 3rd ed. Boston: Allyn and Bacon, 2003.

[40] Robert Boyd, Peter J. Richerson, *The Origin and Evolution of Culture*, Oxford University Press, 2005.

[41] John W. Bennett, *Human Ecology as Human Behavior*: Essay in Environmental and Development Anthropology, New Brunswick, N. J. : Transaction Publishers, 1993.

[42] Team of Integrated Scientific Investigation of theTaklimakan Desert, Chinese Academy of Sciences. *Wondrous Taklimakan: Integrated Scientific Investigation of the Taklimakan Desert.* Beijing, New York: Science Press, 1993.

[43] Nathaniel Harris, *Atlas of the World's Deserts*, New York: Fitzroy Dearborn, 2003.

[44] Paul R. Ehrlich, Anne H. Ehrlich, John P. Holdren, *Human Ecology Problems and Solutions* , San Francisco: W. H. Freeman, 1973.

［45］ Neil Morris, *The World's Top Ten Deserts*, London：Belitha, 1996.

［46］ Michael A. Mares, *Encyclopedia of Deserts*, Norman：University of O-klahoma Press, 1999.

［47］ Dieter Jäkel, Ju Zhenda, *Reports on the 1986 Sino-German Kunlunshan Tankimakan Expedition*, Kartenbeilage, Berlin：Casellschaft fur Erd-kunde zu Berlin, China：Xi'an Cartographic, 1989.

［48］ Conference (2002, Oct. Hangzhou, China), X Pan, *Ecosystems Dy-namics, Ecosystem-Society Interactions, and Remote Sensing Applications for Semi-Arid and Arid Land*, SPIE, 2003.

［49］ Mettursun Beydulla, *Taklamakan Cölünde Bir Uygur Köyü Deryabuyi. Ankara*：Televizyon Tanitim Tasarim Yapincilik Ltd. , 2005.

［50］ Corinne Debaine-Francfort, Abduressul Idriss, *Keriya, mémoires d'un fleuve : archéologie et civilisation des oasis de Taklamakan*, Suilly-la-Tour：Findakly；Paris：Electricité de France, 2001.

（三）维文部分

［1］吾买尔江·伊明：《塔里木心中的火》，新疆人民出版社 2006 年版。

［2］阿布都热合曼·卡哈尔：《远方的人》，新疆人民出版社 1999 年版。

［3］阿布都拉·苏莱曼编：《天下只有一个和田——文物故迹、绿洲与生态》，新疆人民出版社 2003 年版。

［4］阿迪力·穆罕默德：《古代和田》，新疆人民出版社 2008 年版。

［5］艾赛提·苏莱曼：《艾赛提·苏莱曼论文集》，新疆人民出版社 2002 年版。

［6］［瑞典］贝格曼：《新疆考古记》，新疆人民出版社 2000 年版。

［7］阿布都克热木·热合曼：《维吾尔民俗学概论》，新疆大学出版社 1989 年版。

［8］阿布都热依木·艾比布拉：《维吾尔族风俗志》，新疆人民出版社 1993 年版。

［9］安尼瓦尔·赛买提：《维吾尔民间禁忌》，新疆人民出版社 2007 年版。

［10］政协于田县委员会编：《于田县文史资料》（4），内部资料，2009 年。

［11］政协于田县委员会编：《于田县文史资料》（5），内部资料，

2010 年。

[12] 政协于田县委员会编：《于田县文史资料》（6），内部资料，2011 年。

[13] 阿布利孜·牙库甫等编：《维吾尔语详解辞典》（一），新疆人民出版社 1990 年版。

[14] 买提赛迪·买提卡斯木：《塔里木文化孤岛》，新疆人民出版社 2011 年版。

二　学位论文

[1] 杨圣敏：《干旱地区的文化——吐鲁番维吾尔族社区调查与研究》，博士学位论文，中央民族大学，1997 年。

[2] 艾娣雅·买买提：《文化与自然——维吾尔传统生态伦理研究》，博士学位论文，新疆大学，2003 年。

[3] 买托合提·据来提：《新疆于田克里雅人社会习俗变迁研究——以达里雅博依乡为例》，硕士学位论文，西南大学，2011 年。

[4] 武烜：《新疆于田县达里雅博依乡翼状胬肉患病率调查》，硕士学位论文，新疆医科大学，2008 年。

[5] 刘源：《文化生存与生态保护——以长江源头唐乡为例》，博士学位论文，中央民族大学，2004 年。

[6] 高军：《新疆典型荒漠胡杨"肥岛"特征与生态学意义》，硕士学位论文，新疆农业大学，2008 年。

[7] 李生英：《新疆生土建筑的研究——以吐鲁番为例》，硕士学位论文，新疆大学，2007 年。

三　期刊论文

（一）中文部分

[1] 宋蜀华：《人类学研究与中国民族生态环境和传统文化的关系》，《中央民族大学学报》1996 年第 4 期。

[2] 颜秀萍：《新疆于田县达里雅博依乡婚姻家庭现状调查》，《新疆社会科学》2008 年第 5 期。

[3] 祁进玉：《生态人类学研究：中国经验 30 年（1978—2008）》，《广西民族研究》2009 年第 1 期。

［4］付广华：《美国式民族生态学：概念、预设与特征——"民族生态学理论与方法研究"之一》，《广西民族研究》2011 年第 1 期。

［5］罗康隆：《论文化适应》，《吉首大学学报》2005 年第 2 期。

［6］崔延虎：《生态决策与新疆大开发》，《民族研究》2001 年第 1 期。

［7］罗康隆：《生态人类学述略》，《吉林大学学报》2004 年第 3 期。

［8］包智明：《从多元、整体视角看西部的生态与文化保护》，《中国社会科学报》2010 年 4 月 13 日。

［9］葛根高娃、乌云巴图：《内蒙古牧区生态移民的概念、问题与对策》，《内蒙古社会科学》2003 年第 2 期。

［10］孟琳琳、包智明：《生态移民研究综述》，《中央民族大学学报》2004 年第 6 期。

［11］［美］霍尔瓦特·伊莎贝拉：《新疆古代居民和欧洲有关吗？——兼评一种学术思潮》，《新疆师范大学学报》1998 年第 4 期。

［12］伊弟利斯·阿不都热苏勒、张玉忠：《1993 年以来新疆克里雅河流域考古述略》，《西域研究》1997 年第 3 期。

［13］新疆文物考古研究所、法国科学研究中心 315 所：《新疆克里雅河流域考古调查概述》，《考古学报》1998 年第 12 期。

［14］万维强：《新疆民俗中的环境保护意识》，《新疆社科论坛》2003 年第 3 期。

［15］张昀：《维吾尔族的绿色观阐释》，《中央民族大学学报》2004 年第 5 期。

［16］张鸿墀、伊弟利斯：《圆沙故城之谜——中法两国专家对圆沙古城的考古发现》，《帕米尔》2006 年第 4 期。

［17］伊斯拉菲尔·玉素甫、安尼瓦尔·哈斯木：《论新疆古代牧业》，《新疆文物》2004 年第 4 期。

［18］凌裕泉：《塔克拉玛干沙漠的气候特征及其变化趋势》，《中国沙漠》1990 年第 2 期。

［19］海鹰：《达里雅博依绿洲的生态问题及其维护对策》，《新疆师范大学学报》1994 年第 2 期。

［20］杨庭硕：《论地方性知识的生态价值》，《吉首大学学报》2004 年第 3 期。

［21］陈荷生：《克里雅河流域生态环境变化与水资源合理利用》，《中国

沙漠》1990 年第 3 期。

[22] 倪频融：《达里雅博依绿洲的历史、现状及其演变前景》，《干旱区研究》1993 年第 4 期。

[23] 潘晓玲、潘晓珍、李永东：《论我国西北干旱区的可持续发展》，《区域研究与开发》2001 年第 3 期。

[24] 周兴佳、李保生、朱峰、王跃：《南疆克里雅河绿洲发育和演化过程研究》，《云南地理环境研究》1996 年第 2 期。

[25] 瓦哈甫·哈力克、塔西甫拉提·提依甫等：《克里雅河流域水资源利用及其生态环境响应研究》，《农业系统科学与综合研究》2006 年第 4 期。

[26] 姚建民等：《克里雅河流域生态环境保护问题的探讨》，《新疆农垦科技》2001 年第 3 期。

[27] 储国强、刘嘉麒、孙青、陈锐、穆桂金：《新疆克里雅河洪泛事件与树轮记录的初步研究》，《第四纪研究》2002 年第 3 期。

[28] 朱大军：《沙漠人和沙漠村落》，《旅游》1996 年第 7 期。

[29] 尚昌平：《克里雅闻所未闻的故事》，《风景名胜》2004 年第 12 期。

[30] 杨小平：《绿洲演化与自然和人为因素的关系探讨——以克里雅河流域地区为例》，《地学前缘》2001 年第 1 期。

[31] 任国英：《内蒙古鄂托克旗生态移民的人类学思考》，《黑龙江民族丛刊》2005 年第 5 期。

[32] 多力昆·阿不力米提：《关于克里雅河下游水量减少及其原因》，《和田师范专科学校学报》2002 年第 3 期。

[33] 胡文康、张立云：《克里雅河下游荒漠河岸植被的历史、现状和前景》，《干旱区地理》1990 年第 1 期。

[34] 玉素甫江·阿不拉等：《塔克拉玛干"沙漠人"心电图明尼苏达编码分析》，《中华医学杂志》2006 年第 46 期。

[35] 段然慧、崔银秋、周慧、朱泓：《塔克拉玛干沙漠腹地隔离人群线粒体 DNA 序列多态性分析》，《遗传学报》2003 年第 5 期。

[36] 张全超：《新疆克里雅人 ABO 血型分布的调查》，《人类学学报》2003 年第 2 期。

[37] 段然慧、刘伟强、周慧、朱泓：《克里雅河下游封闭人群 DYS19 和 DYS390 多态性研究》，《人类学学报》2004 年第 4 期。

[38] 张昀：《维吾尔族的绿色观阐释》，《中央民族大学学报》2004 年第 5 期。

[39] 马鸣、欧咏、段刚：《97 中日塔克拉玛干沙漠徒步科学探险报告》（生物部分）《干旱区研究》1997 年第 3 期。

[40] 马鸣：《克里雅河下游的圆沙之谜》，《大自然》2004 年第 2 期。

[41] 马鸣、Sebastien Lepetz、伊弟利斯·阿不都热苏勒、刘国瑞：《克里雅河下游及圆沙古成脊椎动物考察记录》，《干旱区地理》2005 年第 5 期。

[42] 余信龙等：《首次对塔克拉玛干大漠腹地——达里雅布依村八种生物源性疫病的调查报告》，《新疆畜牧业》1994 年第 2 期。

[43] 胡文康：《死海中的斗士——塔克拉玛干沙漠中的野生植物》，《华夏人文地理》2001 年第 3 期。

[44] 热合木都拉·阿迪拉、塔世根·加帕尔：《对"绿洲"概念及分类的探讨》，《干旱区地理》2000 年第 2 期。

[45] 刘秀娟：《对绿洲概念的哲学思考》，《新疆环境保护》1994 年第 4 期。

[46] 沈玉凌：《"绿洲"概念小议》，《干旱区地理》1994 年第 2 期。

[47] 张鸿墀：《达里雅布依：沙漠腹地的村落》，《帕米尔》2006 年第 1 期。

[48] 柳先修：《塔克拉玛干大沙漠中的家园》，《森林与人类》1997 年第 1 期。

[49] 柳先修：《迷人的克里雅河》，《森林与人类》1997 年第 3 期。

[50] 李骏虎：《世界各地"原始村落"探险》，《绿色大世界》1997 年第 3 期。

[51] 柳先修：《走进于田沙漠》，《新疆林业》1998 年第 6 期。

[52] 吴宝丽：《沙漠"原始部落"寻踪》，《时代潮》1998 年第 12 期。

[53] 探索：《"死亡之海"里的"神秘部落"——塔克拉玛干沙漠腹地维吾尔族人生活写真》，《民族大家庭》1999 年第 3 期。

[54] 鲁莽：《沙漠原始村落探秘》，《海内与海外》2000 年第 2 期。

[55] 朱玉来：《沙漠"活化石村"》，《新疆林业》2002 年第 1 期。

[56] 李云龙：《"死亡之海"里的神秘部落》，《晚报文萃》2004 年第 2 期。

[57] 沈孝辉：《被遗忘的村庄》，《森林与人类》2004 年第 9 期。

[58] 沈孝辉：《现代桃花源》，《森林与人类》2004 年第 9 期。

[59] 段然惠：《亲历大河沿》，《华夏人文地理》2004 年第 9 期。

[60] 王铁男、王芃懿：《神秘的达里雅布依》，《西部论丛》2007 年第 6 期。

[61] 张军：《一个沙漠里的原始村落》，《新疆金融》2005 年第 1 期。

[62] 尚昌平：《婚礼，达里雅博依人的节日》，《旅游》2005 年第 11 期。

[63] 顾苗苗：《中国最后的绿色屏障》，《绿色视野》2007 年第 6、7、8、9 期。

[64] 张继民：《遥远的达里雅布依——塔克拉玛干沙漠考察记》，《瞭望》1994 年第 17 期。

[65] 朱玉来：《大漠中的原始村落》，《森林与人类》1996 年第 2 期。

[66] 钱毓：《"死亡之海"探险手记》，《旅游》1996 年第 5 期。

（二）维文部分

[1] 米吉提·巴克：《寂静的地方——达里雅博依村》，《新玉艺术》1989 年第 1 期。

[2] 阿不都热夏提·木沙江：《论达里雅博依》，《新疆艺术》2003 年第 3 期。

[3] 阿木提江·勇迪译：《沙漠中的世外桃花源》，《新疆青年》1988 年第 6 期。

[4] 买提吐尔逊·苏莱曼：《关于达里雅博依的杂谈》，《阔克布拉克（天泉）》2005 年第 2 期。

[5] 买提赛迪·买提卡斯木：《达里雅博依人的风俗习惯》，《美拉斯》2010 年第 2 期。

[6] 买提赛迪·买提卡斯木：《达里雅博依人的风俗习惯》，《美拉斯》2010 年第 3 期。

[7] 买提赛迪·买提卡斯木：《达里雅博依人的风俗习惯》，《美拉斯》2010 年第 4 期。

[8] 买提克热木·司马义：《克里雅维吾尔族独特的民俗》，《美拉斯》2005 年第 2 期。

[9] 阿尔斯兰·马木提：《"塔克拉玛干""塔里木"地名的由来》，《新疆教育》1983 年第 5 期。

[10] 木罕买提·托合提·艾合买提：《策勒维吾尔族的传统食品库麦其》，《美拉斯》2009 年第 1 期。

[11] 努尔尼沙·巴克：《克里雅人的居宛托依》，《美拉斯》2010 年第 1 期。

[12] 安尼瓦尔·买提赛依地：《克里雅人独特的婚礼》，《美拉斯》2010 年第 5 期。

[13] 依斯买提·哈斯木、西仁阿依·帕提努拉：《自然生态环境与维吾尔族祖先的传统习俗》，《新疆大学学报》2007 年第 1 期。

[14] 努热曼古丽·阿布力致：《克里雅维吾尔儿童的传统游戏》，《美拉斯》2010 年第 1 期。

[15] 阿孜古丽·阿布力米提：《试论维吾尔语和田方言亲属称谓的特点》，《中央民族大学学报》2001 年第 6 期。

[16] 阿里木江·图尔苏：《塔克拉玛干的原始建筑》，《新疆艺术》2002 年第 4 期。

[17] 阿布力米提·穆罕穆德：《人类文明与生态环境》，《新疆大学学报》2007 年第 1 期。

[18] 玛利亚姆·买提吐尔逊：《试论和田方言于田土语的语音、词汇特点》，《新疆师范大学学报》2002 年第 3 期。

[19] 艾力江·阿西木：《论新疆和田人的特殊性格之历史渊源》，《内蒙古民族大学学报》2003 年第 4 期。

[20] 殷晴：《和田水利系统的变化及绿洲盛衰历史考察》，《新疆社会科学研究》1988 年第 2 期。

[21] 殷晴：《和田地区的环境变迁及其生态经济》，《新疆社会科学研究》1988 年第 1 期。

[22] 阿里木江·买合苏提：《试论古代维吾尔人的住宅》，《新疆大学学报》2005 年第 2 期。

[23] 木依丁·萨吾提·博斯塘：《罗布人的传统习俗》，《美拉斯》2008 年第 6 期。

后 记

  本书是在我的博士学位论文的基础上修改成的，基本保持原有框架，对部分资料进行了增删，对个别内容进行了修正。维吾尔族文化是我最关注的问题。我在硕士研究生学习阶段的侧重点是维吾尔麦西莱甫文化，硕士论文是《维吾尔民间麦西莱甫游戏研究》。2009 年硕士毕业后，同年考入中央民族大学民族学与社会学学院随张国杰教授攻读民族学博士学位，各种因缘际会，使我又把研究方向定位在中国西北民族文化研究领域内的维吾尔族文化这一富有挑战性的课题上。

  在读博的三年期间，我的导师张国杰教授对我进行了耐心地指导和严格的学术训练，张老师不仅在专业方面悉心指导我，而且还专门抽出时间给我讲授《古代汉语》，帮助我攻克语言难关。最重要的是，导师还以他高尚的职业操守使我明白了从事科研工作所必需的认真和负责的态度。这篇学位论文是本人在导师的悉心指导下完成的。从论文的选题、田野调查、论文撰写，一直到论文的反复修改与论文答辩，导师都给予了认真而具体的指导。正是在导师的全程支持和无私帮助下，我才得以顺利完成这篇学位论文。因此，在此我首先要对我的导师的辛勤指导表示衷心的感谢！

  同时，我要特别感谢新疆大学人文学院的热依拉·达吾提教授。热依拉老师是我的硕士导师，是我进入维吾尔文化研究之门的"引路人"。她渊博的学识、谦虚谨慎的品格与严于律己、宽以待人的学人风范一直是我学习的楷模。热依拉老师多年来在学习、工作和生活上都给予我无微不至的关怀。在我攻读博士学位期间，在选题的确定、田野调查和撰写论文等方面都给予了特别的帮助。在这里向她表示真诚的感谢。

在博士学位论文的写作过程中，中央民族大学民族学与社会学学院的杨圣敏教授和任国英教授，美国明德学院地理系的泰玛·迈耶（Tamar Mayer）教授都对论文提出了建设性意见和珍贵的建议，这些意见和建议对于相关调查和论文进展起了很大的促进作用。此外，参与我的博士学位论文答辩会的中央民族大学徐万邦教授、王庆仁教授、丁宏教授、中国社会科学院民族学与人类学所曾少聪研究员、周竞红研究员提出了中肯的建议和宝贵的修改意见。在此向他们致以深深的感谢。

在 2010—2012 年的三次田野调查过程中，达里雅博依乡政府、兽医站、护林站、医务所、计划生育服务站和达里雅博依乡小学，于田县气象局、林业局、畜牧局和民丰县安迪尔乡政府等诸单位和相关人员，为我收集相关资料提供了诸多的便利。达里雅博依乡前任乡长麦苏木江在调查中为我的调查给予了大力的支持并提供了宝贵的资料。于田县文化局的阿不都热夏提·木沙江、于田县政协的买提赛迪·买提卡斯木和买提赛迪·托合提等同志，将自己关于达里雅博依的研究成果和图片等第一手田野资料提供给我做参考。在田野调查期间，达里雅博依乡的村民库尔班·玉素甫及全家在食、住、行以及其他方面帮我解决了许多困难。如果没有他们的帮助，我的此次调查不可能一帆风顺。因此，向以上提及的单位和个人表示特别的感谢。此外，还要向于田县达里雅博依乡、加依乡、木尕拉镇和民丰县安迪尔乡亚通古斯村进行的调查过程中，接受访谈的以及帮助我的人们表示感谢。

我还要感谢许许多多为我的收集资料和写作提供各种帮助的人：这本论著的完成离不开我的父母、哥哥和妹妹及我所有的家人对我学业上的支持和生活上的关怀与照顾。哥哥们为我的田野调查给了许多经济上的帮助，并且为了保证田野调查的顺利进行而一直陪伴着我，使我感受到了浓浓的兄妹情意。我的师妹中央美术学院博士研究生阿比古丽·尼亚孜对田野调查和论文修改给予了许多帮助。美国哈佛大学的麦提图尔逊·拜都拉（Mettursun Beydulla）博士提供了重要的参考文献并对论文撰写给予了一定的建议。我的同学中央民族大学博士研究生阿不来提·亚生和阿巴巴克力·阿布都热西提、哈密地区师范学校的高雪、师妹新疆科学技术出版社的祖丽皮雅、师弟阿布都如苏力、校友阿提古丽等在论文撰写过程中给予了这样那样的帮助、支持和鼓励。另外，我的许多同学、朋友、同事以及曾经的老师为我提供了在精神上、生活上、学习上的帮助。因此，在这里向他们的支持和帮助致以谢意。我还感谢我在本书写作中所参考的所有文献的作者。

本书最终得以出版，要特别感谢中国社会科学院曾少聪研究员的帮助。在我的博士学位论文答辩会上我有幸认识了曾老师，可以说没有他的支持和帮助，没有中国社会科学出版社的帮助，我是难以尽快地将我的这一研究成果奉献于大家的。谨此深表谢意。

最后也要把最真挚的感激献给迄今生存在塔克拉玛干沙漠腹地的达里雅博依人。感谢他们对我所提诸多问题的宽容和耐心。感谢他们从心里接纳了我。在调查过程中，我在他们家中吃到的每一块库麦其，他们为我提供的宽敞又明亮的萨特玛以及他们淳朴、真诚的情感："虽然我们家没有种一棵玉米，但是客人来了我们还是会盛情招待的……"等诸如此类的话语，都使我永远不能忘记。没有他们无私帮助，也就没有这部书。从某种意义上说，他们是这本书真正的作者。对于他们给予我的无私帮助，再次表示衷心的感谢并祝愿他们健康、快乐和幸福！

人类文化与生态环境的关系研究是一个难度较大、涉及面广的课题。我对新疆于田县达里雅博依乡维吾尔族人的沙漠绿洲文化与生态环境关系的探讨只是作为一种初步的尝试，未涉及的问题还很多，需要进一步地、更为广泛地深入研究。再加上，由于本人水平有限、经验欠缺，本书中必有许多疏漏和不足之处。敬请读者批评指正。

依丽米古丽·阿不力孜

2015 年 5 月

于乌鲁木齐·新疆大学